水力发电系统运行性能综合评估

陈帝伊　许贝贝　著

科 学 出 版 社

北　京

内 容 简 介

本书主要介绍水力发电系统数值建模方法与稳定性理论，有助于水利工程相关专业科研人员和工程技术人员加深对水力发电系统运行性能的理解，并进一步突破理论研究瓶颈，解决实际工程中遇到的问题。全书共七章，主要内容包括水力发电系统运行性能的研究基础、水轮机调节系统基本模型及随机扰动系统稳定性分析、考虑陀螺效应的水力发电机组轴系建模及振动特性、水力发电机组轴系与水轮机调节系统耦合建模及振动特性、水力发电系统参数不确定性分析、水风光互补发电系统发电可靠性分析、水力发电系统的综合调节优势。

本书从不同角度对水力发电系统运行性能进行详尽的分析与评估，可作为高等院校水利工程等专业研究生的参考用书，也可供相关科研人员和工程技术人员阅读。

图书在版编目(CIP)数据

水力发电系统运行性能综合评估 / 陈帝伊，许贝贝著. —北京：科学出版社，2023.6

ISBN 978-7-03-074056-4

Ⅰ. ①水… Ⅱ. ①陈… ②许… Ⅲ. ①水力发电站－电力系统运行－研究 Ⅳ. ①TV737

中国版本图书馆 CIP 数据核字（2022）第 227932 号

责任编辑：祝 洁 汤宇晨 / 责任校对：崔向琳

责任印制：张 伟 / 封面设计：陈 敬

科学出版社出版

北京东黄城根北街 16 号

邮政编码：100717

http://www.sciencep.com

北京中科印刷有限公司印刷

科学出版社发行 各地新华书店经销

*

2023 年 6 月第 一 版 开本：720×1000 1/16

2023 年 6 月第一次印刷 印张：13 1/4 插页：4

字数：277 000

定价：180.00 元

（如有印装质量问题，我社负责调换）

序

在实现碳达峰碳中和目标背景下，水力发电系统的功能定位将由传统的“电量供应为主”转变为“电量供应与灵活调节并重”。水电依靠其灵活的调节和储能作用，能有效抵消风电、太阳能发电间歇性、波动性的不良影响，将在构建我国大规模高比例新能源新型电力系统的实施路径方面发挥关键作用。同时，水力发电系统工况转换频繁和长期运行在非最优工况下这两大问题，对其结构稳定性和发电可靠性提出更高的新要求。因此，研究水力发电系统的安全高效运行并对其运行性能进行综合评估，变得十分必要。

陈帝伊教授和许贝贝副教授撰写的《水力发电系统运行性能综合评估》一书通过细致严谨的数学建模及仿真方法，对水力发电系统运行性能进行了全面系统的研究评估，揭示了水力发电系统结构稳定性和发电可靠性的影响机理及其背后的动力学规律。全书内容皆为作者潜心涵泳、几经锤炼而成，注重理论与实践相结合，有助于加深读者对水力发电系统运行性能的理解，也可为水力发电系统安全可靠运行提供有益参考。

陈帝伊教授是我熟知的中青年学者，曾获国家自然科学基金优秀青年基金资助，在水力发电系统安全运行与综合评估方面取得可喜成绩。我相信这本著作的出版将对我国水利水电事业的发展起到积极的推动作用。

中国工程院院士　邓铭江

2022 年 8 月

前　言

由于可再生能源发电量快速增长，为实现电力系统快速稳定调节，水力发电系统不得不面临工况频繁转换和在非最优工况下运行这两大问题，这将对其结构稳定性和发电可靠性提出更高要求。

水力发电系统由水力系统、机械系统与电气系统等组成，其中包括由水力发电机组和调速器等组成的用于调节负荷功率的水轮机调节系统。本书以水力发电系统为研究对象，以水轮机调节系统、水力发电机组及其轴系为切入点，采用动力学建模方法，结合工程实际，运用专业领域的新理论、新技术，从多角度对水力发电系统运行性能进行评估，揭示水力发电系统结构稳定性和发电可靠性的影响机理及其背后的动力学规律，为保证电力系统安全可靠运行提供有益参考。本书共七章。第 1 章是绪论，主要介绍水力发电系统的研究背景、意义及国内外研究进展。第 2 章介绍水轮机调节系统基本模型及随机扰动对其稳定性的影响。第 3 章建立考虑陀螺效应的水力发电机组轴系非线性动力学数学模型，分析陀螺效应对水力发电机组轴系振动特性的影响。第 4 章建立水力发电机组轴系耦联水轮机调节系统数学模型，并分析耦联系统的振动特性。第 5 章通过数值仿真与试验对比，验证第 3 章和第 4 章两种模型的正确性。第 6 章基于水力激励力耦合系统模型的参数不确定性和模型正确性验证，定量评价水风光配比对互补发电系统的影响。第 7 章分析风电资源时间与空间尺度的多尺度效应，全方位地衡量水电站调节风电功率变化带来的经济收益情况。

本书由陈帝伊、许贝贝撰写，全书由赵鹏翀统稿。李建玲、郭冰倩、刘静、何梦娇、袁艺晨、徐振坤、王雨萌、张新宇、李莎、曾茂森、曹泽洲、董文辉、贾瑞等为本书的撰写提供了大量帮助，在此一并表示感谢。

感谢陕西省创新能力支撑计划项目“水电站与泵站系统安全高效运行与调控”（2020TD-025）对本书出版的资助。

限于作者水平，本书难免存在不足之处，请广大读者批评指正！

作　者

2022 年 10 月

目　　录

第1章 绪　　论

1.1 研究背景与意义

当前许多国家在努力实现能源转型，水电作为清洁能源，以具有污染小、可再生、运行费用低等诸多优点赢得了各国的青睐，得到了大力发展（表 1-1）。在未来高比例可再生能源电力系统结构中，水电作为调峰调频的重要角色，将会面临频繁过渡过程中结构可靠性和非最优工况下水力发电机组发电可靠性两个重要问题（Gosens et al.，2017；World Energy Council，2013）。因此，从水电站自身角度考虑，研究高比例可再生能源系统中机组发电可靠性和动态性能具有重要的应用价值。

表 1-1　截至 2020 年底世界已在运行、计划建设和潜在的水电站统计结果
（国际水电协会，2021）

地区	东亚和太平洋	南美洲	中南亚	欧洲	非洲	北美洲和中美洲
总装机容量/ GW	501	177	155	254	38	205

水电厂中用于调节负荷功率的是水轮机调节系统，由水力发电机组、调速器等组成。对于目前大多数水电厂，调节系统主要在水力发电机组最优工况区对电力负荷冲击进行调节。在高比例可再生能源电力系统中，由于随机可再生能源功率变化较大，机组会在最优工况区和非最优工况区承担更加频繁的调节任务（Chaudhry，1979）。水力发电机组在非最优工况区轴系振动剧烈，发电机角速度在调速器控制下难以保证其波动的稳定性，这会对水力发电机组发电可靠性造成巨大威胁。在传统最优工况区设计的水轮机调节系统模型没有考虑非最优工况下轴系振动对调速器控制的影响，因此，轴系振动在部分荷载运行下对发电机角速度的影响，是发电可靠性分析中必须考虑的问题。

综上所述，考虑水力发电系统中参数的不确定性和机组在非最优工况区轴系振动剧烈等问题，提出基于三种不同参数传递方式的水轮机调节系统和水力发电机组轴系耦合模型。在此基础上，建立水风光多能互补系统的动力学模型，深入研究不同工况对水轮机、发电机、调速器、励磁系统等机电设备稳定性和发电可靠性的影响机理，并揭示其中耦联动力学规律，从而保证系统安全高效运行。这是一个既有理论研究价值又有工程实践意义的科学问题。

1.2　能源结构现状与发展趋势

全球变暖已成为制约人类社会可持续发展的重大问题，其主要影响因素是化石燃料（如石油、煤炭等）燃烧排放的大量二氧化碳（1750 年二氧化碳浓度为 $502.88\mathrm{mg/m^3}$，2019 年增长至 $738.16\mathrm{mg/m^3}$）与污染物（秦大河，2014）。温室气体对来自太阳辐射的长波辐射具有高度吸收性，能强烈吸收地面辐射中的红外线，导致地球温度上升（李奥庆，2018）。全球变暖造成海平面上升、冰川融化、极端天气增多等诸多问题。与此同时，全球传统化石能源供应面临能源需求总量不断增长、化石能源资源紧张和能源供应成本较高这三方面巨大挑战。基于世界范围内生态安全与可持续发展方向，许多国家把可再生能源开发和提高能源利用率放在首要战略地位。截至 2014 年底，全球已有 164 个国家（地区）明确了可再生能源发展目标，145 个国家（地区）颁布了可再生能源发展的支持政策，部分国家的可再生能源发展战略行动计划见表 1-2。

表 1-2　部分国家的可再生能源发展战略行动计划

国家	目标
西班牙（电缆网，2018）	2030 年，温室气体排放量需减少到 1990 年的 20%，到 2050 年减少 90%； 2040 年，将不再允许在西班牙注册和销售排放二氧化碳的车辆； 2050 年，电力完全来自可再生能源，在所有化石燃料供应站安装充电站
英国（伍浩松等，2016）	2020 年，可再生能源消费将达到电力消费总量的 30%、能源消费总量的 15%； 2050 年，温室气体排放量将在 1990 年的基础上减少 80%
德国（柴智，2016）	全国总发电中可再生能源发电比例 2020 年达到 35%，2030 年达到 50%，2040 年达到 65%，2050 年达到 80%以上
中国（王璐，2016）	2020 年，非化石能源占能源消费总量比例达到 15%，2030 年达到 20%；水电开发利用目标 3.8 亿 kW，太阳能发电 1.6 亿 kW，风力发电 2.5 亿 kW
法国（佐伊等，2014）	2030 年，可再生能源增长 40%，二氧化碳减排 40%； 2025 年，核能发电比例下调至 50%； 2050 年，与 2012 年相比降低 50%能源消费
日本（张焰等，2018）	2030 年，整个国家可再生能源发电量占总发电量的 22%～24%，温室气体排放水平在 2013 年的基础上降低 26%
美国（人民网，2015）	2025 年，温室气体的总排放水平在 2005 年的基础上降低 26%～28%； 2032 年，华盛顿特区实现 100%可再生能源发电目标； 2045 年，加利福尼亚州和夏威夷州实现 100%的清洁能源，夏威夷州实现 100%可再生能源发电

可见，多国致力于能源结构的低碳化，努力构建以可再生能源为主体的可持续能源体系，通过高强度节能和大比例发展可再生能源，有效减少化石能源消费和二氧化碳排放，实现经济社会发展的低碳转型，进而实现人与自然的和谐共处，经济社会与资源环境的协调和可持续发展（Wang et al.，2018；Zou et al.，2017；董秀成，2015；史丹等，2015）。

1.2.1 能源结构大转型下的水电角色

1. 能源结构转型

结构转型一词最早出自1980年德国科学研究院发表的报告《能源转型：没有石油与铀的增长与繁荣》，重点呼吁德国社会彻底放弃核电和化石能源（朱彤，2016）。自此，德国能源政策逐步开始转型。一方面通过提高燃油税等措施激励民众节约化石能源，降低能耗；另一方面各机构着手进行能源结构调整，重点开发和利用可再生能源（如风能、太阳能、水能和生物能等）（曾正德，2011）。2012年，德国设定了可再生能源发电量在2020年达到35%和2050年超过80%的目标。德国以可再生能源为核心，以提高能效为支撑，通过能源结构转型，提前两年实现了2020年可再生能源发电量达到总发电量35%的目标。可见，可再生能源在德国的能源结构转型中扮演着重要的角色。

近年来，随着我国经济的快速发展，能源需求量大幅度增长，能源和环境均面临巨大挑战。2030年，非化石能源（指风能、太阳能、水能和生物能等）在一次能源消费比例提高到20%左右（Chu，2015；刘叶志，2008）。可见，我国能源结构改革主要目标与德国类似，以可再生能源逐步替代化石能源。

回顾世界能源结构转型历史，人类经历了三次能源结构转型。首次能源结构转型发生在19世纪初，生物能向煤炭能源转型；第二次能源结构转型分成两个阶段，前半段发生在20世纪60年代，煤炭能源向石油能源转型，后半段发生在20世纪70年代，天然气和核电能源逐步替代部分石油能源（朱彤，2016）；第三次能源结构转型以可再生能源为重要目标。有些学者总结能源结构转型特征是由“固体”经“液体”向“气体”转换，每次能源结构转型均表现出“降碳化”特征（马丽梅等，2018）。确切地说，是用氢元素替代能源中的碳元素，从而降低能源利用中碳元素的排放，也可称为能源的低碳转型。

近年来，国内外学者针对能源结构转型做了大量的研究，主要侧重于两个问题。一是经济增长路径与能源结构转换关系；二是能源结构转换过程中可再生能源系统运行及其对现有电力系统的冲击。针对第二个问题，未来高比例可再生能源系统将成为全球广泛关注的未来电力系统场景。国家发展和改革委员会能源研究所在《中国2050高比例可再生能源发展情景暨路径研究》中明确提出，2050年85%的发电量来自可再生能源，太阳能和风能发电装机容量将分别达到2397GW和2696GW，发电量将分别占全国总发电量35.2%和28.35%（贾双，2017；Hu et al.，2017；新华网，2012）。

2. 可再生能源消纳难题

在能源结构逐步优化的大背景下，我国可再生能源装机容量和发电量持续增加。截至2020年底，全国可再生能源发电量高达2.2万亿kW·h，占全社会用电量的比例达到29.5%。全国风电新增并网容量7238万kW，累计并网容量2.8亿kW；全国光伏发电新增装机容量4925万kW，累计并网容量高达2.5亿kW（中国水力发电工程学会，2021）。我国的弃风率、弃光率一直居高不下，2011～2015年全国平均弃风率高达13.42%，平均弃风损失电量为191.6亿kW，电费损失平均值高达103.4亿元（表1-3），欧洲大多数国家及美国弃风率可保持在5%以下（Zou et al.，2017；张玥，2016）。西北地区弃风率、弃光率远高于我国平均水平（表1-4），其主要原因归结于外送通道不足；东北三省弃风问题的主要原因是调峰能力不足。电力系统调峰能力的核心问题是电力系统灵活性不足，我国低配比可再生能源下的电力系统已表现出明显的灵活性不足问题（肖定垚等，2014）。在2050年高配比可再生能源情景下，灵活性不足将成为可再生能源消纳的巨大风险性问题（鲁宗相等，2016）。因此，在外来高配比可再生能源情景下，对电力系统可用的灵活性资源类型和潜力进行规划研究，是实现能源结构低碳转型的必由之路。

表1-3 2011～2015年全国弃风数据统计

年份	平均弃风率/%	弃风损失电量/亿kW	电费损失/亿元	标准煤质量/万t
2011	16.23	123.0	66.0	5665.0
2012	17.12	208.0	112.0	9474.0
2013	10.74	162.0	88.0	7294.0
2014	8.00	126.0	68.0	5662.0
2015	15.00	339.0	183.0	15234.0
平均值	13.42	191.6	103.4	8665.8

表 1-4　我国西北地区风电、光电装机容量与弃风率、弃光率

年份	省（自治区）	风电装机容量/百万 kW	弃风率/%	光电装机容量/百万 kW	弃光率/%
2015	甘肃	12.52	39	6.10	30.7
	新疆	15.89	32	8.22	26.0
	内蒙古	22.56	18	4.71	31.0
2016	甘肃	12.80	43	6.80	30.0
	新疆	17.80	38	8.60	32.0
	内蒙古	25.60	21	6.40	—

对于电力系统灵活性，国际上目前有两种比较权威的定义：第一种是国际能源署对电力系统灵活性的定义，指面临巨大扰动时通过调整发电或负荷来维持可靠性的能力（International Energy Agency，2011）；第二种是北美电力可靠性委员会的定义，指系统资源满足需求变化的能力（鲁宗相等，2022）。近几年，随着可再生能源的快速发展，国内外研究学者对灵活性定义进一步拓展。我国学者鲁宗相等（2016）总结了电力系统灵活性的四大特征：时间尺度、灵活性资源、系统不确定性和成本约束。从时间尺度方面，风光等可再生能源波动从秒级时间尺度到分钟级时间尺度对电力系统的影响主要为调峰调频，水力发电系统在调峰调频上具备快速反应能力；从灵活性资源方面，截至 2019 年底，全国水电总装机容量约为 3.56 亿 kW，年发电量逾万亿 kW·h，均居世界第一位；从系统不确定性方面，水电站的水库存储能力至少能够保障小时级的电力系统调度；从成本约束方面，在稳定性上风力发电机风速适应能力不足，风能利用率大打折扣，风电单位发电成本大于水电。此外，由于风电、光电自身不能调节，电力系统调节能力不足。火电相对稳定，发电成本较低，在我国能源结构中占据主要位置，但火电带来的污染问题必须引起重视。因此，在电力系统灵活性调度资源上，水电具有较大的优势。

3. 水电开发现状

我国地大物博，水能储备丰富。根据不完全统计，我国的水电理论蕴藏量为 6.9 亿 kW，平均每年发电量可以达到 6.08 万亿 kW·h，居于世界首位（周大兵，2007）。目前，我国水资源开发率较低，只有 46%，与发达国家相比还有一定差距。

经统计，我国常规能源的剩余可采总储量构成是：原煤能源占 61.6%，水力能源占 35.4%，原油能源占 1.4%，天然气能源占 1.6%。其中，水力能源为可再生能源，按技术可开发量使用 100 年计算（马文亮等，2006）。由此可知，水资源在能源结构中处于十分重要的战略地位，开发水力能源、发展水电，是我国发展节

能减排、低碳消费、保护环境、调整能源结构的必要途径。另外，水利工程不仅具有发电效益，还具有灌溉、航运、防洪、旅游等综合利用效益。

由表 1-5 可知，我国 2011～2014 年水轮机产量进入高产期，说明在此期间水电站建设迅速扩张；2015 年开始，水轮机产量迅速下降，并进入平稳发展期（210 万 kW 左右）。水电站投资规模从 2013 年的 1223 亿元逐步缩小至 2018 年的 472 亿元，这是因为水电站建设及投产周期变化。尽管水电站快速建设，但水力发电量在 2015 年以后基本保持平稳状态。随着我国经济发展步入新常态，水电作为技术成熟、出力相对稳定的可再生能源，在可靠性、经济性和灵活性方面具有显著优势。从整体情况看，近几年全国整体电力格局供需宽松，我国水电行业将进入相对缓慢的稳定发展阶段，水轮机行业也将进入相对平稳的发展阶段。

表 1-5　我国 2011～2018 年水轮机产量、水电站投资规模和水力发电量

年份	2011	2012	2013	2014	2015	2016	2017	2018
水轮机产量/万 kW	600.07	670.71	800.24	936.20	204.10	218.98	219.02	205.26
水电站投资规模/亿元	—	—	1223	960	789	617	618	472
水力发电量/（亿 kW·h）	—	8721	9203	10729	11303	11840	11898	11028

1.2.2　能源结构调整水电调节重任

1. 水风光互补开发优势

风力发电系统由风轮、发电机、铁塔、数字逆变器等部分组成。该系统通过风轮将作用在桨叶上的风力转化为自身的转速和扭矩，并通过轴、增速箱、联轴器等模块将扭矩和转速传递到发电机，从而实现风能到机械能再到电能的转换。根据全国九百多个气象站的数据统计（陆地上离地 10m 高度资料），全国平均风功率密度为 $100W/m^2$，风能资源总储量约 32.26 亿 kW，可开发和利用风能储量为 2.53 亿 kW，近海可开发和利用的风能储量有 7.5 亿 kW。陆地风电年上网电量按等效满负荷 2000h 计，每年可提供电量为 5000 亿 kW·h；海上风电年上网电量按等效满负荷 2500h 计，每年可提供电量为 1.8 万亿 kW·h，合计电量为 2.3 万亿 kW·h（邢刚，2015；雷鹏，2011）。

光伏发电系统一般由太阳能电池板、蓄电池组、控制器、逆变器等几部分组成（王传辉，2008）。该系统将光能直接转变成电能，再通过转换器加载到蓄电池上。随着经济全球化的不断发展，多国十分关注光电技术产业，其意义已超出经济范畴，对国家战略安全有重要影响（温永鑫等，2017）。我国整体光电技术较强，在某些领域处于领先地位，加上国家政策扶持，光电发展保持着较高的速度。在美国、德国和日本这三个光伏消费市场最大与应用范围最广的国家中，光伏房顶并网发电输电占据了大量市场份额。我国是太阳能资源较为丰富的国家之一，一年内太阳辐射总量保持在91.7～2333.0kW·h/m^2，全年日照时数大于2000h的地区面积约占我国国土面积的2/3。

风光发电站受天气等因素影响，发电功率具有很强的间歇性、波动性和随机性。水力发电机组具有快速启停、灵活运行和快速跟踪负荷的能力，特别是在梯级水电站流域基地，通过流域控制中心集中监控风电和光电出力变化，并迅速调节水轮机调节系统的导叶开度，以改变水力发电机组出力，达到平抑风电和光电出力波动的目的，能够有效提升电网对风电和光电的消纳能力。近年来，有关水风光多能互补系统的探讨渐多。国家电投集团黄河上游水电开发有限责任公司（简称黄河公司）探索用水电调节光伏发电稳定性的方式，使光伏电力在进入电网前就达到稳定供电的上网条件，目前全球运行最大的水光互补项目就是黄河公司位于青海省海南藏族自治州共和县塔拉滩上的85万kW龙羊峡水光互补光伏发电项目。85万kW龙羊峡水光互补发电机组于2015年6月全部并网发电，光伏发电功率波动通过水电调节后打包送入电网（中国新闻网，2019）。我国第三大水电基地雅砻江流域已建设我国首个全流域“水风光互补”清洁能源示范基地，充分利用雅砻江水电站群的调节性能，平抑风电、光伏发电的不稳定性，实现三种清洁能源的优化利用、打捆外送（新华社，2016）。

针对水风光多能互补系统的可行性分析，国内外学者做了大量研究。丹麦学者首次提出了风光发电相结合的方法，但是系统过于简单化、单一化。随后，美国、加拿大等发达国家开始对风光互补发电系统稳定性和可靠性进行研究。2005年，澳大利亚Shakya等（2005）研究了一个独立的混合风光互补发电系统，并成功将其应用至当地气象站。Petrakopoulou等（2016）对爱琴海上拟建水风光多能互补系统进行了一年的数值仿真分析，发现在保证抽水蓄能电站年平均发电量1.0MW的情况下，光伏发电系统和风力发电系统可实现独立运行（太阳能供电48%，风力发电52%）。我国对于水风光多能互补技术的研究起步较晚，对混合发电系统的研究初有成效。庄琳琳（2017）指出风光系统在时空分布上属于天然互补的关系，经过统筹调度组成风光互补系统，对于提高能源整体利用率和稳定性有极大帮助，同时节省了物料和运行成本，带来的社会效益非常可观，张媛等（2016）认为我国属于季风气候的省份和地区冬季光强小但风大，夏季光强大但风小，这种互补关系正适合建立风光互补发电站。因此，水风光多能互补运行可有效提高未来高配比可再生能源中电力系统的灵活性。

2. 水力发电系统调节能力难题

水力发电机组作为水力发电系统的核心组成部分，基本运行工况包括水轮机工作状态下的启动、停机、突增负荷、突减负荷、事故甩负荷、紧急事故停机等（王曌，2017）。水电站通过不同工况间的相互转换，实现对电力系统负荷的平抑调节。据统计，负责承担电力系统中基荷的常规水电站每年可能仅启停数次，而起负荷调节作用的水力发电系统每天启停可能就有十多次（李中杰，2017；Cardinali et al.，1993）。在未来高比例可再生能源的电力系统结构中，水力发电系统作为重要的能源调节角色，将承担更加频繁的机组过渡过程。在暂态过渡过程中，机组经历的频繁启停、负荷增减和甩负荷过程会迅速增大转轮在水力不平衡作用下的疲劳破坏和机组磨损，从而降低机组的水力结构性能，这将增大水电站在暂态过渡过程中的运行风险。水力发电机组在非最优工况下面临的问题还有机组轴系振动问题。水力发电机组轴系振动问题可分为两类，即全负荷振动问题和负荷振动区问题。全负荷振动问题即只要开始发电，无论发电量多少，机组振动幅值都会超出国标规定。这类问题虽然严重，但往往可以通过水流消涡、零部件更换或机组检修等措施转换为负荷振动区问题。负荷振动区问题是各国大部分水电站面临的问题，往往出现在机组所带负荷量的 40%～70%。因此，在未来高比例可再生能源情景下，深入研究水力发电系统在部分负荷或过负荷下机组的振动问题和发电可靠性，具有重大意义。水力发电机组在运行过程中，由于转轮叶片的特殊形状设计，尾水空化管内通常会产生一条与转轮旋转方向一致的空化涡带，且空化涡带的形状和体积在机组不同运行工况下有所不同。在大流量高负荷或满负荷工况下，尾水空化涡带呈柱状，见图 1-1（a）；在小流量部分负荷工况下，尾水空化涡带呈螺旋状，见图 1-1（b）。尾水管空化涡带会造成机组内部紊乱并形成周期性压力脉动，压力脉动会引发整个水力系统的不稳定和周期水力激励力，严重时会导致机组出力波动、水力振动和转轮叶片空蚀破坏，对电力系统本身和水力发电机组结构安全构成巨大威胁。目前，水力发电机组水力设计的一个重要指标，就是在保证水能利用率的前提下进一步降低空化涡带的影响，并拓展机组的稳定运行区间。在能源改革新形势下，水力发电系统在非最优工况下的发电可靠性评估显得尤为重要。

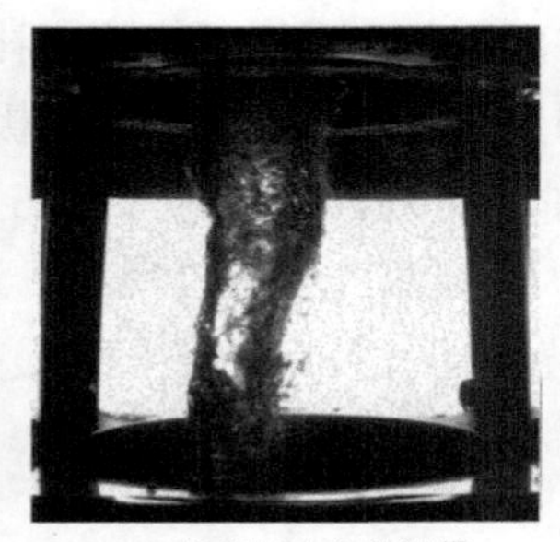

（a）柱状尾水空化涡带

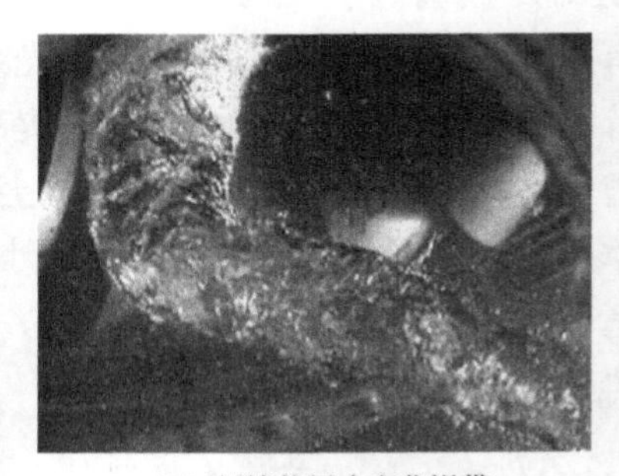

（b）螺旋状尾水空化涡带

图 1-1　水力发电机组尾水空化涡带

此外，随着水电行业的快速发展，机组在容量和尺寸上大幅度增长，带来的相对刚度弱、机组振动等问题越发突出。机械旋转部件作为其中最容易发生故障的部件之一，其任何零部件发生故障都有可能引发一系列的问题，因此在故障产生早期及时发现并作出决策十分必要（Cheng et al.，2017；Rahi et al.，2015）。通常故障不是瞬间发生的，它从产生、发展、恶化到最终失效，往往要经历一个机组某项响应异常的阶段，即不是故障产生瞬间就不能使用，而是某一项或某几项指标在使用过程中逐渐下降，直到不再满足其使用的最低标准时彻底失效。水力发电机组轴系作为机械旋转部件，在运行过程中通常会经历正常至退化再至完全失效的三个阶段，这个过程伴随着一系列的性能退化。目前，对于水电站运行维护方面的研究多集中在故障诊断方向，多为判断机组故障、健康的二值诊断或判断电站的故障类型。故障诊断大多不能反映故障或性能退化的严重程度，且较难在故障产生或性能开始退化时及时发现。因此，研究水力发电系统不同故障形式下水力发电机组的发电可靠性问题极为重要。

1.3 水力发电系统运行稳定性研究

1.3.1 水轮机调节系统发电可靠性

1. 最优工况区水轮机调节系统建模与稳定性分析

水轮机调节系统是保证电力系统稳定运行的重要组成部分，其模型的准确性对于电力系统稳定性分析具有重要意义。长期以来，我国常用的电力系统稳定计算分析软件，如 PSASP、BPA 等，一般采用基于稳定运行点线性化的理想水轮机模型（Guo et al.，2019；Martinez-Lucas et al.，2018；王曦等，2014；De Jaeger et al.，1994）。电气和电子工程师学会（Institute of Electrical and Electronics Engineers，IEEE）工作组在理想模型的基础上，考虑水轮机的非线性因素、阻尼作用、摩擦损耗和空载损耗，提出水轮机的线性及非线性模型（袁璞，2014）。常近时（1991）基于水轮机基本方程式，严格推导水轮机动态特性的水轮机内特性模型，但其描述水轮机特性的解析方程较为复杂，不适合大规模电力系统仿真计算。南海鹏（2003）对水轮机调速器的液压控制系统、频率测量环节、离散调节系统稳定性、调节参数最优整定及适应式参数自调整比例积分微分控制（proportional integral differential control，PID 控制）策略进行了研究，首次提出了采用步进电机驱动的步进式电液引导阀解决电液转换元件发卡、堵塞问题。邓磊等（2009）提出了一种改进的水轮机模型，在线性化模型的基础上增加了非线性环节，提高了模型的精确度。彭利鸿等（2017）基于遗传算法（genetic algorithm，GA）改进反向传播

（back propagation，BP）神经网络（GA-BP 神经网络），构建基于 GA-BP 神经网络的水轮机非线性模型，并与传统 BP 神经网络在水轮机流量特性和力矩特性拟合效果上进行对比试验。潘学萍（2005）基于单机无穷大系统，分析比较了恒定机械功率，简化水力系统、弹性水击及刚性水击下的线性水轮机模型及其电力系统震荡和恒定电功率、不计及励磁调节器和计及励磁调节器的发电机模型对水力系统震荡的影响，并证明了水力子系统与电力子系统存在相互影响关系。孙经华（2014）基于调保参数的下游调压室设置条件，研究推导了考虑尾水管真空度及机组转速上升两个调保参数的常规水电站下游调压室设置条件。鲍海艳（2010）系统地提出了进水口-单压力管道-水力发电机组（无调压室）水轮机调节系统模型、进水口-引水隧洞-调压室-压力管道-水力发电机组（有调压室）水轮机调节系统模型和进水口-引水隧洞-调压室-一管多机水力发电机组（一管多机）水轮机调节系统模型。郭文成等（2016）分析了变顶高尾水洞水轮机调节系统 Hopf（霍普夫）分岔的存在性、分岔方向等，得到系统发生 Hopf 分岔的代数判据，结果显示明满流引起的水流惯性变化在机组减负荷时对系统的稳定性有利，在增负荷时对系统的稳定性不利。寇攀高（2012）建立了水轮机调节系统频率调节、开度调节及功率调节数学模型，对其中的非线性环节进行了重点解析，并提出了将粒子群-量子操作优化算法用于解决调速系统的参数辨识和控制策略问题。陈帝伊等（2013，2012）在简单式调压井模型基础上，考虑弹性水击效应和发电机转矩角的影响，建立了单机单管时水轮机调节系统非线性数学模型，并在此模型基础上运用非线性动力学理论对某一具体水电站进行了稳定性分析。门闯社（2018）针对工程中水轮机模型求解收敛性差的问题，提出了一种以单位转速为迭代变量的单点迭代求解流程，采用迭代定理得到了迭代收敛性判据，并将这一判据分别应用到定步长计算和变步长计算中，提高了计算效率。吴凤娇（2019）研究了混流式水轮机调节系统径向基函数神经网络预测模型，并采用两参数单独求取的估值法和两参数同时求取的扩展法，分别求取混流式水轮机调节系统运行状态时间序列相空间重构的两个重要参数，即嵌入维数和延迟时间，取得了良好的预测效果。曾云等（2012）将解耦后的水力系统模型以附加输入扰动的形式运用在水轮机模型中，实现输入的解耦，并首次提出水轮机调节系统的哈密顿模型，为随机系统的控制器设置奠定重要基础。

可以发现，水轮机调节系统的研究在数学建模、调压井设置条件、参数识别和控制策略研究等方面，均取得了较大的研究进展，这为水轮机调节系统在不同工况下的系统建模和稳定性分析奠定了重要研究基础。

2. 非最优工况区水轮机调节系统建模与稳定性分析

在运行工况仿真方面，高磊（2016）和魏守平（2011）运用 Simulink 平台对水力发电机组进行仿真建模，建立的模型能实现开关机、增甩负荷、空载运行等多种工况的仿真。曾云等（2014）建立了能较好反映水轮机暂态过程主要特征的弹性水击模型。郭琦等（2016）提出了一种递推水轮机线性模型，实例验证表明，该模型能反映水轮机的非线性特性，且能用于电力系统动态仿真建模。赵桂连（2004）研究了不带调压室的水电站在5%（10%）额定负载阶跃扰动下励磁调节、调速器调节及水力系统对转速调节品质的影响。郭海峰（2017）以天生桥水电站为例，利用Matlab/Simulink仿真平台构建水轮机调节系统模型，并通过额定水头下空载±4%额定频率扰动试验和50%额定负荷甩负荷试验，验证了模型的正确性。张浩（2019）为了更加准确描述水轮机调节系统在瞬态过程的动态特性，通过改进水轮机调节系统瞬态力矩和流量表达式，建立了可以反映水轮机调节系统瞬态特性的动力学模型；利用数值模拟分析了导叶直线关闭和折线关闭规律对水轮机调节系统瞬态特性的影响规律，揭示了导叶折线关闭规律中折点设置对水轮机调节系统瞬态水头、转速、流量等的影响。吴嵌嵌等（2017）基于ANSYS软件的二次开发功能和Fortran语言程序，构建了水力发电系统的动态模型，该模型可以较好地模拟水电站运行过程中开机工况，为水电站运行安全评价和控制奠定坚实的理论和方法基础。赵志高等（2019）通过改进Suter变换-BP神经网络的水泵水轮机插值模型，改善了“S”特性区及小开度工况区的模型精度。杨桀彬（2014）针对水泵水轮机全特性曲线平面表达方式存在的多值性和对应性可能导致插值和迭代计算无法进行等问题，提出了基于空间曲面的水泵水轮机全特性计算方法，并得到了很好的模拟精度。

3. 非最优工况区尾水涡带带来的水机共振问题

在非最优工况下水力发电系统的水机共振问题中，尾水涡带扮演着十分重要的角色（Chen et al.，2018；Goyal et al.，2017；Kim et al.，2017），其动力学数学建模可总结为以下五类情况。

（1）一维特征线法和水轮机综合特性曲线。特征线法以有压管道内非恒定流的动量方程和连续性方程为理论基础，通过线性组合方法，将偏微分方程转化为特征线方程及其对应的相容性方程，在x-t平面内沿着特征线AP和BP，设t时刻沿着管道的各节点状态已知，为求出$t+\Delta t$时刻P点的各个状态，可沿特征线AP和BP分别对微分方程特征线方程和相容性方程进行积分计算，每一时刻计算都需要上一时刻结果来作为已知量。因此，只要给定初始时刻的边界条件，就可以通过循环不断求解下去，直到设定的截止时间，这就是利用特征线积分求解有压瞬变流管道水击计算的特征线法，如图1-2所示（李超顺，2010）。水轮机的边界条件通常由静态模型试验获得，即利用模型综合特性曲线计算水轮机动态过渡过程，但特性曲线的绘制忽略了暂态过渡过程中机组所受惯性力的作用，且模型机组和原型机组在相似性条件、电磁激励等多个方面存在差异，这给计算带来一定程度的误差。

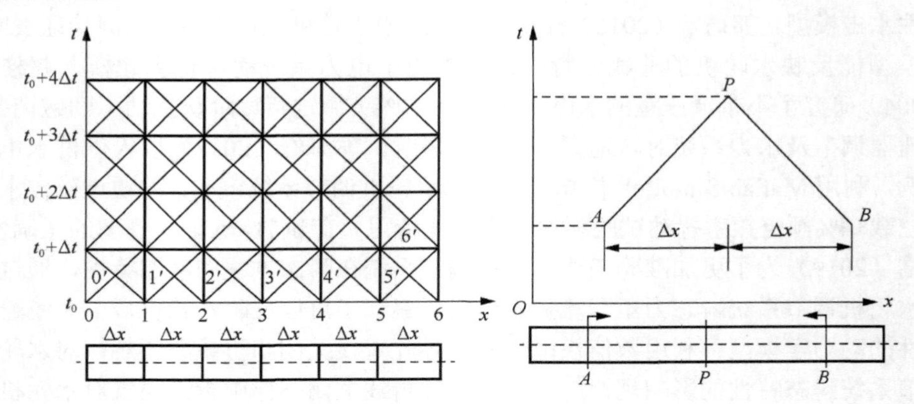

图 1-2　引水系统的特征线法

（2）管路-电路等效法+水轮机综合特性曲线+一维水声（one dimensional hydro acoustic，1D HA）模型。管路-电路等效法以有压管道内非恒定流的动量方程和连续性方程为理论基础，利用集总参数电路等效理论，将电压 U 和电流 I 分别等效为水轮机水头和水轮机流量，构建包含有压管道、调压井、水泵水轮机组、阀门、上下游水库等多个模块结构的等效电路，进而利用多维基尔霍夫电压定律和电流定律构建整个水力发电系统的隐式微分方程集，并采用标准微分方程的离散解法获得系统的整个动力学响应（赵威，2016）。和特征线法类似，管路-电路等效法求解也需要各个时刻机组工况参数（水轮机流量、水轮机转速、水轮机水头和水轮机力矩）、整个引水系统各阶段水头和流量参数、下一时刻导叶开度。机组工况参数通常也由水轮机的全特性曲线获得。1D HA 模型的动力学建模与管路-电路等效法基本一致，将水体惯性等效为电感，流动阻力和空化相变引起的热力学阻尼等效为电阻，空化体积的变化和水体的可压缩性等效为电容（李中杰，2017），从而实现引入空化非定常特性对系统暂态特性的建模。

（3）暂态边界条件+全三维水轮机模型。全三维引水管道系统模型与三维水轮机模型计算量大，只适用于管道较短的水轮机机组或泵机组。为弥补全三维模型计算量过大的缺陷，学者采用暂态边界条件+全三维水轮机模型的形式，边界条件的确定方法包括现场试验和数值模拟（如特征线法或等效电路法）。当缺少试验数据时，一些学者采用恒定压力作为过渡过程的边界条件，一般也能够对轴向力、转速等特征进行合理的预测，但对压力非顶层预测的误差往往较大。

（4）管路-电路等效法+全三维水轮机模型+一维水声模型。对于压力引水管道较长的水力发电系统，通常采用管路-电路等效法+全三维水轮机模型+一维水声模型，其中一维水声模型的加入对水击波在尾水管传播过程中的水机共振具有重要意义。清华大学李中杰（2017）研究发现，水击波速在不同水质中变化很大（纯水中1000m/s左右，纯气中340m/s左右，水汽混合物中变化剧烈），空化的非定常特性引起的质量流变化会给水力发电机组发电可靠性带来不可忽视的问题。全三维水轮机模型与一维水声模型耦合参数传递、耦合机制等研究依旧不够成熟，同时基于Schnerr&Sauer空化模型计算暂态过程中机组内部水、气间的质量交换，从三维流场中提取尾水管内空化涡带体积变化引起的质量激励源，考虑空化对波速的影响，对暂态过程中空化状态下的一维尾水管模型进行了改进，通过数值模拟结果与暂态过程现场实测结果对比，验证计算模型的适用性与准确性。水力发电系统一维、三维建模如表1-6所示。

表1-6　水力发电系统一维、三维建模

水力发电系统模型	交界面	位置	传递方向	传递参量
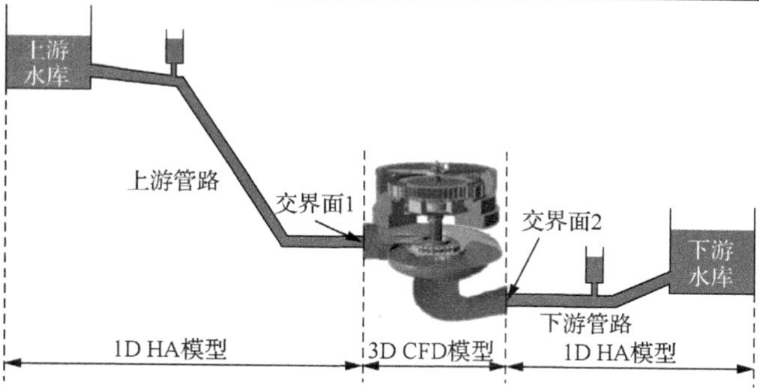 上游水库　上游管路　交界面1　交界面2　下游水库　下游管路　1D HA模型　3D CFD模型　1D HA模型	交界面1	蜗壳入口断面	3D-1D 1D-3D	Q，$\mathrm{d}Q/\mathrm{d}t$ P
	交界面2	尾水管出口断面	3D-1D 1D-3D	Q，$\mathrm{d}Q/\mathrm{d}t$ P

注：1D HA模型为一维水声模型；3D CFD模型为三维计算流体动力学模型；Q为流量；P为压强；$\mathrm{d}Q$为流量的极小变化量；$\mathrm{d}t$为极短的时间；$\mathrm{d}Q/\mathrm{d}t$为流量的变化率。

通过以上分析可以发现，水力发电系统在非最优工况下系统的动力学建模和尾水管空化模拟取得了较大的研究进展，这为研究水轮机调节系统在非最优工况区考虑尾水涡带的水机共振问题奠定了重要的理论基础。

1.3.2　水力发电机组轴系振动

1. 水力发电机组轴系建模与振动分析

水力发电机组轴系属于大型回转体，其研究属于转子动力学范畴，从转子动力学角度研究水力发电机组轴系在20世纪80年代就得到广泛的关注与研究（Kundur et al.，2001；佟文敏，1986；Oldenburger et al.，1962）。转子系统的故障响应是近年来的研究热点内容，其中碰摩故障和不对中故障的研究重要且广泛

（Afzal et al.，2018；Frost et al.，2017；Li et al.，2017；Luo et al.，2017；Fu et al.，2016；Lu et al.，2016；Xu et al.，2015；Zeng et al.，2014；徐永，2012；Donát，2012）。

1）碰摩故障

碰摩是机组运行过程中发电机转子与定子由于某种原因接触而发生的一种强非线性动力学现象，如倍周期分岔和混沌行为。马辉等（2012）基于有限元法构建考虑转子松动和碰摩故障的转子轴承系统动力学模型，发现碰摩能够减小松动引起的低频振动，并激发高频振动的动力学特性。刘杨等（2013）针对双盘转子轴承系统，建立不对中碰摩耦合故障转子系统力学模型和有限元模型，通过对比发现，不对中碰摩耦合故障常常以碰摩故障特征为主，二倍频出现较早且峰值急速增大。

2）不对中故障

水力发电机组的转子不对中故障是旋转机械中最为常见的故障之一。不对中通常指水轮机转轮轴心线与发电机转子轴心线发生偏移或倾斜。研究不对中故障机理对机组振动控制和故障诊断具有重要的应用价值。国内外研究学者针对不对中故障已开展大量的研究，并取得了丰硕的研究成果。丘伟甫（2017）对水力发电机组中的平行不对中故障进行数学建模，并结合 ANSYS 软件分析转子共振位移矢量和等效应力分布情况，发现共振位移偏转主要分布在转子两端且差别并不大，而共振等效应力主要分布在转子与转轮接触部分且相差较大。张雷克（2014）建立了机组转子–轴承系统的非线性电磁动力学模型和运动微分方程，分析了系统在不对中和碰摩力耦合作用下的振动线性与规律，并通过分析不同密封参数对失稳临界转速的影响规律，进一步给出了系统减小、甚至避免自激振动的路线或措施。

通过分析可以发现，从非线性转子动力学角度出发，水力发电机组轴系建模在不对中故障和碰摩故障方面取得了很大的研究进展和丰硕的研究成果，这为水轮机调节系统在耦合水力发电机组轴系下故障动态响应研究奠定了重要的理论基础。

2. 水力发电机组轴系振动因素总结

振动是一种体现系统健康状态的关键信息，转动装置的大部分故障及发展可以反映在振动数据上，振动信息监测是系统运行维护和设备健康评价的关键构成部分。为了简化问题，没有考虑引起设备振动的各种因素之间的相互作用，水电机组有机械、水力和电气三种因素的振动。

1）机械因素

（1）转动不平衡振动：水电机组设备加工精度低、原材料使用不均匀等制造和材料问题会导致转动部件不平衡（付文龙，2016）。常见的是机组旋转部件未调整到最佳平衡情况而在运行过程中引起振动，或长期运行造成平衡状态变化。

（2）碰摩振动：旋转机械用来增加输出功率的主要措施之一是减小运动部分和静止部分的相互距离。当转子运动的振幅由于制造或操作等而超过间隙范围时，将会与定子发生碰撞，从而导致碰摩并造成非常严重的后果（吴敬东等，2006）。

（3）不对中振动：不对中是指通过联轴器连接的两个中心线上存在偏差，如中心线平行偏移、角偏移或两者的组合。相关文献表明，若二阶振动频率幅度为工频振动幅度的30%～75%，则耦合装置能够在较长时间里维持这种中心线未对准状态；若二阶振动频率幅度大于工频振动幅度，则耦合部分将受到中心线未对准的严重影响。因此，可以使用双频振动幅度与工频振动幅度比值大小来捕获信号（李录平等，1998）。

（4）轴系刚度不足振动：轴系刚度对机组振动影响显著。飞逸速度通常作为机组轴系刚度设计依据，因此机组在正常运行时可看作没有隐患。对于长时间运行的机组系统，老化等问题导致刚性不足，轴系临界转速降低。当速度接近运行速度时，即使有轻微不平衡或外力，也会使振动变得明显（何涛等，2012）。

2）水力因素

（1）水力不平衡振动：进入转轮的水由导流叶片开度不一致导致的不对称等是水力不平衡振动的常见原因（佟文敏，1986）。

（2）偏心涡带振动：尾水管偏心旋转涡带是机组系统振动不可忽视的因素之一。当负载大于额定值时，会产生反向的旋转分量；当负载小于额定值时，尾水管中心附近出现旋转水流。若尾水管出口水压较低，旋流中心产生低压环境，引发空腔，严重情况下压力管道与水压脉动共振会引起设备振动和电网振荡（张兴等，2017）。

（3）卡门涡带振动：当结构表面有流体绕过时，涡流会形成于结构后面。当结构前后涡旋交替脱落时，结构规律性振动，其振动特征可总结为流速正比于涡流的频率（王振东，2006）。

3）电气因素

（1）电磁拉力不平衡振动：发电转子因不平衡的电磁拉力而振动。随着发电机的逐步发展，铁心堆叠高度增加使得这种振动现象更为普遍。其振动特征是励磁电流增加使机组振动增大，同时振动在上机架处比较明显（宋志强等，2010）。

（2）定子磁拉力振动：振动水平和电流基本上是线性的，在定子电流增加的同时，振动也在增加，明显的振动位于上机架部分（唐贵基等，2014）。

通过以上分析可以发现，从非线性动力学角度，水力发电机组轴系的动力学建模已经涵盖了磁拉力、碰摩故障和不对中故障引发的振动问题，这为后续引入水力不平衡力耦联水轮机调节系统和水力发电机组轴系模型，奠定重要理论基础。

1.3.3 水风光多能互补分析

水力发电系统的快速调节能力有效提高了电力系统消纳随机可再生能源的能力（Sawle et al.，2018；Yang et al.，2018；Diaf et al.，2008）。在过去的研究中，水力发电系统与可再生能源结合的系统稳定性和调节性能已取得较大进展（Tang et al.，2019；Ramli et al.，2018；Krajačić et al，2016；Daud et al.，2012；Ran et al.，2011）。Endegnanew 等（2013）研究了受风力波动影响的抽水蓄能控制器调节质量；周明（2016）分析了风电-抽水蓄能联合发电系统的运行方式，提出了蓄能机组的控制策略；梁子鹏等（2018）建立了考虑风电不确定度的风-火-水-气-核-抽水蓄能多能源机组协同调度旋转备用优化模型，权衡了备用策略的经济效益和风险成本，以达到综合效益最优；Pali 等（2018）提出了一种适用于有井农村地区的小型风能与抽水蓄能调节技术；马实一等（2019）以风光发电企业经济效益最大为优化目标，提出了一种基于电力市场背景的风电-光伏-抽水蓄能联合运行优化方法；Karhinen 等（2019）评估了不同风电比例下抽水蓄能发电的长期盈利能力；Salimi 等（2019）建立了以降低市场成本为目标的线性风电-抽水蓄能发电模型。

通过以上分析可以发现，这些方法主要侧重于最优调度和经济评估，大多忽略了水力发电系统的灵活性能力。因此，如何量化随机可再生能源参与的水力发电系统调节性能变得十分重要。

1.4 发电可靠性研究综述

可靠性分析包括系统状态选择、系统状态分析、可靠性指标计算和经济性分析四大类（陈小青，2013）。系统状态选择通常通过随机模拟方法（如蒙特卡洛抽样或拉丁超立方抽样等）确定水力发电系统的运行状态；系统状态分析主要针对选择的系统状态进行可靠性计算；可靠性指标计算通过多次随机抽样方法更新可靠性指标，利用统计分析法获得可靠性指标的概率分布，每次系统状态的选择都会对可靠性指标进行更新计算，由于水力发电系统参数众多，提前开展敏感性分析将为后续减少计算量奠定基础；经济性分析以可靠性评估结果为基础，探究不同工作模式下水力发电系统的收益情况。水力发电系统风险评估研究，既可为水风光多能互补水力发电系统调控策略制定提供技术指导，又可以通过系统状态选择与分析，发现不同工况下水力发电系统的动力学现象与规律。

1.4.1 敏感性分析

敏感性分析涉及领域非常多，如生态环境科学、社会科学、经济学、物理学、系统科学等。敏感性分析方法分为很多种，如全局分析法、图解法、筛选分析法和精炼分析法等（宋晓猛等，2012）。Saltelli 等（1990）很早就提出了利用非参数统计方法进行敏感性分析，它在处理单个变量或者少许变量的组合时，计算迅速、可操作性强，但研究较多变量组合时会出现计算量大等困难。索博尔（Sobol，2001）提出了方差分解法，该方法的核心是把模型分解为单个属性及属性之间相互组合的函数，已得到了广泛的应用。例如，吴立峰等（2015）研究了不同灌溉水平下的棉花模型敏感性分析问题；李得勤等（2015）应用参数敏感性分析方法研究土壤湿度和土壤温度问题；罗川等（2014）对水文模拟模型下的水文水质系统模型进行了相关参数敏感性研究；张帅等（2013）提出了中短程客机总体的参数敏感性问题；蒋树等（2015）研究了不同敏感性分析方法的滑坡滑带力学系统参数不确定性问题。上述研究尚未涉及水力发电系统发电可靠性方向的研究分析，因此通过敏感性分析来解决水力发电系统不同工况下的不确定性问题具有一定的研究价值。

1.4.2 可靠性分析

发电可靠性指供电系统持续发电能力，能反映出电力行业对国民经济发展过程中电能需求的满足程度，这一指标已成为衡量国家经济发达程度的重要标准之一。

我国学者瞿海妮等（2012）对世界多国年平均停电时间进行了统计，发现美国年平均停电时间不到 2h，欧洲发达国家大概 1h，某些亚洲国家更少，如韩国少于 20min，新加坡和日本甚至不足 10min。我国城市用户年平均停电时间由 2010 年的 6.72h/户降低到 2014 年的 2.59h/户，农村用户年平均停电时间从 2010 年的 26.37h/户降低至 2014 年的 5.72h/户。少部分经济发达地区已经率先达到了年平均停电时间少于 50min/户的水平（孙健，2015）。发电可靠性的研究水平已经得到了很大的提高，管理方法和智能体系化发展也达到了一定的高度。随着能源结构改革，未来高比例可再生能源并网，将对未来电力系统的发电可靠性和稳定性带来持续挑战。

提升发电可靠性的方法和方向有很多，配电网、电力公司、用户端等，都对可靠性有一定的要求和提高措施。进行可靠性评估的主要方法有解析法与模拟法（宋立华，2011）。刘传铨（2008）建立系统可靠性的数学模型后根据计算获取所需概率指标，这种方法得到的是解析精确解。模拟法则更为灵活且适用面较广，可应用于较大型、复杂的配电网安全可靠性问题。本书考虑发电侧的电力输出可靠性，即发电端的发电可靠性。马宪国（2001）把可靠性准则大致分为确定性准则和概率性准则，并将概率性准则中的电力不足概率作为可靠性指标，来研究上海电网的发电可靠性问题。葛淑云（1999）通过研究华北电网中最优备用率和发电可靠性相关指标的关系，分析了电网中存在的可靠性问题。王家斌（2006）探究了负荷变化、电源装机、等效可用系数等因素对可靠性的影响。余志强等（2016）使用粒子群算法对负荷侧和电源侧进行光伏发电置信容量求解，并以此为基础进行了可靠性分析。王晓东等（2018）基于风电场期望出力研究出一种可靠性评估的方法，并通过这种方法验证了实际风电场运行的准确性。陈树勇等（2000）应用风电场的输出功率特性对尾流效应进行了建模分析，在随机生产模拟和随机潮流分析几个方面进行了相应研究。钟浩等（2012）通过建立等效负荷持续曲线模型，计算出失负荷概率，根据可靠性指标对发电容量的大小进行评估并分析可靠性。可见，应用于发电系统的可靠性指标很多，且尚未统一。

如今，世界可再生能源发电技术已经向更高深、更复杂方向前进，独立系统已不再适应当前的复杂环境，大规模混合型能源并网发电形式更能满足新的发展需求。对于我国来说，前沿发电技术正在由分散的小规模开发逐步向远距离、高电压、大规模输送方向发展（张峰等，2013）。由于风速、光照强度、水流量等因素随机变化，其对电力系统运行稳定性的影响同样具有随机性和不稳定性。驱动风力发电机组进行工作的风力具有典型的间歇性和随机性，尤其可能出现短时间内风力发电机组出力的大幅度振荡和波动，这会给电网稳定运行及可靠性分析带来巨大的挑战。光伏发电和风力发电类似，同样具有间歇性、随机性等特点。因此，发电可靠性分析的目标不能只放在传统的热动力发电系统上。许郁（2011）在考虑风电可靠性影响因素基础上，研究得出了四层指标评估体系，评估方法为模糊层次分析法，重视经济性和市场化需求，提出了一套完整的并网风电场发电可靠性评估理论体系。汪海瑛（2012）基于蒙特卡洛仿真方法，通过分析新能源发电的能量转换特性，深入研究风、光等可再生能源并网对系统可靠性的影响。张丛林（2012）通过水、火、风能互补发电系统模型，对互补模型进行了可靠性计算和经济性分析，从而解决了模型的发电容量优化配置问题。可再生能源的大规模并网导致新能源在时间、空间、效率和稳定问题上的随机性和波动性，给电力系统带来了很大的挑战。因此，为保证电力系统的安全性，开展水力发电机组灵活性分析和发电可靠性的研究具有重要意义。

1.4.3　经济性分析

随着电力需求增长，风电互补发电基地数量不断增加，如我国雅砻江水风光互补发电基地等。水风互补发电系统确实可以有效解决风电功率波动的问题，并保证系统输出稳定功率。由于风电功率与负载功率波动的不同步性，水力发电机组必须不断调节自身发电功率以弥补缺失功率，这对水轮机导叶的刚性提出了更高的要求。导叶疲劳损伤加剧会降低水力发电机组运行的灵活性，并大大降低水电站的经济效益。同时，由于风电、水电和火电入网价格的差异，当水风互补发电系统与火电一同承担负荷功率时，风电与水电负荷功率所占的比例也会对售电的收益产生影响。分析水风光互补系统下水电调节的经济性具有一定的现实意义，水风互补发电系统的研究着重于日时间尺度下的经济性分析。肖白等（2014）建立了水电风电和抽水蓄能系统综合效益评价模型，该模型只考虑了一种配比下水风互补发电系统的综合效益，且未细化不同配比下水电平抑风电功率导致的导叶疲劳损伤成本模型。Yao 等（2019）建立了风-海水抽水蓄能电站联合系统，研究了最佳运行问题，如调峰性能、风电限电最小化和收益最大化，其中包含部分风电占比的因素，但未细化水电占比及两者总体占比对系统综合收益的影响。Katsaprakakis 等（2013）介绍了岛上微电网多能量互补系统的前景和挑战，但没有考虑多能互补系统的系统综合效益特性。

通过上述分析可以发现，水风光多能互补系统的经济性评估已经取得了部分研究成果，但尚未考虑水电在频繁调节水电功率波动下的疲劳损伤问题。因此，在未来高比例可再生能源并入电网的情景下，考虑水电调节作用下机组疲劳损伤问题的经济性评估具有一定的指导意义。

1.5　本书的主要研究内容

第 2 章简要描述水轮机调节系统动态特性及模型参数的随机特性。随机参数和扰动的处理对系统动态特性影响分析意义重大。从水轮机调节系统动力学建模入手，研究系统随机扰动处理，为后文的讨论和研究奠定理论基础。

第 3 章建立考虑陀螺效应的水力发电机组轴系非线性动力学数学模型，分析陀螺效应对水力发电机组轴系振动特性的影响，同时从三类振源参数出发，通过数值仿真，得出在一些主要振源参数作用下机组轴系的振动特性和动态响应。

第 4 章描述水轮机调节系统与水力发电机组轴系的相互作用关系，并提出分别以发电机角速度、水力不平衡力和水轮机动力矩、水力激励力为传递参数的三种耦合建模方法；建立水轮机调节系统耦联轴系数学模型，并分析耦联系统的振动响应特性。基于第 2 章水轮机调节系统模型，研究轴系与调节系统耦合模型的数学表达，为后文水力发电系统发电可靠性研究奠定理论基础。

第 5 章通过数值仿真与试验，对比验证第 4 章提出的耦合模型的正确性，并从发电机角速度控制与轴系振动相互作用角度，探究模型参数间相互作用关系，为后续研究水力发电系统发电可靠性提供指导。

第 6 章讨论基于水力激励力耦合的系统模型参数不确定性，进行模型正确性验证；通过设计不同可再生能源占比、不同风速干扰等场景，研究水风互补发电系统的动态特征；定量评价水风容量配比对互补发电系统有功功率、频率和电压的影响。

第 7 章分析风电资源时间与空间尺度的多尺度效应，给出简单的时空尺度等效方法，进而提出基于秒级尺度的水风互补发电系统模型计算风速变异系数、波动系数和平抑系数的方法；进一步通过设计不同可再生能源占比、不同风速干扰等场景，获取水风互补发电系统的动态响应，并计算年运行期间售电效益、调峰效益、节能效益、机组启停成本、导叶疲劳损伤成本、维护成本（无导叶损伤）等，全方位衡量水电站在调节风电功率变化下的经济收益。

参 考 文 献

鲍海艳, 2010. 水电站调压室设置条件及运行控制研究[D]. 武汉：武汉大学.

柴智, 2016. 德国能源转型升级到 4.0 阶段面临的挑战[J]. 能源研究与利用, (5): 23-25.

常近时, 1991. 水力机械过渡过程[M]. 北京：机械工业出版社.

陈帝伊, 2013. 非线性动力学分析与控制的若干理论问题及应用研究[D]. 杨凌：西北农林科技大学.

陈帝伊, 郑栋, 马孝义, 等, 2012. 混流式水轮机调节系统建模与非线性动力学分析[J]. 中国电机工程学报, 32(32): 116-123.

陈树勇, 戴慧珠, 白晓民, 等, 2000. 风电场的发电可靠性模型及其应用[J]. 中国电机工程学报, 20(3): 27-30.

陈小青, 2013. 基于蒙特卡洛模拟的电网调度运行风险评估研究[D]. 长沙：湖南大学.

邓磊, 周喜军, 张文辉, 2009. 用于稳定计算的水轮机调速系统原动机模型[J]. 电力系统自动化, 33(5): 103-107.

电缆网, 2018. 西班牙计划到 2050 年实现 100%可再生能源供电[EB/OL]. (2018-11-15)[2020-03-20]. http://news.cableabc.com/gc/20181115261304.html.

董秀成, 2015. 全球性能源革命将持续[N]. 中国化工报, 2015-03-20(7).

付文龙, 2016. 水电机组振动信号分析与智能故障诊断方法研究[D]. 武汉：华中科技大学.

高磊, 2016. 基于 Simulink 的水轮机调节系统中水轮机模型仿真研究[D]. 昆明：昆明理工大学.

葛淑云, 1999. 华北电网发电可靠性计算及分析研究[J]. 华北电力技术, (4): 13-17.

郭海峰, 2017. 长引水隧洞水电机组系统建模与控制策略优化研究[D]. 武汉：武汉大学.

郭琦, 程远楚, 张广涛, 等, 2016. 电力系统仿真水轮机模型研究[J]. 水电能源科学, 34(1): 142-145.

郭文成, 杨建东, 王明疆, 2016. 基于 Hopf 分岔的变顶高尾水洞水电站水轮机调节系统稳定性研究[J]. 水利学报, 47(2): 189-199.

何涛, 林腾蛟, 王建明, 等, 2012. 考虑横-纵-扭支撑刚度的水轮发电机组轴系预应力模态分析[J]. 水电能源科学, 30(10): 128-131.

贾双, 2017. 含高渗透率可再生能源微电网运行控制研究[D]. 天津: 天津工业大学.
蒋树, 文宝萍, 2015. 基于不同方法的滑坡滑带力学参数敏感性分析[J]. 工程地质学报, 23(6): 1153-1159.
寇攀高, 2012. 水轮发电机及其调速系统的参数辨识方法与控制策略研究[D]. 武汉: 华中科技大学.
雷鹏, 2011. 上海绿色电力机制实施效果评价[J]. 科学发展, (1): 100-107.
李奥庆, 2018. 基于神经网络的全球变暖影响因子分析[J]. 经贸实践, (23): 261.
李超顺, 2010. 水电机组控制系统辨识及故障诊断研究[D]. 武汉: 华中科技大学.
李得勤, 段云霞, 张述文, 等, 2015. 土壤湿度和土壤温度模拟中的参数敏感性分析和优化[J]. 大气科学, 39(5): 991-1010.
李录平, 韩西京, 韩守木, 等, 1998. 从振动频谱中提取旋转机械故障特征的方法[J]. 汽轮机技术, (1): 13-16, 45.
李中杰, 2017. 水泵水轮机暂态过程非定常流动特性及空化影响研究[D]. 北京: 清华大学.
梁子鹏, 陈皓勇, 雷佳, 等, 2018. 考虑风电不确定度的风-火-水-气-核-抽水蓄能多源协同旋转备用优化[J]. 电网技术, 42(7): 2111-2119, 2121-2123.
刘传铨, 2008. 计及分布式电源的配电网供电可靠性评估[D]. 上海: 上海交通大学.
刘杨, 太兴宇, 姚红良, 等, 2013. 双盘转子轴承系统不对中-碰摩耦合故障分析[J]. 振动、测试与诊断, 33(5): 819-823, 913.
刘叶志, 2008. 新能源产业外部效益及其财政矫正[J]. 科技和产业, 8(9): 1-4.
鲁宗相, 李海波, 乔颖, 2016. 含高比例可再生能源电力系统灵活性规划及挑战[J]. 电力系统自动化, 40(13): 147-158.
鲁宗相, 林弋莎, 乔颖, 等, 2022. 极高比例可再生能源电力系统的灵活性供需平衡[J]. 电力系统自动化, 46(16): 3-16.
罗川, 李兆富, 席庆, 等, 2014. HSPF 模型水文水质参数敏感性分析[J]. 农业环境科学学报, 33(10): 1995-2002.
马辉, 太兴宇, 汪博, 等, 2012. 松动-碰摩耦合故障转子系统动力学特性分析[J]. 机械工程学报, 48(19): 80-86.
马丽梅, 史丹, 裴庆冰, 2018. 中国能源低碳转型(2015—2050): 可再生能源发展与可行路径[J]. 中国人口 • 资源与环境, 28(2): 8-18.
马实一, 李建成, 段聪, 等, 2019. 基于电力市场背景的风-光-抽水蓄能联合优化运行[J]. 智慧电力, 47(8): 43-49.
马文亮, 边慧霞, 刘东常, 等, 2006. 中国水电工程的发展与展望[J]. 西北水力发电, 22(5): 97-99.
马宪国, 2001. 上海电网发电可靠性分析[J]. 上海理工大学学报, 23(4): 334-336.
门闯社, 2018. 基于水轮机内外特性复合数学模型的调节系统动态特性研究[D]. 西安: 西安理工大学.
南海鹏, 2003. 基于 PCC 的智能控制水轮机调节系统研究[D]. 西安: 西安理工大学.
潘学萍, 2005. 水力系统与电力系统相互影响研究[J]. 电力自动化设备, 25(12): 31-34.
彭利鸿, 宋媛, 刘冬, 等, 2017. 基于 GA-BP 神经网络的水轮机非线性建模方法研究[J]. 中国农村水利水电, (4): 184-188, 193.
秦大河, 2014. 气候变化科学与人类可持续发展[J]. 地理科学进展, 33(7): 874-883.
丘伟甫, 2017. 水轮发电机组转子系统平行不对中故障的动力学研究[J]. 机电技术, 40(2): 12-14.
瞿海妮, 刘建清, 2012. 国内外配电网供电可靠性指标比较分析[J]. 华东电力, 40(9): 1566-1570.
人民网, 2015. 夏威夷计划 2045 年实现 100%可再生能源供应[EB/OL]. (2015-05-19)[2020-03-20]. http://env.people.com.cn/n/2015/0519/c1010-27021610.html.
史丹, 王蕾, 2015. 能源革命及其对经济发展的作用[J]. 产业经济研究, (1): 1-8.
宋立华, 2011. 500kV 含山变供电可靠性研究[D]. 杭州: 浙江大学.
宋晓猛, 孔凡哲, 车占生, 等, 2012. 基于统计理论方法的水文模型参数敏感性分析[J]. 水科学进展, 23(5): 642-649.
宋志强, 马震岳, 2010. 考虑不平衡电磁拉力的偏心转子非线性振动分析[J]. 振动与冲击, 29(8): 169-173, 250.
孙健, 2015. 我国供电可靠性管理的现状分析与展望[J]. 供用电, 32(11): 1-5.
孙经华, 2014. 水电站调压室设置条件探讨[J]. 中国科技纵横, (19): 186.

唐贵基, 何玉灵, 万书亭, 等, 2014. 气隙静态偏心与定子短路复合故障对发电机定子振动特性的影响[J]. 振动工程学报, 27(1): 118-127.
佟文敏, 1986. 水轮机转轮水力不平衡引起主轴摆动的分析[J]. 四川水力发电, 5(1): 42-46.
汪海瑛, 2012. 含大规模可再生能源的电力系统可靠性问题研究[D]. 武汉: 华中科技大学.
王传辉, 2008. 太阳能光伏发电系统的研究[D]. 哈尔滨: 哈尔滨工程大学.
王洪坤, 2020. 配电网灵活性及恢复力提升优化方法研究[D]. 天津: 天津大学.
王家斌, 2006. 湖北省电力系统发电可靠性研究[J]. 华中电力, (5): 7-10.
王畾, 2017. 水泵水轮机调节系统稳态与典型暂态过程稳定性分析[D]. 杨凌: 西北农林科技大学.
王璐, 2016. "十三五"可再生能源新投 2.3 万亿元太阳能发电 1.6 亿 kW[J]. 能源研究与利用, (2): 17.
王曦, 李兴源, 刘俊敏, 等, 2014. 改进的水轮机非线性模型及其对电力系统仿真分析的影响[J]. 电网技术, 38(6): 1606-1610.
王晓东, 杨苹, 刘泽健, 等, 2018. 计及电气主接线期望出力的风电场发电可靠性评估[J]. 可再生能源, 36(6): 894-901.
王振东, 2006. 漫话卡门涡街及其应用[J]. 力学与实践, 28(1): 88-90.
魏守平, 2011. 水轮机调节系统仿真[M]. 武汉: 华中科技大学出版社.
温永鑫, 马骥业, 胡宜豪, 等, 2017. 光电技术产业发展现状及其对策解析[J]. 军民两用技术与产品, (6): 118.
吴凤娇, 2019. 混流式水轮机调节系统的非线性状态预测与稳定控制研究[D]. 杨凌: 西北农林科技大学.
吴敬东, 刘长春, 闻邦椿, 2006. 理想转子的碰摩周期运动分析[J]. 振动与冲击, 25(3): 73-76, 207.
吴立峰, 张富仓, 范军亮, 等, 2015. 不同灌水水平下 CROPGRO 棉花模型敏感性和不确定性分析[J]. 农业工程学报, 31(15): 55-64.
吴嵌嵌, 张雷克, 马震岳, 2017. 水电站水机电-结构系统动力耦联模型研究及数值模拟[J]. 振动与冲击, 36(16): 1-10.
伍浩松, 赵宏, 2016. 英国设定第五份碳预算[J]. 国外核新闻, (7): 1.
肖白, 丛晶, 高晓峰, 等, 2014. 风电-抽水蓄能联合系统综合效益评价方法[J]. 电网技术, 38(2): 400-404.
肖定垚, 王承民, 曾平良, 等, 2014. 电力系统灵活性及其评价综述[J]. 电网技术, 38(6): 1569-1576.
新华社, 2016. 雅砻江将建我国首个全流域"风光水互补"清洁能源基地[EB/OL]. (2016-03-27)[2020-03-20]. http://www.gov.cn/xinwen/2016-03/27/content_5058764.htm.
新华网, 2012. "十二五"末中国力争非化石能源占一次能源比重达 11.4%[EB/OL]. (2012-10-25)[2020-03-20]. http://www.nea.gov.cn/2012-10/25/c_131928372.htm.
邢刚, 2015. 最具潜力的新能源——风能[J]. 城市建设理论研究, (30): 1893-1894.
徐永, 2012. 大型水轮发电机组轴系动力学建模与仿真分析[D]. 武汉: 华中科技大学.
许郁, 2011. 并网风电场可靠性评估指标的研究[D]. 北京: 华北电力大学.
杨桀彬, 2014. 基于空间曲面的水泵水轮机全特性及过渡过程的研究[D]. 武汉: 武汉大学.
余志强, 王淳, 胡奕涛, 等, 2016. 并网光伏发电置信容量评估[J]. 电力系统保护与控制, 44(7): 122-127.
袁璞, 2014. 水轮机调节系统非线性建模及动力学分析[D]. 杨凌: 西北农林科技大学.
曾云, 张立翔, 郭亚昆, 等, 2012. 共用管段的水力解耦及非线性水轮机模型[J]. 中国电机工程学报, 32(14): 103-108.
曾云, 张立翔, 钱晶, 等, 2014. 弹性水击水轮机微分代数模型的仿真[J]. 排灌机械工程学报, 32(8): 691-697.
曾正德, 2011. 生态文明的理论基础、本质、地位与形态阐释[J]. 南京社会科学, (12): 61-66, 72.
张丛林, 2012. 水-火-风互补发电系统的容量优化配置问题研究[D]. 天津: 天津大学.
张峰, 张建华, 2013. 城市高可靠性示范区智能配电网规划与建设研究[J]. 创新科技, (9): 80-81.
张浩, 2019. 水力发电系统瞬态动力学建模与稳定性分析[D]. 杨凌: 西北农林科技大学.
张雷克, 2014. 水轮发电机组轴系非线性动力特性分析[D]. 大连: 大连理工大学.
张帅, 余雄庆, 2013. 中短程客机总体参数敏感性分析[J]. 航空学报, 34(4): 809-816.

张兴, 赖喜德, 廖姣, 等, 2017. 混流式水轮机尾水管涡带及其改善措施研究[J]. 水力发电学报, 36(6): 79-85.
张焰, 伍浩松, 2018. 日本保持2030年核电占比20%～22%的发展目标[J]. 国外核新闻, (6): 5.
张媛, 惠蓓, 2016. 多能源互补发电现状分析与展望[J]. 能源与节能, (6): 80-81, 106.
张玥, 2016. 2011年—2015年中国弃风数据统计[J]. 风能, (2): 34-35.
赵桂连, 2004. 水电站水机电联合过渡过程研究[D]. 武汉: 武汉大学.
赵威, 2016. 抽水蓄能机组调速系统精细化建模与控制优化[D]. 武汉: 华中科技大学.
赵志高, 杨建东, 杨威嘉, 等, 2019. 抽水蓄能机组电路等效实时精细化模型研究及应用[J]. 水利学报, 50(4): 475-487.
中国水力发电工程学会, 2021. 中国能源大数据报告(2021年)电力篇. [EB/OL]. (2021-06-23)[2021-08-10]. http://www.hydropower.org.cn/showNewsDetail.asp?nsId=30536.
中国新闻网, 2019. 青海打造两大千万千瓦级新能源基地冲刺全球清洁供电纪录. [EB/OL]. (2019-06-22)[2020-03-05]. https://baijiahao.baidu.com/s?id=1637014374478853045&wfr=spider&for=pc.
钟浩, 唐民富, 2012. 风电场发电可靠性及容量可信度评估[J]. 电力系统保护与控制, 40(18): 75-80.
周大兵, 2007. 开创和谐水电新局面[J]. 中国电力企业管理, (5): 28-29.
周明, 2016. 基于风-蓄协调的蓄能机组发电控制策略分析[J]. 水电与新能源, (9): 75-78.
朱彤, 2016. 如何消化能源转型带来的矛盾——以德国能源转型背景、目标与进展评估[J]. 中国石油企业, (5): 19-23.
庄琳琳, 2017. 风光互补供电系统特性分析及控制策略[D]. 济南: 山东大学.
佐伊·凯西, 本刊编辑部, 2014. 法国: 风能是能源转型的可行性选择[J]. 环球市场信息导报, (29): 76-77.
AFZAL M, ARTEAGA I L, KARI L, 2018. Numerical analysis of multiple friction contacts in bladed disks[J]. International Journal of Mechanical Sciences, 137: 224-237.
CARDINALI R, NORDMANN R, SPERBER A, 1993. Dynamic simulation of non-linear models of hydroelectric machinery[J]. Mechanical Systems and Signal Processing, 7(1): 29-44.
CHAUDHRY M H, 1979. Applied hydraulic transients[M]. New York: Springer.
CHEN T, ZHENG X, ZHANG Y N, et al., 2018. Influence of upstream disturbance on the draft-tube flow of Francis turbine under part-load conditions[J]. Journal of Hydrodynamics, 30(1): 131-139.
CHENG C, YAN L Z, MIRCHI A, et al., 2017. China's booming hydropower: Systems mdeling challenges and opportunities[J]. Journal of Water Resources Planning and Management, 143(1): 02516002.
CHU J, 2015. China's fast track to a renewable future[R]. Beijing: The Climate Group.
DAUD A K, ISMAIL M S, 2012. Design of isolated hybrid systems minimizing costs and pollutant emissions[J]. Renewable Energy, 44: 215-224.
DE JAEGER E, JANSSENS N, 1994. Hydro turbine model for system dynamic studies[J]. IEEE Transactions on Power Systems: A Publication of the Power Engineering Society, 9(4): 1709-1715.
DIAF S, BELHAMEL M, HADDADI M, et al., 2008. Technical and economic assessment of hybrid photovoltaic/wind system with battery storage in Corsica island[J]. Energy Policy, 36(2): 743-754.
DONÁT M, 2012. Computational modelling of the unbalanced magnetic pull by finite element method[J]. Procedia Engineering, 48: 83-89.
ENDEGNANEW A G, FARAHMAND H, HUERTAS-HERNANDO D, 2013. Frequency quality in the nordic power system: Wind variability, hydro power pump storage and usage of HVDC links[J]. Energy Procedia, 35(1): 62-68.
FROST C H, EVANS P S, HARROLD M J, et al., 2017. The impact of axial flow misalignment on a tidal turbine[J]. Renewable Energy, 113: 1333-1344.
FU X Q, JIA W T, XU H, et al., 2016. Imbalance-misalignment-rubbing coupling faults in hydraulic turbine vibration[J]. Optik-International Journal for Light and Electron Optics, 127(8): 3708-3712.
GOSENS J, TOMAS K, WANG Y, 2017. China's next renewable energy revolution: Goals and mechanisms in the 13th Five Year Plan for energy[J]. Energy Science & Engineering, 5(3): 141-155.

GOYAL R, CERVANTES M J, GANDHI B K, 2017. Vortex rope formation in a high head model francis turbine[J]. Journal of Fluids Engineering: Transactions of the ASME, 139(4): 041102.

GUO W, PENG Z, 2019. Hydropower system operation stability considering the coupling effect of water potential energy in surge tank and power grid[J]. Renewable Energy, 134: 846-861.

HU Y, CHENG H, 2017. Displacement efficiency of alternative energy and trans-provincial imported electricity in China[J]. Nature Communications, 8(1): 14590.

International Energy Agency, 2011. Harnessing Variable Renewables: A guide to the balancing challenge[M]. Paris: OCDE Publishing.

International Hydropower Association, 2021. 2021 Hydropower Status Report[R/OL]. (2021-06-11)[2022-03-05]. https://www.hydropower.org/publications/2021-hydropower-status-report.

KARHINEN S, HUUKI H, 2019. Private and social benefits of a pumped hydro energy storage with increasing amount of wind power[J]. Energy Economics, 81: 942-959.

KATSAPRAKAKIS D A, CHRISTAKIS D G, STEFANAKIS I, et al., 2013. Technical details regarding the design, the construction and the operation of seawater pumped storage systems[J]. Energy, 55: 619-630.

KIM T, FENG D, JANG M, et al., 2017. Common mode noise analysis for cascaded boost converter with silicon carbide devices[J]. IEEE Transactions on Power Electronics, 32(3): 1917-1926.

KRAJAČIĆ G, DUIĆ N, VUJANDVIĆ M, et al., 2016. Sustainable development of energy, water and environment systems for future energy technologies and concepts[J]. Energy Conversion & Management, 125: 1-14.

KUNDUR D, HATZINAKOS D, 2001. Diversity and attack characterization for improved robust watermarking[J]. IEEE Transactions on Signal Processing, 49(10): 2383-2396.

LI H, CHEN D, ZHANG H, et al., 2017. Hamiltonian analysis of a hydro-energy generation system in the transient of sudden load increasing[J]. Applied Energy, 185: 244-253.

LU Y, WEI L, 2016. Study on condition assessment and fault diagnosis for converter transformers[C]. 2016 IEEE International Conference on High Voltage Engineering and Application, Chengdu.

LUO S, ZHU D, HUA L, et al., 2017. Numerical analysis of die wear characteristics in hot forging of titanium alloy turbine blade[J]. International Journal of Mechanical Sciences, 123: 260-270.

MARTINEZ-LUCAS G, SARASÚA J I, SANCHEZ-FERNÁNDEZ J Á, 2018. Eigen analysis of wind-hydro joint frequency regulation in an isolated power system[J]. International Journal of Electrical Power & Energy Systems, (103): 511-524.

OLDENBURGER R, DONELSON J, 1962. Dynamic response of a hydroelectric plant[J]. Power Apparatus & Systems Part Ⅲ Transactions of the American Institute of Electrical Engineers, 81(3): 403-418.

PALI B S, VADHERA S, 2018. A novel pumped hydro-energy storage scheme with wind energy for power generation at constant voltage in rural areas[J]. Renewable Energy, 127: 802-810.

PETRAKOPOULOU F, ROBINSON A, LOIZIDOU M, 2016. Simulation and analysis of a stand-alone solar-wind and pumped-storage hydropower plant[J]. Energy, (96): 676-683.

RAHI O P, CHANDEL A K, 2015. Refurbishment and uprating of hydro power plants—A literature review[J]. Renewable and Sustainable Energy Reviews, 48: 726-737.

RAMLI M, BOUCHEKARA H, ALGHAMDI A S, 2018. Optimal sizing of PV/wind/diesel hybrid microgrid system using multi-objective self-adaptive differential evolution algorithm[J]. Renewable Energy, (121): 400-411.

RAN L, LU X X, 2011. Cooperation is key to Asian hydropower[J]. Nature, 473(7348): 452.

SALIMI A A, KARIMI A, NOORIZADEH Y, 2019. Simultaneous operation of wind and pumped storage hydropower plants in a linearized security-constrained unit commitment model for high wind energy penetration[J]. Journal of Energy Storage, (22): 318-330.

SALTELLI A, MARIVOET J, 1990. Non-parametric statistics in sensitivity analysis for model output: A comparison of selected techniques[J]. Reliability Engineering & System Safety, 28(2): 229-253.

SAWLE Y, GUPTA S C, BOHRE A K, 2018. Review of hybrid renewable energy systems with comparative analysis of off-grid hybrid system[J]. Renewable and Sustainable Energy Reviews, 81: 2217-2235.

SHAKYA B D, LU A, MUSGRAVE P, 2005. Technical feasibility and financial analysis of hybrid wind-photovoltaic system with hydrogen storage for Cooma[J]. International Journal of Hydrogen Energy, 30(1): 9-20.

SOBOL I M, 2001. Estimation of the sensitivity of nonlinear mathematical models[J]. Mat. Model, 2(1): 112-118.

TANG R, YANG J, YANG W, et al., 2019. Dynamic regulation characteristics of pumped-storage plants with two generating units sharing common conduits and busbar for balancing variable renewable energy[J]. Renewable energy, (135): 1064-1077.

WANG C, YAN J, MARNAY C, et al., 2018. Distributed Energy and Microgrids (DEM)[J]. Applied Energy, (210): 685-689.

WORLD ENERGY COUNCIL, 2013. World energy scenarios: Composing energy futures to 2050[R]. London: World Energy Council.

XU B, CHEN D, ZHANG H, et al., 2015. Dynamic analysis and modeling of a novel fractional-order hydro-turbine-generator unit[J]. Nonlinear Dynamics, 81(3): 1263-1274.

YANG W, NORRLUND P, SAARINEN L, et al., 2018. Burden on hydropower units for short-term balancing of renewable power systems[J]. Nature Communications, 9(1): 2633.

YAO W, DENG C, LI D, et al., 2019. Optimal sizing of seawater pumped storage plant with variable-speed units considering offshore wind power accommodation[J]. Sustainability, 11(7): 1939.

ZENG Y, ZHANG L, GUO Y, et al., 2014. The generalized hamiltonian model for the shafting transient analysis of the hydro turbine generating sets[J]. Nonlinear Dynamics, 76(4): 1921-1933.

ZOU P, CHEN Q, YU Y, et al., 2017. Electricity markets evolution with the changing generation mix: An empirical analysis based on China 2050 high renewable energy penetration roadmap[J]. Applied Energy, 185: 56-67.

第2章 水轮机调节系统基本模型及随机扰动系统稳定性分析

2.1 引 言

水轮机调节系统是水电站功率调节的核心组成部分，在保证电力系统稳定性和调节电能质量方面发挥着关键作用。随着我国能源结构体系改革工作的持续推进，未来电网系统对水电调节能力的依赖度增强。水轮机调节系统是一个由水力系统、水轮机、发电机、调速器和电力负荷五部分组成的复杂非线性水机电磁耦合大系统。根据水工结构布置形式，可将现阶段水电站大体分为三类：

（1）上游水库-压力管道-水力发电机组-尾水管道-下游水库；

（2）上游水库-引水隧洞-调压井-压力管道-单（多）水力发电机组-尾水管道-下游水库；

（3）上游水库-引水隧洞-压力管道-单（多）水力发电机组-尾水管道-调压井-下游水库。

长期以来，水力机械系统相关学科研究水流运动方式，以探究水机耦合相互影响规律，研究成果为水电水工设计和设备制造等相关领域服务。电气工程相关学科从水流运动方式角度探究调节方式对电力系统参数的影响规律，研究成果为电网电能质量调节与管理等服务（孔繁镍，2013）。从电气工程相关学科角度看，风光等间歇性可再生能源的大规模并网将严重影响电网系统频率和功率稳定性，在水电系统调节任务加重的同时，各种随机扰动对调节系统稳定性的影响将更为显著。基于以上构建形式，调节系统在频繁功率调整过程中遭受随机扰动可大体分为以下三种。

（1）水力因素。水轮机蜗壳内部流体多为湍流流态，在稳态和瞬态运行过程中都具有一定的随机性（白冰等，2017）。在功率或频率调节等瞬态过程中，导叶开度变化将进一步增强流体运动的随机性，同时旋转的水轮机叶轮与湍流相互作用，诱导机组随机振动与水流在引水管道内部的随机波动。调节风光功率随机波动而偏离最优工况时，流道内旋涡和空化等各种水力随机行为更为复杂（Yang et al.，2018）。

（2）电力因素。电力因素一般指负荷扰动。水力发电机组经输电线并列运行时，来自外部或机组间的负荷扰动会使系统出现功率振荡现象，宏观表现为转子间的相对摆动（冯双，2017）。机组在偏离最优工况下会出现功率振荡现象，这严重限制了机组调峰调频能力。由于电能不能大量储存，电力负荷在短时间内的变化具有随机性，因此负荷扰动常采用随机函数模拟。

（3）机械因素。机械因素一般指机械不平衡，是轴系振动的主要原因。机械不平衡包括发电机转子质量不平衡、水轮机转轮质量不平衡、导轴承不同心和轴线不正等问题（吴祖平，2017）。在传统水轮机调节系统建模中，并未考虑这些因素对水轮机调节系统动态响应的影响。偏离最优工况时机组振动较大，机械不平衡相关参数通过机组振动直接影响水轮机力矩输出响应，因此机械不平衡也可采用随机函数作用于水轮机力矩进行模拟仿真。

综上所述，水轮机调节系统在非最优工况运行所受激励更多，模型参数变化也更为复杂。为保证后续对传统水轮机调节系统模型的进一步修正，本章围绕水轮机调节系统基本模型和参数不确定性问题进行分析与总结。

2.2　水轮机调节系统动态模型及随机扰动

从电气工程学科角度，研究水轮机调节系统建模与稳定性分析。建模理论与方法经历了从单一领域独立分块建模到多领域统一建模的发展阶段，详细发展论述见文献（许贝贝，2017）。目前被学者广泛采用的模型组合形式如下：

（1）刚（弹）性引水系统模型-水轮机线性化模型+一（三或五）阶发电机模型+调速器模型；

（2）刚（弹）性引水系统模型-水轮机非线性模型+一（三或五）阶发电机模型+调速器模型。

本节着重论述在水轮机调节系统在频繁调节下，各子系统受到的随机扰动形式。

2.2.1　引水系统动态模型随机扰动

水流在引水系统中的流动可以认为是一种压力波的传播。压力波传播分为压缩过程、压缩-恢复过程、膨胀过程和膨胀-恢复过程四个阶段。考虑压力钢管壁黏弹性特性的影响，压力钢管的横截面积在上述传播过程中会发生相应的变化，压力波传播过程如图 2-1 所示。

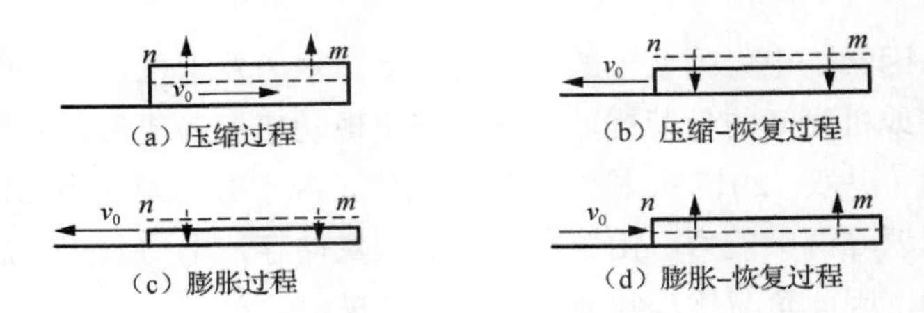

图 2-1　压力波传播过程

m、n 分别表示管道两端位置；v_0 表示水流速度

当水力发电机组稳定运行时，压力管道中水流由位置 n 流向位置 m，流量稳定。当位置 m 闸门关闭时，压力波传播形式会发生变化，压力管道中水流开始缓慢流动到位置 m，直到流量为零。在此期间，压力管道中水流被压缩，压力管壁处于膨胀状态，如图 2-1（a）所示。由于稳定运行时压力钢管内压力大于正常压力，压力管壁进入恢复过程，水流从位置 m 流向位置 n，压力管壁逐渐恢复正常，如图 2-1（b）所示。随着水流持续由位置 m 流向位置 n，压力管壁进入压缩状态，如图 2-1（c）所示。因为压力管道中压力小于正常压力，所以当流量降至零时，压力管壁开始进入恢复过程，如图 2-1（d）所示。基于水力学基础理论，在考虑水体和管壁弹性效应时，以上过程可由有压管道内非恒定流的偏微分方程进行描述（魏守平，2011）：

$$\begin{cases} \dfrac{\partial H}{\partial x} + \dfrac{1}{gA}\dfrac{\partial q}{\partial t} + \dfrac{fQ^2}{2gDA^2} = 0 \\ \dfrac{\partial Q}{\partial x} + \dfrac{gA}{a^2}\dfrac{\partial H}{\partial t} = 0 \end{cases} \tag{2-1}$$

式中，H 为水压力；x 为管道长度；A 为管道横截面面积；q 为相对流量；t 为时间；f 为摩擦损失系数；Q 为管道流量；D 为管道直径；a 为水击波速；g 为重力加速度。

1. 传递函数法–稳态过程

假设 n 处所接水库水位在过渡过程中不变，则 m 处水击传递函数为（沈祖诒，2008）

$$G_h(s) = \frac{H_m(s)}{Q_m(s)} = -2h_{\mathrm{w}} th\left(0.5T_{\mathrm{r}}s\right) \tag{2-2}$$

式中，$H_m(s)$ 为 m 处水头函数；T_{r} 为水击相长；$Q_m(s)$ 为 m 处流量。

基于式（2-2），引水系统数学模型可写为

$$\text{刚性水击模型：} G_h(s) = -T_{\mathrm{w}}s \tag{2-3}$$

式中，T_{W} 为水流惯性时间常数。

$$弹性水击模型：G_h(s) = -2h_{\mathrm{w}} \frac{\frac{1}{48}T_{\mathrm{r}}^3 s^3 + \frac{1}{2}T_{\mathrm{r}} s}{\frac{1}{8}T_{\mathrm{r}}^2 s^2 + 1} \tag{2-4}$$

基于流体力学理论，对两个重要动力学数学模型参数定义如下。

（1）水流惯性时间常数 T_{w}：

$$T_{\mathrm{w}} = \frac{LQ_0}{gAH_0} \tag{2-5}$$

式中，L 为压力管道长度；Q_0 为压力管道初始时刻流量；A 为管道横截面面积；H_0 为压力管道初始时刻水压力。

（2）管道特征系数 h_{w}：

$$h_{\mathrm{w}} = \frac{aQ_0}{2gAH_0} \tag{2-6}$$

式中，a 为水击波速。

压力引水管道水力涌浪阻抗的规格化值 Z_{t} 为

$$Z_{\mathrm{t}} = \frac{aQ_{\mathrm{r}}}{AgH_{\mathrm{r}}} \tag{2-7}$$

式中，Q_{r} 为水轮机额定流量；H_{r} 为水轮机额定水头。

由图 2-1 可知，水力发电机组在过渡过程中，压力管道内流量会因导叶开度调整而不断变化，水击压力波在压力管道内不断地叠加或抵消，压力管道横截面面积 A 呈现随机变化特征，可表示为

$$\tilde{A} = \bar{A} + Du \tag{2-8}$$

式中，$\bar{A}$ 为压力管道横截面积均值；D 为随机强度；u 为随机变量。

根据式（2-2）～式（2-8），压力管道模型的常微分方程形式为

$$刚性水击模型：h = -\tilde{T}_{\mathrm{w}} \frac{\mathrm{d}q}{\mathrm{d}t} \tag{2-9}$$

$$弹性水击模型：\begin{cases} \dot{x}_1 = x_2 \\ \dot{x}_2 = x_3 \\ \dot{x}_3 = -\dfrac{\pi^2}{\tilde{T}_{\mathrm{w}}^2} x_2 + \dfrac{1}{\tilde{Z}_{\mathrm{t}} \tilde{T}_{\mathrm{w}}^3} \left(h_0 - fq^2 - h_{\mathrm{t}} \right) \end{cases} \tag{2-10}$$

式中，$\tilde{T}_{\mathrm{w}}$ 和 $\tilde{Z}_{\mathrm{t}}$ 为引入变量 $\tilde{A}$ 后的随机参数，$1/\tilde{T}_{\mathrm{w}}$ 和 $1/\tilde{Z}_{\mathrm{t}}$ 具有和 $\tilde{A}$ 相同的概率分布；h_0 为初始水头；q 为相对流量；h_{t} 为水轮机水头；x_1、x_2、x_3 为中间变量。

2. 特征线法–过渡过程

1）压力引水管道模型

利用特征线法求解水流在压力引水管道中的运动特征，可根据压力引水系统结构进行建模。一般来说，压力引水系统包括引水隧洞、调压井、压力引水管道、岔管和尾水管（张晓宏等，2006）。有压非恒定流的数学描述包含动量方程和连续性方程，通过三方面假设获得引水系统基本方程。

三方面假设：①管道中流体是一维的，即在管道横断面上运动要素（如流速 v、压强 P 等）不发生变化；②考虑液体压缩性和管壁材料弹性变形，即引水系统的管壁和管内流体均发生弹性形变；③非恒定流中的水头损失计算按恒定流处理。

利用式（2-1）沿其特征线进行转化，通过积分转化成有限差分方程，进而获得正、负特征线方程（郝荣荣，2010）：

$$\begin{cases} C^+ : Q_P = C_{\mathrm{p}} - C_{\mathrm{a}R} H_P \\ C^- : Q_P = C_{\mathrm{n}} + C_{\mathrm{a}S} H_P \end{cases} \tag{2-11}$$

式中，$C_{\mathrm{p}} = Q_R + \dfrac{gF_R}{a_R} H_R - \dfrac{f_R x}{2D_R F_R a_R} Q_R |Q_R| - \dfrac{Q_R \Delta x g}{{a_R}^2} \sin\alpha$；$C_{\mathrm{a}R} = \dfrac{gF_R}{a_R}$；$C_{\mathrm{a}S} = \dfrac{gF_S}{a_S}$；$C_{\mathrm{n}} = Q_S - \dfrac{gF_S}{a_S} H_S - \dfrac{f_S x}{2D_S F_S a_S} Q_S |Q_S| + \dfrac{Q_S \Delta x g}{{a_S}^2} \sin\alpha$；$Q$ 为流量；F 为管道截面积；a 为水击波速；H 为水头；f 为沿程水头损失系数；D 为管道直径；下标 P 为当前点位；下标 R 为上一点位；下标 S 为下一点位；x 为时间间隔；α 为当前管道坡度；Δx 为计算步长。

认为系统初始情况处于恒定流状态，因此很容易得到 t_0 时刻各分段点的水头和流量，在 $t=n\Delta t$ 时刻的管道流量和水头可以通过上述特征线方程及上一时刻的水头和流量进行分段计算求得（蔡龙，2013）。

2）调压室模型

水电站功率变化引发调压室流量发生变化，水流运动规律仍满足动量方程和连续性方程。调压室阻抗孔口处压强与前后管道压强仍满足正、负特征线方程，阻抗孔口处满足流量平衡方程（郝荣荣，2010）：

$$\begin{cases} C^+ : Q_T = C_{\mathrm{p}} - C_{\mathrm{a}1} H_P \\ C^- : Q = C_{\mathrm{n}} + C_{\mathrm{a}2} H_P \\ Q_T = Q + Q_S \end{cases} \tag{2-12}$$

式中，Q_T 为从引水隧洞进入调压室阻抗孔口的流量；Q_S 为从调压室阻抗孔口进入调压井的流量；Q 为从调压室阻抗孔口进入压力钢管的流量；C_{a1}、C_{a2} 为中间变量。

调压井内满足水头平衡方程：

$$H_P = H_S + R_S \frac{Q_S|Q_S|}{{A_{ws}}^2} \tag{2-13}$$

式中，A_{ws} 为阻抗孔面积；$R_S=\dfrac{1}{2g\phi^2}$，为调压井阻抗系数，孔口出流系数 ϕ 为 0.6～0.8。调压井内水位与流量满足：

$$H_S = H_{S0} + \frac{(Q_S + Q_{S0})\Delta t}{2A_S} \tag{2-14}$$

式中，A_S 为调压井面积；Q_{S0} 为上一时刻从调压室阻抗孔口进入大井的流量；H_{S0} 为初始水位；Δt 为时间步长。

3）尾水管模型

根据 Nicolet 等（2007）提出的尾水管模块化方法，其模型参数为

$$\begin{cases} L = \dfrac{\delta_x}{gA} \\ R_\lambda = \dfrac{\lambda\delta_x}{2gDA^2}Q \\ R_d = \dfrac{\delta_x K_x}{gA^3}Q \\ C_c = \dfrac{gAL_p}{a^2} \\ J = \dfrac{Q}{gA^2} \\ R_\mu = \dfrac{\mu'}{\rho gA\delta_x} \end{cases} \tag{2-15}$$

式中，δ_x 为尾水管基本长度；g 为重力加速度；A 为尾水管横截面面积；λ 为水头局部损失系数；D 为管道直径；L_p 为尾水管总长度；a 为水击波速；ρ 为水的密度；μ' 为膨胀黏度；流体惯性和能量损失分别等效为电感 L 和电阻 R_λ；几何形状变化对沿引流管压力变化的影响（几何耗散）等效为负阻抗 R_d；$K_x=\partial A/\partial x$ 为沿 x 方向管道横截面几何发散率；空化柔量用以表征发散几何形状对阻尼的影响，等效为电容 C_c；流项定义为 J；由膨胀黏度 μ' 引起的耗散等效为电阻 R_μ。

水轮机的出口处通常接尾水管段，根据文献（Nicolet et al.，2007），尾水管各段间等效电路类模型可写为

$$\begin{cases}\dfrac{\mathrm{d}Q_1}{\mathrm{d}t}=\dfrac{2}{L}\left\{h_1-h_{1+1/2}-\left[\dfrac{1}{2}\left(R_\lambda-R_d-J_1\right)+R_\mu\right]Q_1-\left(\dfrac{J_1}{2}-R_\mu\right)Q_2\right\}\\ \dfrac{\mathrm{d}Q_2}{\mathrm{d}t}=\dfrac{2}{L}\left\{h_{1+1/2}-h_2-\left(\dfrac{J_2}{2}-R_\mu\right)Q_1-\left[\dfrac{1}{2}\left(R_\lambda-R_d-J_2\right)+R_\mu\right]Q_2\right\}\end{cases} \tag{2-16}$$

式中，J_1、J_2为中间变量；Q_1为流入流量；Q_2为流出流量；h_1为流入水头；$h_{1+1/2}$为中间水头。

水头方程可表示为

$$\frac{\mathrm{d}h_{1+1/2}}{\mathrm{d}t}=\frac{Q_1-Q_2}{C_c} \tag{2-17}$$

（1）边界条件。

上游水库节点：对于有压管道，上游管道的入口一般是水库。管道进口局部水头损失较小，因此忽略其对水轮机水头动态影响。又因为水库水面很大，所以风浪对其水位影响忽略不计。假定上游水库水位在瞬变流过程中保持不变是足够精确的，由此可建立边界条件（M'Zoughi et al.，2018；Berat et al.，2017；郝荣荣，2010）：

$$H_P=H_0 \tag{2-18}$$

式中，H_P为调压室节点对应管道水头；H_0为上游水库水位。

引入C^-方程：

$$H_P=C_N+C_{aB}v_P \tag{2-19}$$

式中，C_N、C_{aB}为中间变量；下标N为管道末端点位；下标B为某中间点位。

联立式（2-18）和式（2-19）可得

$$\begin{cases}H_P=H_0\\ Q_P=\dfrac{H_P-C_N}{C_{aB}}A_P\end{cases} \tag{2-20}$$

（2）调压室节点。

调压室上游断面满足C^+方程：

$$H_{P1}=C_M-C_{aA}v_{P1} \tag{2-21}$$

调压室下游断面满足C^-方程：

$$H_{P2}=C_N+C_{aB}v_{P2} \tag{2-22}$$

调压室内部满足水头平衡方程：

$$H_P = H_S + R_S \frac{Q_S |Q_S|}{A_{\text{ws}}^2} \tag{2-23}$$

调压室上、下游和内部水头满足方程：

$$H_{P1} = H_{P2} = H_P \tag{2-24}$$

调压室内水位和流量方程可写为

$$H_S = H_{S_{t-\Delta t}} + \frac{\left(Q_S + Q_{S_{t-\Delta t}}\right)\Delta t}{2A_S} \tag{2-25}$$

式中，A_S 为调压室面积；C_M、C_N、C_{aA}、C_{aB} 为中间变量；下标 M 为初始点位，N 为末端点位，P、S、A、B 为中间点位；H_{P1} 为调压室上游水头；H_{P2} 为调压室下游水头；v_{P1} 为调压室上游流速；v_{P2} 为调压室下游流速；Δt 为时间步长；$H_{S_{t-\Delta t}}$ 为上一时刻调压室水位；$Q_{S_{t-\Delta t}}$ 为上一时刻从阻抗孔流入调压室的流量。调压室还满足流量平衡方程：

$$Q_{P1} = Q_P = Q_{P2} + Q_S \tag{2-26}$$

式中，Q_{P1} 为调压室上游流量；Q_{P2} 为调压室下游流量。

联立式（2-18）～式（2-26），可得

$$\begin{cases} H_P = H_S + R_S \dfrac{Q_S |Q_S|}{A_{\text{ws}}^2} \\ H_S = H_{S_{t-\Delta t}} + \dfrac{\left(Q_S + Q_{S_{t-\Delta t}}\right)\Delta t}{2A_S} \\ H_{P1} = H_{P2} = H_P \\ Q_S = \begin{cases} \dfrac{-b + \sqrt{b^2 - 4ac}}{2a} A_S, & Q_S \geqslant 0 \\ \dfrac{b - \sqrt{b^2 + 4ac}}{2a} A_S, & Q_S < 0 \end{cases} \\ Q_{P2} = \dfrac{\left(C_M - C_N\right) A_{P1} - C_{aA} Q_S}{C_{aB} A_{P1} + C_{aA} A_{P2}} \\ Q_P = Q_{P1} = \dfrac{C_M - C_N - C_{aB}\left(Q_{P2} / A_{P2}\right)}{C_{aA}} A_{P1} \end{cases} \tag{2-27}$$

式（2-27）中参数 a、b 和 c 满足方程：

$$\begin{cases} a = \dfrac{R_S A_S^2}{A_{ws}^2} \\ b = \dfrac{1}{2}\Delta t + \dfrac{C_{aA} C_{aB} A_S}{C_{aA} A_{P2} + C_{aB} A_{P1}} \\ c = H_{S_{t-\Delta t}} + \dfrac{Q_{S_{t-\Delta t}} \Delta t}{2A_S} - C_N - \dfrac{C_{aB}\left(C_M - C_N\right) A_{P1}}{C_{aA} A_{P2} + C_{aB} A_{P1}} \end{cases} \tag{2-28}$$

（3）管道弯曲段节点。

调压室后接压力钢管，因为压力钢管具有一定角度的转弯，所以需要在弯曲段处设置边界条件。弯曲段管道前断面满足方程：

$$H_{P1} = C_M - C_{aA} v_{P1} \tag{2-29}$$

弯曲段管道后断面满足方程：

$$H_{P2} = C_N + C_{aB} v_{P2} \tag{2-30}$$

弯曲段管道满足流量平衡方程：

$$Q_{P1} = Q_{P2} \tag{2-31}$$

弯曲段管道满足水头平衡方程：

$$H_{P1} = H_{P2} + \xi \frac{v_{P2}^2}{2g} \tag{2-32}$$

式中，ξ 为局部水头损失系数。联立式（2-29）～式（2-32），可得（郝荣荣，2010）

$$\begin{cases} H_{P1} = C_{M1} - C_{a1} \dfrac{Q_{P1}}{A_{P1}} \\ H_{P2} = C_{N2} + C_{aB2} \dfrac{Q_{P2}}{A_{P2}} \\ Q_{P2} = \begin{cases} \dfrac{-b + \sqrt{b^2 - 4ac}}{2a} A_{P2}, & Q_{P2} \geqslant 0 \\ \dfrac{-b - \sqrt{b^2 - 4ac}}{2a} A_{P2}, & Q_{P2} < 0 \end{cases} \\ Q_{P1} = Q_{P2} \end{cases} \tag{2-33}$$

式（2-33）中参数 a、b 和 c 满足方程

$$\begin{cases} a = \dfrac{\xi}{2g} \\ b = C_{\mathrm{a}B} + C_{\mathrm{a}A}\dfrac{A_{P2}}{A_{P1}} \\ c = C_N - C_M \end{cases} \tag{2-34}$$

（4）下游水库节点。

下游水库节点流量较小，局部水头损失可忽略不计，因此可以建立边界条件：

$$H_P = H_{\mathrm{d}} = \text{常数} \tag{2-35}$$

式中，H_{d} 为下游水库水位。同时，引入 C^+ 方程：

$$H_P = C_M - C_{\mathrm{a}A} v_P \tag{2-36}$$

联立式（2-35）和式（2-36）可得

$$\begin{cases} H_P = H_{\mathrm{d}} \\ Q_P = \dfrac{C_M - H_P}{C_{\mathrm{a}A}} A_P \end{cases} \tag{2-37}$$

2.2.2　水轮机线性化（非线性）动态数学模型及随机扰动

1. 传递函数法-稳态过程

水轮机线性化（非线性）模型用于描述水头、流量和力矩参数间的相互作用关系。转轮内部旋转的叶片与流动水流的相互作用具有一定的随机特性。目前，水轮机动态数学模型类型计算方法有以下几种：①通过商业软件（如 Fluent 等）解析流量和力矩等动态特征；②利用转轮几何参数定量求解流量和力矩等动态特征；③基于水轮机模型综合特性和飞逸特性等，计算水轮机流量和力矩等动态特征。常采用的混流式水轮机动态模型（常近时，1991）：

$$\begin{cases} h_{\mathrm{t}}(t) = \dfrac{\omega_{\mathrm{t}}}{g}\left[\left(\dfrac{\cot\alpha}{2\pi b_0} + \dfrac{r}{F_2}\cot\beta_2\right)q_{\mathrm{t}} - \omega_{\mathrm{t}} r_2^2\right] - \dfrac{\omega_{\mathrm{t}}}{gQ_{\mathrm{t}}}\iiint_{\Omega}\dfrac{\partial v_{\mathrm{ut}} r}{\partial t}\mathrm{d}W \\ m_{\mathrm{t}}(t) = \rho q_{\mathrm{t}}\left[\left(\dfrac{\cot\alpha}{2\pi b_0} + \dfrac{r}{F_2}\cot\beta_2\right)q_{\mathrm{t}} - \omega_{\mathrm{t}} r_2^2\right] - \rho\iiint_{\Omega}\dfrac{\partial v_{\mathrm{ut}} r}{\partial t}\mathrm{d}W \end{cases} \tag{2-38}$$

$$\begin{cases} m_{\mathrm{t}}(t)=e_x x+e_y y+e_h h \\ q_{\mathrm{t}}(t)=e_{qx} x+e_{qy} y+e_{qh} h \end{cases} \tag{2-39}$$

$$m_{\mathrm{t}}=A_{\mathrm{t}} h_{\mathrm{t}}\left(q-q_{\mathrm{nl}}\right)-D_{\mathrm{t}} y \omega_{\mathrm{t}} \tag{2-40}$$

式中，$m_{\mathrm{t}}(t)$为力矩偏差相对值；$q_{\mathrm{t}}(t)$为流量偏差相对值；r为转轮半径；v_{ut}为转轮出口切向转速；W为切向边周长；y为导叶开度偏差相对值；x为转速偏差相对值；h为水头偏差相对值；$e_y=\frac{\partial m_{\mathrm{t}}}{\partial y}$为水轮机力矩对导叶开度传递系数；$e_x=\frac{\partial m_{\mathrm{t}}}{\partial x}$为水轮机力矩对转速传递系数；$e_h=\frac{\partial m_{\mathrm{t}}}{\partial h}$为水轮机力矩对水头传递系数；$e_{qy}=\frac{\partial q_{\mathrm{t}}}{\partial y}$为水轮机流量对导叶开度传递系数；$e_{qx}=\frac{\partial q_{\mathrm{t}}}{\partial x}$为水轮机流量对转速传递系数；$e_{qh}=\frac{\partial q_{\mathrm{t}}}{\partial h}$为水轮机流量对水头传递系数；$q_{\mathrm{nl}}$为空载流量。

基于流体力学理论，对式（2-38）模型参数进行定义。

（1）动态角速度ω_{t}为

$$\omega_{\mathrm{t}}=\omega_{\mathrm{c}}\sqrt{1+\xi_{\mathrm{p}}} \tag{2-41}$$

式中，ω_{c}为水轮机静态角速度；ξ_{p}为水轮机水头沿周边的平均相对变化值。

（2）动态水轮机流量q_{t}为

$$q_{\mathrm{t}}=q_{\mathrm{c}}\sqrt{1+\xi_{\mathrm{p}}} \tag{2-42}$$

式中，q_{c}为水轮机静态角速度。

（3）水轮机水头沿周边的平均相对变化值ξ_{p}为

$$\xi_{\mathrm{p}}=\frac{H_{\mathrm{zp}}-H_{\mathrm{z0}}}{H_{\mathrm{z0}}} \tag{2-43}$$

式中，H_{z0}为装置水头初始稳定值；H_{zp}为水轮机动态装置水头沿周边的平均值，其变化决定参数ω_{t}和q_{t}的动态特征。

基于流体力学理论，对式（2-39）模型参数进行定义。

有关水轮机力矩的三个传递系数e_y、e_x和e_h为

$$e_y=\frac{\dfrac{M_2-M_1}{M_{\mathrm{r}}}}{\dfrac{a_2-a_1}{a_{\max}}};\ e_x=\frac{\dfrac{M_4-M_3}{M_{\mathrm{r}}}}{\dfrac{n_4-n_3}{n_{\mathrm{r}}}};\ e_h=\frac{\dfrac{M_4-M_3}{M_{\mathrm{r}}}}{\dfrac{H_4-H_3}{H_{\mathrm{r}}}} \tag{2-44}$$

式中，M_1～M_4为在稳定工况点周围取的四个点的力矩；H_3、H_4分别为第三个点、

第四个点的水头；n_3、n_4 分别为第三个点、第四个点的转速；a_1、a_2 分别为第一个点、第二个点的导叶开度；M_r 为水轮机额定力矩；H_r 为水轮机额定水头；三个传递系数 e_x、e_y 和 e_h 分别为水轮机力矩对转速传递系数、水轮机力矩对导叶开度传递系数和水轮机力矩对水头传递系数。

水轮机单位力矩 M_i 为

$$M_i = 93740 \frac{\left(Q_1'\eta_i\right)}{n_{10}'} D_1^3 H_0 \tag{2-45}$$

$$M_r = 93740 \frac{\left(Q_1'\eta_i\right)}{n_{10}'} D_1^3 H_r \tag{2-46}$$

式中，D_1 为转轮直径；Q_1' 为水轮机流量；n_{10}' 为稳态工况点水轮机转速；H_0 为稳定工况点下水轮机水头；η_i 为水轮机效率。

针对式（2-39），在稳态运行情况下，水轮机流量保持不变，H_{zp} 也保持不变；在动态过程下，H_{zp} 会因水轮机流量变化而变化，且水流流态复杂，水轮机蜗壳处水头损失变化具有不确定性，可认为参数 Q_1' 变化呈现一定随机性，且参数 M_i 与 Q_1' 具有相同的随机概率分布特征。因此，可认为水轮机力矩的三个传递系数 e_x、e_y 和 e_h 取值呈现一定的随机性，概率分布特征并不一定与水轮机流量 Q_i 一致。

有关水轮机流量的三个传递系数 e_{qy}、e_{qx} 和 e_{qh} 分别为

$$e_{qy} = \frac{\dfrac{Q_2 - Q_1}{Q_r}}{\dfrac{a_2 - a_1}{a_{\max}}};\ e_{qx} = \frac{\dfrac{Q_4 - Q_3}{Q_r}}{\dfrac{n_4 - n_3}{n_r}};\ e_{qh} = \frac{\dfrac{Q_4 - Q_3}{Q_r}}{\dfrac{H_4 - H_3}{H_r}} Q_1' \tag{2-47}$$

式中，Q 为水轮机流量，下标 1、2、3 和 4 表示在稳定工况点周围取的四个点；三个传递系数 e_{qx}、e_{qy} 和 e_{qh} 分别为水轮机流量对转速传递系数、水轮机流量对导叶开度传递系数和水轮机流量对水头传递系数。

水轮机单位流量 Q_i 为

$$Q_i = \left(Q_1'\right)_i D_1^2 \sqrt{H_0} \tag{2-48}$$

由式（2-39）可以看出，在动态过程下，因水流流态复杂，水轮机蜗壳处水头损失变化具有不确定性，可认为参数值变化具有随机性，则三个传递系数 e_{qx}、e_{qy} 和 e_{qh} 取值同样具有一定的随机性，但其概率分布特征不一定与水轮机单位流量 Q_i 相同。

尽管水轮机调节过程应根据其动态特性求解，但以上六个传递系数目前只能依靠水轮机稳态特性（如模型综合特性曲线和飞逸曲线等）得出，再通过稳态工

况点的变化对动态过程进行近似描述，随机化六个传递系数，更有利于探究机组在部分负荷运行下水轮机调节系统的动态调节特性。

对式（2-40）模型参数进行定义，水轮机增益 A_t 为

$$A_t = \frac{P_{mr}}{P_{er} h_r \left(q_r - q_{nl}\right)} \tag{2-49}$$

式中，P_{mr} 为水轮机额定功率；P_{er} 为发电机额定电磁功率；h_r 为水轮机额定水头；q_r 为水轮机额定流量；q_{nl} 为水轮机空载功率。

针对式（2-40），无论是稳态过程还是动态过程，模型参数均为恒定值，避免了参数不确定性对模型输出的影响。

2. 特征线法–过渡过程

水轮机入口处流量可以近似等于水轮机流量，故可建立边界条件：

$$Q_{P1} = Q_{P2} = Q_t \tag{2-50}$$

式中，Q_t 为水轮机流量；Q_{P1}、Q_{P2} 分别为水轮机进口、出口流量。水轮机入口处断面水头满足方程：

$$H_{P1} = C_M - C_{aA} v_{P1} \tag{2-51}$$

水轮机出口处断面水头满足方程：

$$H_{P2} = C_N + C_{aB} v_{P2} \tag{2-52}$$

联立式（2-50）和式（2-52）可得

$$\begin{cases} H_{P1} = C_M - C_{aA} \dfrac{Q_{P1}}{A_{P1}} \\ H_{P2} = C_N + C_{aB} \dfrac{Q_{P2}}{A_{P2}} \\ Q_{P1} = Q_{P2} = Q_t \end{cases} \tag{2-53}$$

1）转速解析计算（导叶两段关闭规律）

机组甩负荷会造成发电机转速和水轮机入口处水压急速上升，为保证过渡过程中转速上升值和水锤压力上升值均不超过允许值，水力发电机组在运行过程中常使用两段关闭方案。因此，本章在建立水轮机模型时，仅考虑导叶两段式关闭情况下的转速瞬变规律。导叶关闭方案由三个主要参数决定：第一段关闭时间 T_g、第二段关闭时间 T_{s2} 及拐点处导叶开度 a_g。对于两段式导叶关闭方案，通常分四个阶段（T_c、T_g、T_{n2}、$T_{s2}-T_{n2}$）进行转速瞬变规律求解（图 2-2）（郝荣荣，2010）。

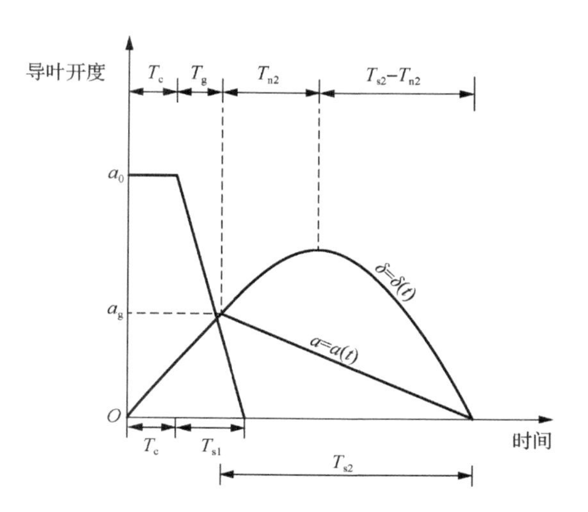

图 2-2　水轮机导叶两段关闭规律

（1）T_c 段转速解析。该时间段为导叶滞后时间段，导叶保持初始开度不变，静态轴端力矩不变，机组自由升速，水力发电机组转速公式为

$$n = n_0 + \frac{t}{T_{a1}\left(1+j^*\right)}n_0 \tag{2-54}$$

T_c 时段末最大转速：

$$n_1 = n_0 + \frac{T_c}{T_{a1}\left(1+j^*\right)}n_0 \tag{2-55}$$

式中，n_0 为初始时刻转速；T_{a1} 机组转动部分加速时间常数，$T_{a1} = j\omega_0/M_0$，j 为转动惯量；j^*为轮区域水流动态附加转动惯量相对值。

（2）T_g 段转速解析。此时间段内，导叶开度由 a_0 直线关闭至 a_g，假定水轮机动态轴端力矩 M 也由 M_0 线性变化至 M_g，则水力发电机组转速公式为

$$n = n_1 + n_0\delta_1 \tag{2-56}$$

$$\delta_1 = \frac{T_{s1}}{T_{a1}\left(1+j^*\right)}\left[\begin{aligned}&\tau_1 - \frac{\tau_1^2}{2\tau_{n1}} + \frac{2\sigma_{P1}}{2-\sigma_{P1}}\tau_1 - \frac{\sigma_{P1}\tau_1^2}{\tau_{n1}\left(2-\sigma_{P1}\right)}\\&+\frac{\sigma_{P1}^2}{2-\sigma_{P1}}\left(1-\tau_1\right)^{\frac{2}{\sigma_{P1}}} - \frac{\sigma_{P1}^2}{\tau_{n1}\left(2-\sigma_{P1}\right)}\left(1-\tau_1\right)^{\frac{2}{\sigma_{P1}}}\\&+\frac{2\sigma_{P1}^2}{\tau_{n1}\left(4-\sigma_{P1}^2\right)}\left(1-\tau_1\right)^{\frac{2+\sigma_{P1}}{\sigma_{P1}}} - \frac{2\sigma_{P1}^2-\sigma_{P1}^3\left(1-\tau_{n1}\right)}{\tau_{n1}\left(4-\sigma_{P1}^2\right)}\end{aligned}\right] \tag{2-57}$$

式中，$\tau_1=\dfrac{t-T_c}{T_{s1}}$；$\tau_{n1}=\dfrac{1.15\tau_{x1}}{\dfrac{T_{s1}}{2T_{a1}\left(1+j^*\right)}+1}$，为 T_{s1} 的逸速时间比，$\tau_{x1}=1-\dfrac{a_x}{a_0}$，$a_x$ 为空载开度；$\sigma_{P1}=\sigma_1\left[1+\dfrac{A_1}{2\pi L_1 b_0}\left(\ln R_0+\dfrac{\varphi_0^2}{4\pi\tan\delta}\right)\right]+\sigma_2$，为水轮机装置水头特性系数，$A_1$ 为引水管面积，L_1 为引水管长度，δ 为蜗形体的旋转角，b_0 为导叶高度，φ_0 为蜗壳包角，R_0 为导叶分布圆半径，σ_1 为压力管道特性系数，σ_2 为尾水管道特性系数。

T_g 时段末最大转速：

$$n_2=n_1+n_0\delta_{1m} \tag{2-58}$$

$$\delta_{1m}=\frac{T_{s1}}{T_{a1}\left(1+j^*\right)}\left[\begin{aligned}&\tau_{1g}-\frac{\tau_{1g}^2}{2\tau_{n1}}+\frac{2\sigma_{P1}}{2-\sigma_{P1}}\tau_1-\frac{\sigma_{P1}\tau_{1g}^2}{\tau_{n1}\left(2-\sigma_{P1}\right)}\\&+\frac{\sigma_{P1}^2}{2-\sigma_{P1}}\left(1-\tau_{1g}\right)^{\frac{2}{\sigma_{P1}}}-\frac{\sigma_{P1}^2}{\tau_{n1}\left(2-\sigma_{P1}\right)}\left(1-\tau_{1g}\right)^{\frac{2}{\sigma_{P1}}}\\&+\frac{2\sigma_{P1}^2}{\tau_{n1}\left(4-\sigma_{P1}^2\right)}\left(1-\tau_{1g}\right)^{\frac{2+\sigma_{P1}}{\sigma_{P1}}}-\frac{2\sigma_{P1}^2-\sigma_{P1}^3\left(1-\tau_{n1}\right)}{\tau_{n1}\left(4-\sigma_{P1}^2\right)}\end{aligned}\right] \tag{2-59}$$

式中，$\tau_{1g}=T_g/T_{s1}$。

（3）T_{n2} 段转速解析。此时间段内，导叶从 a_g 继续直线关闭，直到转速升至极值，假定水轮机动态轴端力矩 M 也随导叶关闭呈直线变化，则水力发电机组转速公式为

$$n=n_2+n_0\delta_2 \tag{2-60}$$

$$\delta_2=\frac{T_{s2}}{T_{a2}\left(1+j^*\right)}\left[\begin{aligned}&\tau_2-\frac{\tau_2^2}{2\tau_{n2}}+\frac{2\sigma_{P2}}{2-\sigma_{P2}}\tau_2-\frac{\sigma_{P2}\tau_2^2}{\tau_{n2}\left(2-\sigma_{P2}\right)}\\&+\frac{\sigma_{P2}^2}{2-\sigma_{P2}}\left(1-\tau_2\right)^{\frac{2}{\sigma_{P2}}}-\frac{\sigma_{P2}^2}{\tau_{n2}\left(2-\sigma_{P2}\right)}\left(1-\tau_2\right)^{\frac{2}{\sigma_{P2}}}\\&+\frac{2\sigma_{P2}^2}{\tau_{n2}\left(4-\sigma_{P2}^2\right)}\left(1-\tau_2\right)^{\frac{2+\sigma_{P2}}{\sigma_{P2}}}-\frac{2\sigma_{P2}^2-\sigma_{P2}^3\left(1-\tau_{n2}\right)}{\tau_{n2}\left(4-\sigma_{P2}^2\right)}\end{aligned}\right] \tag{2-61}$$

T_{n2} 末达到最大值，即整个甩负荷过程的转速极值为

$$n_3=n_2+n_0\cdot\delta_{2m} \tag{2-62}$$

$$\delta_{2\mathrm{m}}=\frac{T_{\mathrm{s}2}}{T_{\mathrm{a}2}\left(1+j^{*}\right)}\left[\begin{array}{l}\tau_{2\mathrm{g}}-\dfrac{\tau_{2\mathrm{g}}^{2}}{2\tau_{\mathrm{n}2}}+\dfrac{2\sigma_{P2}}{2-\sigma_{P2}}\tau_{2\mathrm{g}}-\dfrac{\sigma_{P2}\tau_{2\mathrm{g}}^{2}}{\tau_{\mathrm{n}2}\left(2-\sigma_{P2}\right)}\\+\dfrac{\sigma_{P2}^{2}}{2-\sigma_{P2}}\left(1-\tau_{2\mathrm{g}}\right)^{\frac{2}{\sigma_{P2}}}-\dfrac{\sigma_{P2}^{2}}{\tau_{\mathrm{n}2}\left(2-\sigma_{P2}\right)}\left(1-\tau_{2\mathrm{g}}\right)^{\frac{2}{\sigma_{P2}}}\\+\dfrac{2\sigma_{P2}^{2}}{\tau_{\mathrm{n}2}\left(4-\sigma_{P2}^{2}\right)}\left(1-\tau_{2\mathrm{g}}\right)^{\frac{2+\sigma_{P2}}{\sigma_{P2}}}-\dfrac{2\sigma_{P2}^{2}-\sigma_{P2}^{3}\left(1-\tau_{\mathrm{n}2}\right)}{\tau_{\mathrm{n}2}\left(4-\sigma_{P2}^{2}\right)}\end{array}\right] \tag{2-63}$$

式中，$\tau_{2\mathrm{g}}=(T_{\mathrm{c}}+T_{\mathrm{g}}+T_{\mathrm{n}2})/T_{\mathrm{s}2}$；$T_{\mathrm{a}2}$ 为第二时段导叶关闭的惯性时间常数；$\delta_{2\mathrm{m}}$ 为第二时段相对转速上升值。

（4）$T_{\mathrm{s}2}$-$T_{\mathrm{n}2}$ 段转速解析。在这段时间内，发电机转速从转速极值降至空载转速，导叶从逸速开度关至空载开度。该段水力发电机组转速公式为

$$n=n_{3}+n_{0}\cdot\delta_{3} \tag{2-64}$$

$$\delta_{3}=-\frac{\tau_{3}^{2}\left(1+\sigma_{P2}\right)}{2T_{\mathrm{a}2}\left(1+j^{*}\right)T_{\mathrm{n}2}} \tag{2-65}$$

式中，$\tau_{3}=t-\left(T_{\mathrm{c}}+T_{\mathrm{g}}+T_{\mathrm{n}2}\right)$。

2）全特性曲线

水轮机动态特性一般通过模型试验获得不同导叶开度下过流量 Q、水头 H、转速 n 和力矩 M 等一系列离散数据，并绘制成水轮机的全特性曲线。为方便表示，通常将全特性曲线绘制在分别以单位转速 n_{11} 与单位流量 Q_{11}、以单位转速 n_{11} 与单位力矩 M_{11} 为横纵坐标的两个直角坐标系中。由于全特性曲线在水轮机飞逸工况区和制动工况区会出现 S 形，对于抽水蓄能机组，特性曲线在水泵工况区有交叉和重叠的现象，因此在这些区域如果直接利用全特性曲线来进行插值求解，得到的单位流量和单位力矩会出现较大的误差，或因多值的问题导致迭代计算出现错误。为了解决全特性曲线的多值问题，通常采取 Suter 变换的方式来对全特性曲线进行处理。常规的 Suter 曲线通过拉平全特性曲线的两侧，减少多值带来的问题，其表达式为（米增强等，1998）

$$\begin{cases}x=\arctan\left(\dfrac{Q_{11}/Q_{11\mathrm{r}}}{n_{11}/n_{11\mathrm{r}}}\right), & n_{11}\geqslant 0\\ x=\pi+\arctan\left(\dfrac{Q_{11}/Q_{11\mathrm{r}}}{n_{11}/n_{11\mathrm{r}}}\right), & n_{11}<0\\ \mathrm{WH}=\dfrac{1}{\left(Q_{11}/Q_{11\mathrm{r}}\right)^{2}+\left(n_{11}/n_{11\mathrm{r}}\right)^{2}}\\ \mathrm{WB}=\dfrac{M_{11}/M_{11\mathrm{r}}}{\left(Q_{11}/Q_{11\mathrm{r}}\right)^{2}+\left(n_{11}/n_{11\mathrm{r}}\right)^{2}}\end{cases} \tag{2-66}$$

式中，Q_{11r} 为额定单位流量；n_{11r} 为额定单位转速；WH 和 WB 分别表示 Suter 变换后单位流量和力矩的变换式。

常规 Suter 变换还是有一些无法解决的难题，如对小开度特性曲线表达困难，因此本小节提出一种改进的 Suter 变换方法。为了消除多值现象，在横坐标 x 的变换式中引入一个常数项 k_1。为了表达零开度特性曲线，在 WH 和 WB 变换式的分子项中分别引入系数 k_2 和 k_3，并且在其分母项中引入系数 C 来保证分母不为零。WH 和 WB 分子项和分母项中的系数相互配合，使得各个开度的曲线相互分离，进而消除了不同开度曲线之间的交叉点。同时，在 WB 的分子项中引入系数 k_4 以保证 WB 的曲线连续光滑。改进的 Suter 变换式如下（赵桂连，2004）：

$$
\begin{cases}
x = \arctan\left(\dfrac{Q_{11}/Q_{11r}+k_1}{n_{11}/n_{11r}}\right), & n_{11}\geqslant 0 \\
x = \pi + \arctan\left(\dfrac{Q_{11}/Q_{11r}+k_1}{n_{11}/n_{11r}}\right), & n_{11}<0 \\
\mathrm{WH} = \dfrac{y+k_2}{\left(Q_{11}/Q_{11r}\right)^2+\left(n_{11}/n_{11r}\right)^2+C} \\
\mathrm{WB} = \dfrac{\left(M_{11}/M_{11r}+k_4\right)\left(y+k_3\right)}{\left(Q_{11}/Q_{11r}\right)^2+\left(n_{11}/n_{11r}\right)^2+C}
\end{cases}
\tag{2-67}
$$

为了彻底解决不同开度曲线间重叠和交叉的问题，本小节采取三维曲面拟合的方式来进行数据处理。将 n_{11} 和 y 分别作为横纵坐标，将 WH 和 WB 作为竖坐标拟合出两个全特性曲面，并且利用拟合公式来进行初始工况的迭代计算。最后通过 Suter 曲面拟合公式和 Suter 变换式，反推出所需单位流量和单位力矩对大波动过渡过程迭代计算。

3）不同插值方法对比

为了能够通过过渡计算来对实际情况进行分析，通常采用多项式插值法从全特性曲线中提取数据。该方法在处理交叉或重叠的曲线时，易出现多值问题。当曲线之间的间隔较小时，样条曲线插值较为困难，易产生较大误差。综合上述全特性曲线自身存在的问题，在利用全特性曲线获得数据前，需要对其进行一系列数学处理。利用改进的 Suter 变化方法获得全特性曲线，如图 2-3 所示。

由图 2-3 可以看出，曲线两侧已经被拉平，交叉和重叠的问题也得到了较大的改善，而且曲线中间分布均匀。对图 2-3 中曲线使用多项式插值，可以得到比原来更加精确的数值，而且插值也更为容易，但是在曲线两侧还是存在曲线间隔小甚至交叉重叠现象，使得多项式插值在两侧依旧会面临同样的问题。针对上述问题，本小节利用薄板样条插值（thin plate spline，TPS）来解决。样条曲线插值在每个间隔中使用低阶多项式，选择多项式使它们平滑地吻合在一起，假设原形

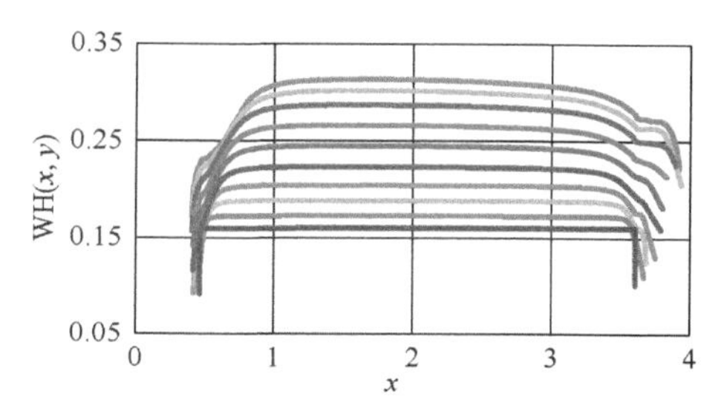

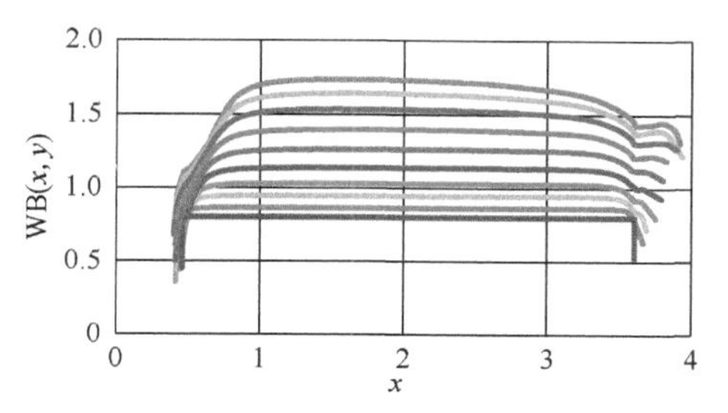

图 2-3　水轮机全特性曲线

从上到下依次表示 y 为 1.00、0.92、0.82、0.68、0.54、0.40、0.28、0.18、0.08、0.00 时的全特性曲线

状中有 N 个点 A_n，这 N 个点在 2D 形变后的新坐标之下对应新的 N 个点 B_n（李晓雨，2016），计算方法如下。

已知 K 个控制点 c_i，用径向函数进行坐标变换得

$$\begin{cases}\Phi(x)=\sum_{i=1}^{K}\omega_i\sigma\left(\|x-c_i\|\right)\\ \sigma(r)=r^2\log r\end{cases}\tag{2-68}$$

式中，$\sigma(r)$ 为径向基函数核；r 为径向变量；ω 为角速度。由此可看成每个新的值都会受到其他非一一对应控制点的影响：

$$\Phi(X)=\begin{bmatrix}\Phi_1(X)\\ \Phi_2(X)\end{bmatrix}\tag{2-69}$$

n 维空间，就是求 n 个插值函数，这里的 n 为 2，可以写成向量形式：

$$\begin{cases}y_k=\Phi\left(X_k\right)\\ \Phi_1(X)=c+a^{\mathrm{T}}X+W^{\mathrm{T}}S(X)\\ S(X)=\left(\sigma\left(\|X-X_1\|\right),\sigma\left(\|X-X_2\|,\cdots,\sigma\left(\|X-X_N\|\right)\right)^{\mathrm{T}}\\ a\in R^{n\times1},\quad W\in R^{N\times1}\end{cases}\tag{2-70}$$

式中，X_k 为自变量；y_k 为自变量对应的函数值；$\Phi(X)$为插值函数；c 为标量，$c\in R^{1\times1}$；$a\in R^{N\times1}$；$W\in R^{N\times1}$；$S(X)$为函数向量；X 为待求点；X_1 为已知点。这种形式的插值函数是弯曲能量最小的：

$$J(\Phi)=\sum_{j=1}^{n}\iint_{R^n}\left[\left(\frac{\partial^2\Phi}{\partial x^2}\right)^2+\left(\frac{\partial^2\Phi}{\partial x\partial y}\right)^2+\left(\frac{\partial^2\Phi}{\partial y^2}\right)^2\right]\tag{2-71}$$

在 TPS 插值函数 Φ 中有（$1+n+N$）个参数，因此需加上维度约束：

$$\begin{cases}\sum_{k=1}^{N}\omega_k = 0\\ \sum_{k=1}^{N}x_k^x\omega_k = 0\\ \sum_{k=1}^{N}x_k^y\omega_k = 0\end{cases} \tag{2-72}$$

式中，x_k^x 和 x_k^y 是 x 的坐标值，因此可以简写成

$$\begin{bmatrix}1_N & X & S\\ 0 & 0 & 1_N^{\mathrm{T}}\\ 0 & 0 & X^{\mathrm{T}}\end{bmatrix}\begin{bmatrix}c\\ a\\ W\end{bmatrix}=\begin{bmatrix}Y^x\\ 0\\ 0\end{bmatrix} \tag{2-73}$$

式中，$S=\sigma\left(x_i-x_j\right)$；$1_N$表示值为 1 的 N 维列向量；

$$\begin{cases}X=\begin{bmatrix}X_1^x & X_1^y\\ X_2^x & X_2^y\\ \vdots & \vdots\\ X_N^x & X_N^y\end{bmatrix}\\ Y^x=\begin{bmatrix}y_1^x\\ y_2^x\\ \vdots\\ y_N^x\end{bmatrix}\end{cases} \tag{2-74}$$

为了简化矩阵，令

$$\Gamma=\begin{bmatrix}1_N & X & S\\ 0 & 0 & 1_N^{\mathrm{T}}\\ 0 & 0 & X^{\mathrm{T}}\end{bmatrix} \tag{2-75}$$

如果 S 是非奇异矩阵，则 Γ 也是非奇异矩阵，可解得

$$\begin{bmatrix}c\\ a\\ W\end{bmatrix}=\Gamma^{-1}\begin{bmatrix}y^x\\ 0\\ 0\end{bmatrix} \tag{2-76}$$

解得各个维度的 Φ 函数的参数：

$$\begin{bmatrix}W^x & W^y\\ c^x & c^y\\ a^x & a^y\end{bmatrix}=\Gamma^{-1}\begin{bmatrix}Y^x & Y^y\\ 0 & 0\\ 0 & 0\end{bmatrix} \tag{2-77}$$

将 Γ^{-1} 变形得

$$\Gamma^{-1}=\begin{bmatrix}\Gamma^{11} & \Gamma^{12}\\ \Gamma^{21} & \Gamma^{22}\end{bmatrix} \tag{2-78}$$

式中，矩阵 Γ^{12} 为弯曲能量矩阵，秩为 $N-3$；Γ^{11} 为仿射矩阵，实现平移和旋转。然后将这些形变应用到所有点上，一起构造对应的计算矩阵 $[1_N \quad X \quad S]$，其中 S 维度为 $M\times N$，最终可得

$$Y=[1_N \quad X \quad S]\begin{bmatrix}c\\ a\\ W\end{bmatrix} \tag{2-79}$$

通过该方法得图 2-4。由图 2-4 可知，薄板样条插值可以很好地解决上述问题，不同开度的曲线分别分布在三维坐标空间不同的地方，此时曲线已经不存在交叉或者重叠现象，同时也解决了曲线之间间隔较小导致的插值困难问题。此方法可以通过 Matlab 自带的程序进行图形绘制，再调用代码即可对数值进行提取，简单易实现，能够为过渡过程计算提供更准确的数据。

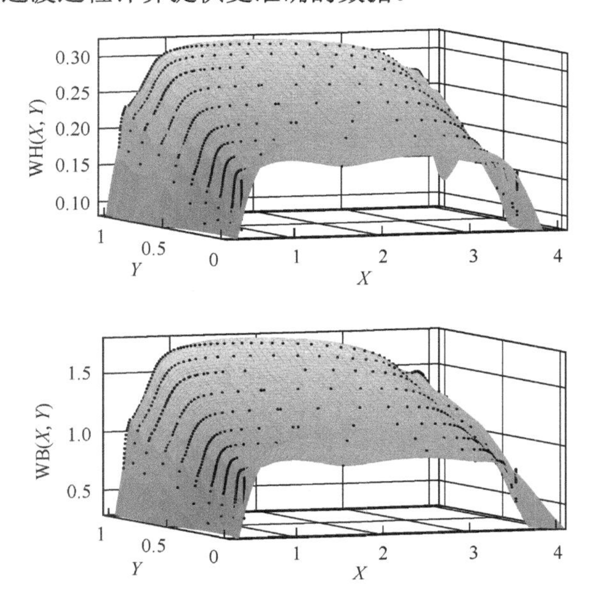

图 2-4　Suter 变化对全特性曲线处理情况

2.2.3　同步发电机动态模型随机扰动

随着可再生能源并网容量和网络规模迅速发展，形成了包含不同机型、不同容量和不同互联结构的大型电力系统网络结构。同时，影响同步发电机运行安全

可靠性的因素越来越多，其中发电机动态参数准确与否直接关系到电力系统运行的稳定性（许国瑞等，2014）。同步发电机的暂态模型大致可分为大扰动模型（李国秀，1994）和小扰动模型（马晋韬，1991）。水轮机调节系统发电机模型采用小扰动模型，其中一阶、二阶和三阶同步发电机模型分别为

$$\frac{\mathrm{d}\omega}{\mathrm{d}t}=\frac{1}{T_{\mathrm{a}}}\left(m_{\mathrm{t}}-m_{\mathrm{e}}-e_{\mathrm{n}}\omega\right) \tag{2-80}$$

$$\begin{cases}\dfrac{\mathrm{d}\delta}{\mathrm{d}t}=\omega_0\omega \\ \dfrac{\mathrm{d}x}{\mathrm{d}t}=\dfrac{1}{T_{\mathrm{a}}}\left(m_{\mathrm{t}}-m_{\mathrm{e}}-e_{\mathrm{n}}x\right)\end{cases} \tag{2-81}$$

和

$$\begin{cases}\dfrac{\mathrm{d}\delta}{\mathrm{d}t}=\omega_{\mathrm{B}}(\omega-1) \\ \dfrac{\mathrm{d}\omega}{\mathrm{d}t}=\dfrac{1}{T_{\mathrm{a}}}\left[M_{\mathrm{t}}-M_{\mathrm{e}}-D_{\mathrm{t}}(\omega-1)\right] \\ \dfrac{\mathrm{d}E_q}{\mathrm{d}t}=\dfrac{\omega_{\mathrm{B}}}{T_{d0}}\left(\dfrac{X_{d\Sigma}-X'_{d\Sigma}}{X'_{d\Sigma}}U_{\mathrm{s}}\cos\delta-\dfrac{X_{d\Sigma}}{X'_{d\Sigma}}E'_q+E_{\mathrm{f}}\right)\end{cases} \tag{2-82}$$

式中，ω_0为额定角速度；T_{d0}为d轴暂态时间常数；m_{t}为水轮机机械力矩相对值；m_{e}为发电机电磁力矩相对值；δ为功角；ω_{B}为机组角速度基值；M_{t}为水轮机转轮力矩；M_{e}为发电机电磁力矩；D_{t}为发电机阻尼系数；U_{s}为发电机出口侧电压；E_{f}为励磁电动势；E'_q为q轴暂态电动势；$X_{d\Sigma}=X_d+X$，$X'_{d\Sigma}=X'_d+X$，X为线路电抗，X_d、X'_d分别为d轴电抗、d轴暂态电抗，各电抗参数均为标幺值（p.u.）。

几个发电机模型介绍见表 2-1。

表 2-1　发电机模型介绍

序号	模型	模型描述
1	一阶模型	以ω为状态变量，仅考虑发电机旋转的惯性
2	二阶模型	以ω和δ为状态变量，并认为E'_q恒定。近似考虑励磁系统的作用，并能在暂态过程中维持X'_d后电动势恒定
3	三阶模型	以ω、δ和E'_q为状态变量，忽略定子绕组暂态、阻尼绕组作用，只考虑励磁绕组暂态和转子动态
4	五阶模型	以ω、δ和次暂态电动势E''_q、E''_d、暂态电动势E'_q为状态变量，忽略定子绕组暂态，考虑阻尼绕组d轴、q轴励磁绕组暂态和转子动态

对式（2-80）模型参数进行定义。

（1）机组惯性时间常数 T_a：

$$\begin{cases} T_a = \dfrac{GD^2 n_r^2}{3580 P_r} \\ GD^2 = GD_g^2 + GD_t^2 + GD_w^2 \end{cases} \tag{2-83}$$

式中，n_r 为机组额定转速，r/min；P_r 为机组额定出力，MW；GD^2 为机组转动部分飞轮转矩，kN·m^2；GD_g^2 为电机转动惯量，kN·m^2；GD_t^2 为水轮机转动惯量，kN·m^2；GD_w^2 为水轮机水体转动惯量，kN·m^2。通常，生产厂家会提供水轮机和发电机的转动惯量，水轮机水体转动惯量受水轮机流量影响较大，且计算复杂，可将其认为是与水轮机流量相关的函数。

（2）机组综合自调节系数 e_n：

$$e_n = \frac{\partial \dfrac{M_g}{M_r}}{\partial \dfrac{\omega}{\omega_r}} - \frac{\partial \dfrac{M_t}{M_r}}{\dfrac{\omega}{\omega_r}} \tag{2-84}$$

式中，$\partial \dfrac{M_g}{M_r} \Big/ \partial \dfrac{\omega}{\omega_r}$ 为转速变化引起的发电机力矩变化值；$\partial \dfrac{M_t}{M_r} \Big/ \dfrac{\omega}{\omega_r}$ 为转速变化引起的水轮机力矩变化值。在稳态过程中，水轮机导叶开度、水头和流量保持不变，负荷扰动为 0，故可认为以上参数保持恒定；在暂态过程中，水轮机导叶开度、水头和流量均发生变化，且负荷扰动不为 0，特别是当可再生能源接入电网后，水轮机负荷变化更具有一定随机性，水电的调峰调频任务会更加频繁。因此，在水轮机动态调节过程中，可认为以上参数均存在一定程度的随机性变化。

对式（2-82）模型参数进行定义：

$$\begin{cases} m_e = \dfrac{E_q V_s}{X'_{d\Sigma}} \sin\delta + \dfrac{V_s^2}{2} \dfrac{X'_{d\Sigma} - X_{q\Sigma}}{X_{d\Sigma} X_{q\Sigma}} \sin 2\delta \\ X'_{d\Sigma} = X'_d + X_T + \dfrac{1}{2} X_L \\ X_{q\Sigma} = X_q + X_T + \dfrac{1}{2} X_L \end{cases} \tag{2-85}$$

式中，E_q 为 q 轴电势，假定为常数；V_s 为无穷大母线电压；δ 为发电机功角；X'_d 为发电机 d 轴暂态电抗；X_q 为 q 轴同步电抗；X_T 为变压器短路电抗；X_L 为输电线路电抗。无论是稳态过程还是动态过程，以上参数均可认为是常数。

对式（2-85）模型参数进行定义：

$$\begin{cases} M_{\mathrm{e}} = \psi_d I_q - \psi_d I_d \\ V_{\mathrm{t}d} = -\omega \psi_q \\ V_{\mathrm{t}q} = \omega \psi_d \\ V_{\mathrm{t}}^2 = V_{\mathrm{t}d}^2 + V_{\mathrm{t}q}^2 \end{cases} \tag{2-86}$$

式中，V_{t}为发电机机端电压；$V_{\mathrm{t}d}$为发电机在 d 轴机端电压；$V_{\mathrm{t}q}$为发电机在 q 轴机端电压；ψ_d 和 ψ_q 分别为发电机 d 轴和 q 轴磁链；I_d 和 I_q 分别为发电机 d 轴和 q 轴电流。无论是稳态过程还是动态过程，以上参数均可认为是常数。

2.2.4 负荷动态模型随机扰动

静态负荷模型（崔悦，2012）：

$$\begin{cases} P = P_0 \left(U / U_0 \right)^a \\ Q = Q_0 \left(U / U_0 \right)^b \end{cases} \tag{2-87}$$

式中，P、Q、U 分别为有功功率、无功功率、电压，下标 0 表示初始值；指数 a、b 反映了负荷的静态特性，是负荷模型的辨识参数，这些指数等于 0、1、2，分别表示负荷的恒功率、恒电流、恒阻抗特性。

动态负荷模型（张鹏飞等，2006）：

$$\begin{cases} P_{\mathrm{m}} = u_d i_d K_{\mathrm{im}} + u_q i_q K_{\mathrm{im}} \\ Q_{\mathrm{m}} = u_d i_q K_{\mathrm{im}} + u_q i_d K_{\mathrm{im}} \end{cases} \tag{2-88}$$

式中，P_{m} 为有功功率；Q_{m} 为无功功率；K_{im} 为等值感应电动机消耗电流占负荷消耗电流的百分比；i_d 和 i_q 分别为 d 轴和 q 轴的电流分量；u_d 和 u_q 分别为 d 轴和 q 轴的电压分量。

结合静态和动态的负荷模型参数特点，建立节点的负荷动态模型。

1）负荷节点处电流幅值的计算公式

恒功率负荷模型：

$$i_{\mathrm{m}} = \sqrt{\frac{p^2 + q^2}{u_{\mathrm{m}}^2}} \tag{2-89}$$

恒阻抗下：

$$i_{\mathrm{m}} = \sqrt{u_{\mathrm{m}}^2 \times \left(p^2 + q^2 \right)} \tag{2-90}$$

恒电流下：

$$i_{\mathrm{m}} = \sqrt{u_{\mathrm{m}}^2 \times p^2 + q^2} \tag{2-91}$$

式中，$p = \dfrac{P}{S}$；$q = \dfrac{Q}{S}$；P、Q、S、u_{m}、i_{m}分别为负荷节点处有功功率、无功功率、基准容量、母线电压幅值、母线电流幅值。

2）电压的计算

恒功率负荷模型下的 d-q 轴电压计算公式：

$$\begin{cases} u_d = \dfrac{i_d \times p - i_q \times q}{i_d^2 + i_q^2} \\ u_q = \dfrac{i_q \times p + i_d \times q}{i_d^2 + i_q^2} \end{cases} \tag{2-92}$$

恒阻抗负荷模型下的 d-q 轴电压计算公式：

$$\begin{cases} u_d = \dfrac{i_d \times p - i_q \times q}{p^2 + q^2} \\ u_q = \dfrac{i_q \times p + i_d \times q}{p^2 + q^2} \end{cases} \tag{2-93}$$

非恒阻抗恒功率负荷模型下的 d-q 轴电压与恒阻抗模型下的 u_d 符号相同，有

$$\begin{cases} u_d = -\dfrac{i_d^2 \times i_q - i_q \times p^2 + i_q^3 - i_d \times p\sqrt{i_d^2 + i_q^2 - p^2}}{q \times \left(i_d^2 + i_q^2\right)} \\ u_q = \dfrac{i_d \times i_q^2 - i_d \times p^2 + i_d^3 + i_q \times p\sqrt{i_d^2 + i_q^2 - p^2}}{q \times \left(i_d^2 + i_q^2\right)} \end{cases} \tag{2-94}$$

与恒阻抗模型下的 u_d 符号不同，有

$$\begin{cases} u_d = -\dfrac{i_d^2 \times i_q - i_q \times p^2 + i_q^3 + i_d \times p\sqrt{i_d^2 + i_q^2 - p^2}}{q \times \left(i_d^2 + i_q^2\right)} \\ u_q = \dfrac{i_d \times i_q^2 - i_d \times p^2 + i_d^3 - i_q \times p\sqrt{i_d^2 + i_q^2 - p^2}}{q \times \left(i_d^2 + i_q^2\right)} \end{cases} \tag{2-95}$$

式中，i_d、i_q 和 u_d、u_q 分别为 d 轴、q 轴的电流和电压分量（相对值）；p 和 q 为两个斜坡扰动信号。

2.2.5　调速器动态模型

水轮机调速器是由实现水轮机调节及控制的机构和仪表等组成的一个或几个装置的总称（薛源，2007），按结构特点可分为机械液压调速器、电液调速器和微机调速器（伍哲身，2003）；按被控制系统类型可分为单调整调速器、双调整调速器和水泵水轮机调速器（Liang et al.，2017；Mesnage et al.，2017；薛长奎，2012）；按容量可分为大型、中型、小型和特小型调速器（魏守平，2009），额定液压等级可分为 2.5MPa、4.0MPa 和 6.3MPa。调速器结构和传递函数如图 2-5～图 2-11 所示。

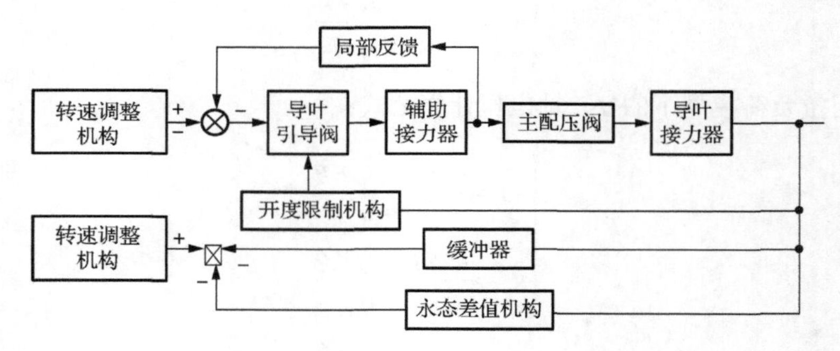

图 2-5　大型单调整机械液压调速器结构

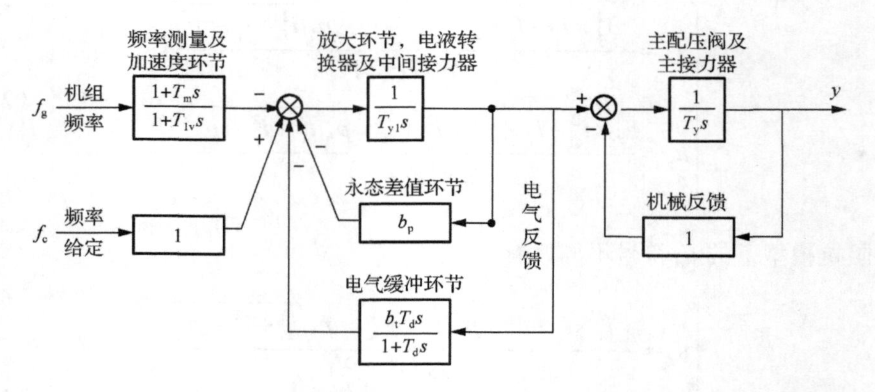

图 2-6　加速度缓冲型电液调速器结构

f_g-机组频率；f_c-频率给定值；T_m-测频微分时间常数（加速度时间常数）；T_{1v}-微分环节时间常数；T_{y1}-中间接力器反应时间常数；T_y-接力器反应时间常数；b_p-永态转差系数；b_t-暂态转差系数；T_d-缓冲时间常数；s-复变函数

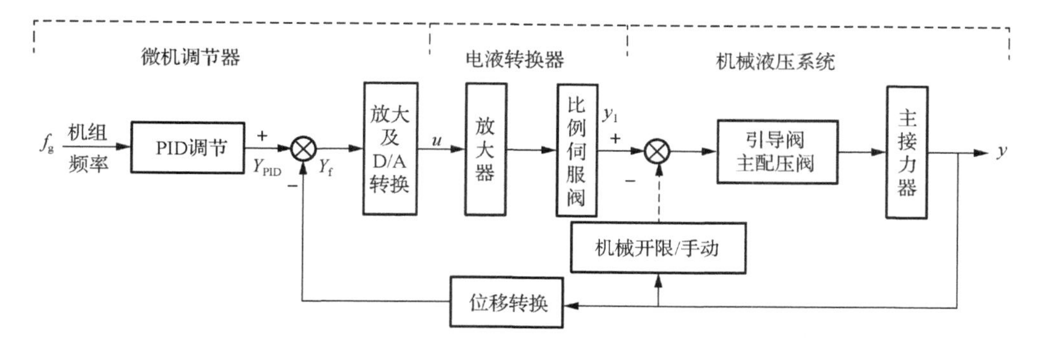

图 2-7　电液转换器/电液执行机构型调速器结构

f_g-机组频率；Y_{PID}-PID 调节器输出；y_1-中间接力器输出；Y_f-电气量输出；
u-模拟控制信号输出；D/A-数模转换（将数字信号转换为模拟信号）

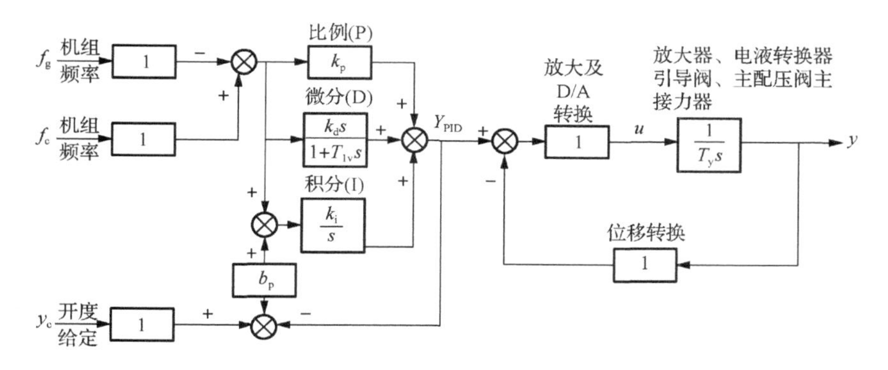

图 2-8　电液转换器/电液执行机构型调速器传递函数

f_c-频率给定值；y_c-开度给定值；k_p-比例增益系数；k_i-积分增益系数；
k_d-微分增益系数；b_p-永态转差系数；Y_{PID}-PID 调节器输出；T_y-主接力器反应时间常数

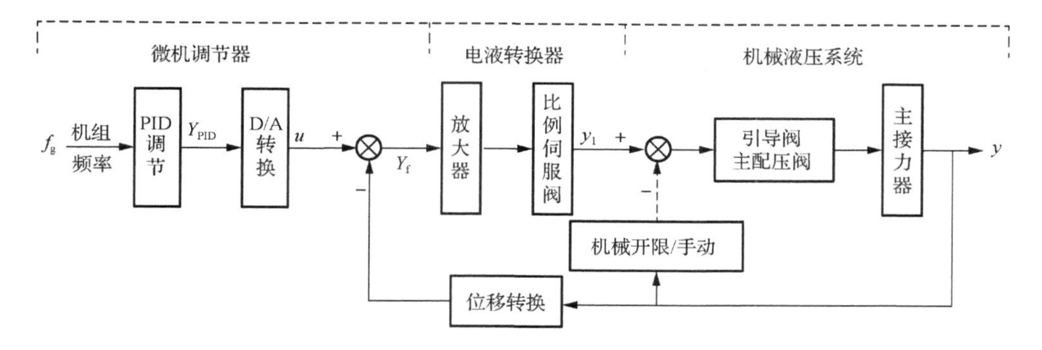

图 2-9　电液转换器/电液随动系统型调速器

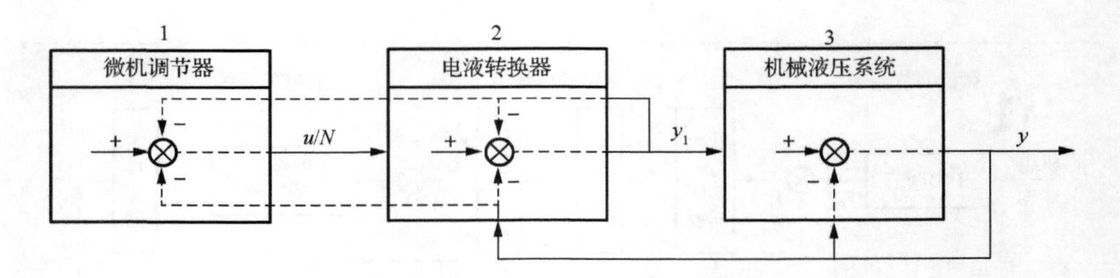

图 2-10　水轮机微机调速器的内部信号传递函数

u-模拟控制信号输出；y_1-中间接力器输出；N-数字控制信号输出

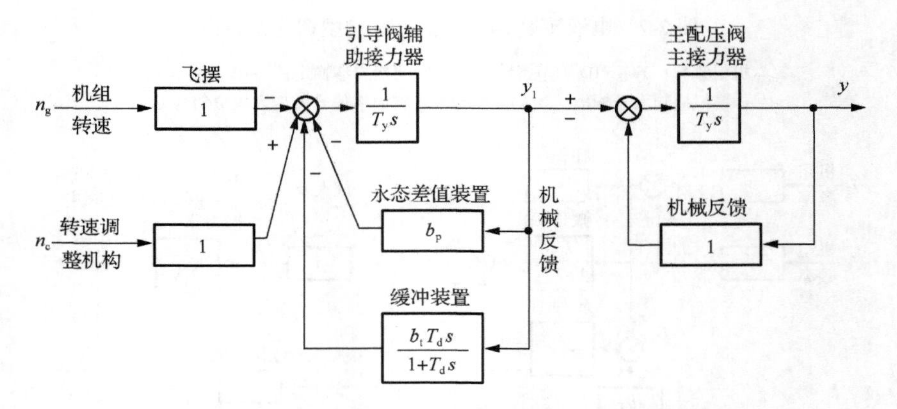

图 2-11　缓冲型机械液压 PI 调速器传递函数框图

n_g-机组转速；n_c-转速给定值；PI-比例积分

2.2.6　励磁系统动态模型

励磁系统为发电机提供励磁电流，以保持机端电压稳定，控制无功输出和输入。励磁系统由测量单元、惯性放大器、励磁机和励磁系统稳定器组成。励磁系统的传递函数如图 2-12 所示，励磁系统数学模型如式（2-96）所示（Zhang et al.，2018；梁洪洁，2006）：

$$
\begin{cases}
\dfrac{\mathrm{d}U_{\mathrm{R}}}{\mathrm{d}t}=\dfrac{1}{T_{\mathrm{A}}}\left[K_{\mathrm{A}}\left(U_{\mathrm{ref}}+U_{\mathrm{PSS}}-U_{\mathrm{t}}-U_{\mathrm{F}}\right)-U_{\mathrm{R}}\right] \\
\dfrac{\mathrm{d}U_{\mathrm{F}}}{\mathrm{d}t}=\dfrac{1}{T_{\mathrm{F}}}\left(K_{\mathrm{F}}\dfrac{\mathrm{d}E_{\mathrm{f}}}{\mathrm{d}t}-U_{\mathrm{F}}\right) \\
\dfrac{\mathrm{d}E_{\mathrm{f}}}{\mathrm{d}t}=\dfrac{1}{T_{\mathrm{L}}}\left[U_{\mathrm{R}}-\left(S_{\mathrm{E}}+K_{\mathrm{L}}\right)E_{\mathrm{f}}\right]
\end{cases}
\tag{2-96}
$$

式中，U_R 和 U_F 分别为电压调节器输出和激励负反馈电压；K_F、T_F、K_A、T_A、K_L、T_L 和 S_E 分别为激励负反馈放大倍数、激励负反馈时间系数、AVR 增益系数、AVR 放大时间系数、外部激励系数、激励时间常数和激励饱和系数。

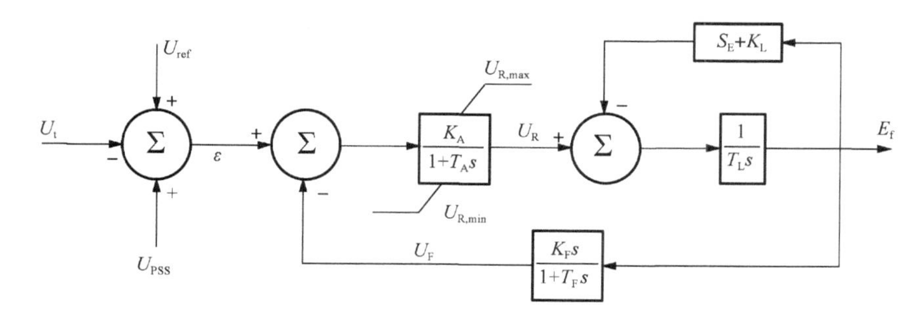

图 2-12　励磁系统传递函数图

U_t-发电机电压；U_{ref}-参考电压；U_{PSS}-电力系统静态稳定器输入电压；ε-电压偏差值；$U_{R,max}$-电压调节器输出最大值；$U_{R,min}$ 电压调节器输出最小值

电力系统稳定器传递函数框图如图 2-13 所示，其数学模型如公式（2-97）所示。

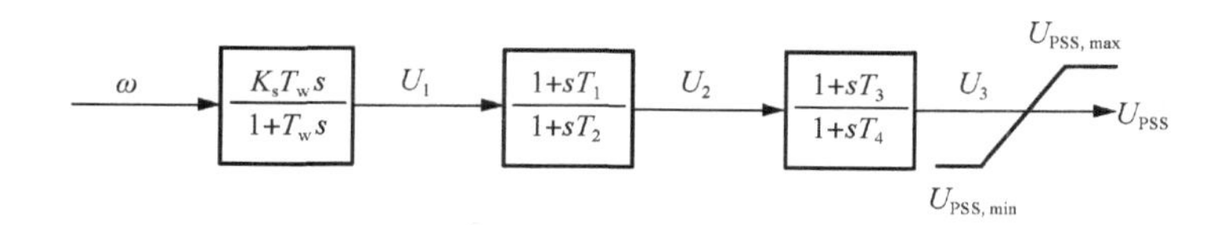

图 2-13　电力系统稳定器传递函数框图

$$
\begin{cases}
\dfrac{\mathrm{d}U_1}{\mathrm{d}t} = \dfrac{1}{T_w}\left(K_s T_w \dfrac{\mathrm{d}\omega}{\mathrm{d}t} - U_1\right) \\
\dfrac{\mathrm{d}U_2}{\mathrm{d}t} = \dfrac{1}{T_2}\left(T_1 \dfrac{\mathrm{d}U_1}{\mathrm{d}t} + U_1 - U_2\right) \\
\dfrac{\mathrm{d}U_3}{\mathrm{d}t} = \dfrac{1}{T_4}\left(T_3 \dfrac{\mathrm{d}U_2}{\mathrm{d}t} + U_2 - U_3\right)
\end{cases}
\tag{2-97}
$$

式中，U_1、U_2 和 U_3 分别为放大输出电压、复位补偿和相位补偿的输出电压；T_w 和 K_s 分别为分离阶段的时间常数和放大倍数；T_1、T_2、T_3 和 T_4 为滞后阶段时间常数。

2.2.7　水轮机调节系统任务与调节模式

水轮机调节系统模型框架如图 2-14 所示，其主要调节任务包括：①调节水轮机输出功率与电力负荷关系，维持机组频率在额定频率规定变化范围内；②一次调频和二次调频；③区域电网交换功率控制（Guo et al.，2018）。

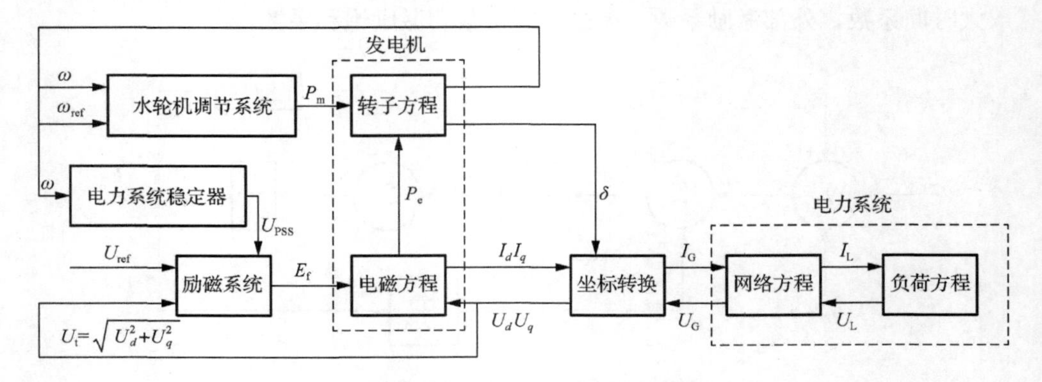

图 2-14　水轮机调节系统模型框架

ω_{ref}-参考角速度；P_m-水轮机功率；P_e-发电机电磁功率；
I_G-发电机机端电流；U_G-发电机机端电压；I_L-线电流；U_L-线电压

电网的一次调频和二次调频主要通过水电和火电调速系统及其 PID 控制器实现。水轮机调节系统一次/二次调频功能框图及原理图如图 2-15 所示。

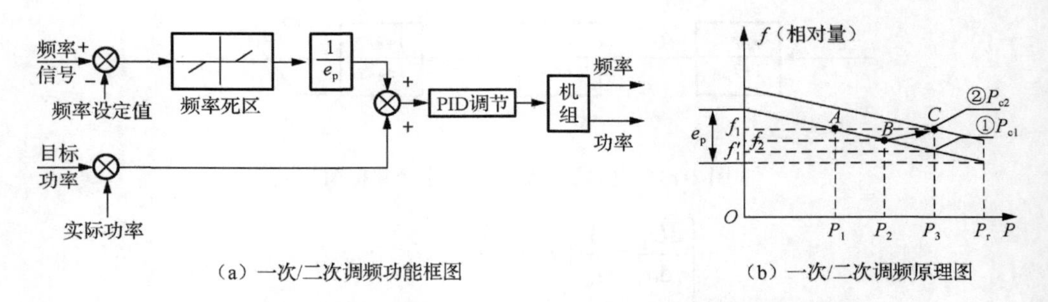

（a）一次/二次调频功能框图　　（b）一次/二次调频原理图

图 2-15　水轮机调节系统一次/二次调频功能框图及原理图

1. 稳定工况说明

图 2-15（b）中，①和②分别为发电机进行一次调频和二次调频时有功功率静态频率曲线；P_1、P_2 和 P_3 分别为机组在 A、B 和 C 三处的发电机有功功率；f_1、f_2 和 f_1' 分别为机组在 A、B 和 C 三处的机组频率；P_{c1} 和 P_{c2} 分别为一次调频和二次调频机组目标功率；e_p 为机组永态转差系数。假设 A 点为初始稳定工况点，此时机组频率为 50Hz，发电机输出功率与负荷相等，均为 P_1。

2. 一次调频过程

若发电机负荷突然增大至 P_{c2}，而输出功率尚未发生变化，发电机转速开始下降，根据负荷本身自我调节效应，负荷开始沿 *CB* 线段减小，最终发电机静态曲线与负荷静态曲线相交于 *B* 点。此刻，发电机输出功率与负荷达到平衡，频率下降至 f_2，机组增发功率 $P_z=P_2-P_1$。这一过程是由电力系统与发电机组共同完成调节过程，即一次调频过程。通过这一过程，虽然发电机发电功率有所增加，但机组频率不能恢复至系统原有频率。

3. 二次调频过程

若将机组目标功率人为设定为 P_{c2}，则此时输出功率依旧小于负荷，机组频率仍会下降，此时系统所有发电机的一次调频都会动作，进行调整，最终频率下降，频率偏移小于±0.2Hz，符合我国允许范围。这时二次调频是有差调节，即系统频率最终还是略有偏差，不能回到额定值。若二次调频时发电机原动机输出的机械功率相应增加量刚好等于负荷初始变化量，则系统不需再进行一次调频，而且此时系统频率不会有偏移，仍为额定值，这时二次调频是无差调节。

水轮机调节系统共包含三种调节模式，分别为频率调节模式、功率调节模式和开度调节模式（苏永亮，2014），三种调节模式之间转换关系如图 2-16 所示。

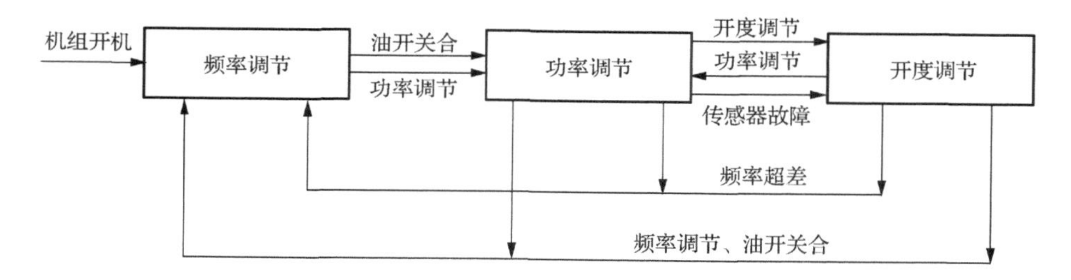

图 2-16　水轮机调节系统三种调节模式转换关系

（1）水轮机从静止状态进入空载工况这一过程中，水轮机调节系统在频率调节模式下运行；

（2）发电机在空载工况下并入电网，调节系统自动进入功率或开度调节模式；

（3）水轮机调节系统并入电网后，系统若发生功率传感器故障，则系统自动切换至开度调节模式；

（4）若电力系统频率偏差额定值大于±0.5Hz，调节系统会从功率或开度调节模式自动转换至频率调节模式；

（5）三种调节模式的相互转换可人为调节。

三种调节模式相互转换特点如表 2-2 所示。

表 2-2　水轮机调节系统三种调节模式相互转换特点

调节模式	调节模式符号	调节规律	参数追踪	Dz_f	Dz_y 或 Dz_p	转换条件	退出条件
频率调节	FM	PID	$P_g \to P_c$	0	0	机组空载	—
功率调节	PM	PI	$Y \to Y_c$	≠0	≠0	并入电网	功率传感器故障→YM 电网频差过大→FM
开度调节	YM	PI	$P_g \to P_c$	≠0	≠0	——	电网频差过大→FM

注：P_g 为水轮发电机组有功功率；P_c 为给定功率；Y 为导叶接力器开度；Y_c 为给定开度；Dz_f 为频率死区；Dz_y 为导叶开度死区；Dz_p 为功率死区。

2.3　多随机因素下水轮机调节系统稳定性分析

2.3.1　随机因素对水轮机调节系统稳定性的影响

水轮机调节系统中存在的三种随机因素按照其组合方式的不同可分为单随机因素、双随机因素、三随机因素，其中单随机因素和双随机因素又分别包括三种情况。不同随机因素的组合分类树状图如图 2-17 所示。本小节将对不同随机强度 A（0.025、0.050 和 0.100）下水轮机调节系统转速 x 的波动情况进行数值仿真，以研究不同随机强度对水轮机调节系统稳定性的影响。

根据以上分组情况，对单随机因素影响下水轮机调节系统的稳定性进行仿真分析。当随机强度分别为 0.025、0.050 和 0.100 时，水轮机调节系统相对转速时间历程如图 2-18 所示。从图 2-18（a）可以观察到，当引入随机变量 ω_1 到流量 q_1 时，不同随机强度下水轮机相对转速 x 随时间的变化曲线基本重合，可以得出流量 q_1 的随机特性对水轮机调节系统的稳定性影响很小，可以忽略不计。分别引入随机变量 ω_2 和 ω_3 到调压室底部压力 h_2 和水轮机进口压力 h_3 时，从图 2-18（b）和（c）可以看出，当随机强度逐渐变化时，水轮机调节系统相对转速 x 的变化较为显著，且随着随机强度逐渐增大，相对转速 x 的幅值逐渐增大，即调压室底部压力 h_2 和水轮机进口压力 h_3 的随机特性对水轮机调节系统稳定性影响较大。由此可得：①不同的随机因素对水轮机调节系统的稳定性有不同的影响；②当随机强度不同时，对水轮机调节系统的影响程度不一样。

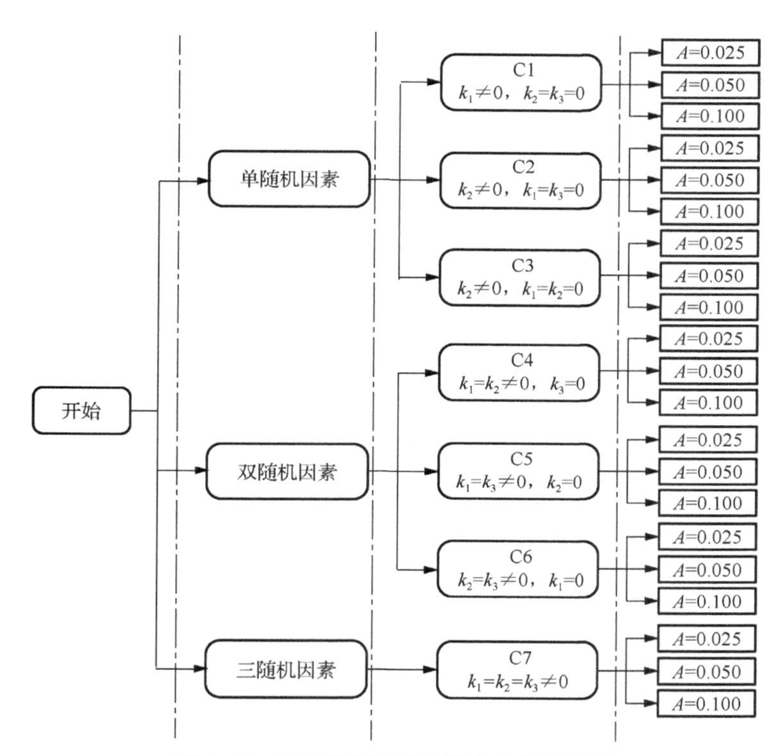

图 2-17　不同随机因素的组合分类树状图

k_1、k_2、k_3 分别为随机变量 ω_1、ω_2、ω_3 的强度系数

图 2-19 为随机强度 A=0.050 时，C2～C7 这六种情况下，水轮机相对转速 x 的时间历程图。其中 C2 仅考虑调压室底部压力 h_2 的随机特性，C3 仅考虑水轮机进口压力 h_3 的随机特性，C6 同时考虑调压室底部压力 h_2 和水轮机进口压力 h_3 的随机特性，C4、C5 和 C7 分别是在 C2、C3 和 C6 的基础上再考虑流量 q_1 的随机特性。由 2-19 图可知，与引入随机变量前相比，引入随机变量后系统相对转速的波形变化更加复杂、混乱，且同时引入两种和三种随机因素时，相对转速 x 的波动幅值增大。

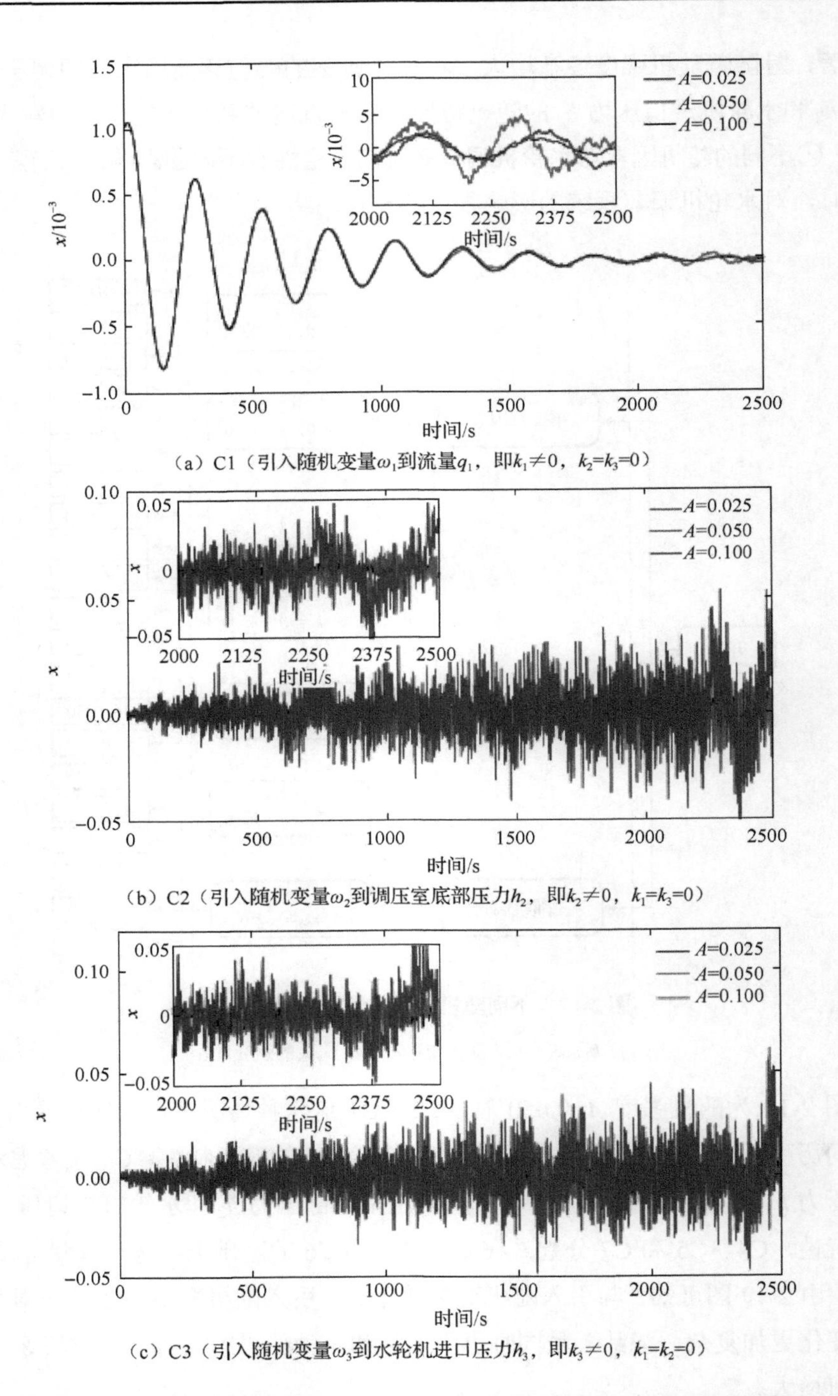

（a）C1（引入随机变量ω_1到流量q_1，即$k_1 \neq 0$，$k_2=k_3=0$）

（b）C2（引入随机变量ω_2到调压室底部压力h_2，即$k_2 \neq 0$，$k_1=k_3=0$）

（c）C3（引入随机变量ω_3到水轮机进口压力h_3，即$k_3 \neq 0$，$k_1=k_2=0$）

图 2-18　不同单随机因素及随机强度下水轮机调节系统相对转速时间历程图（见彩图）

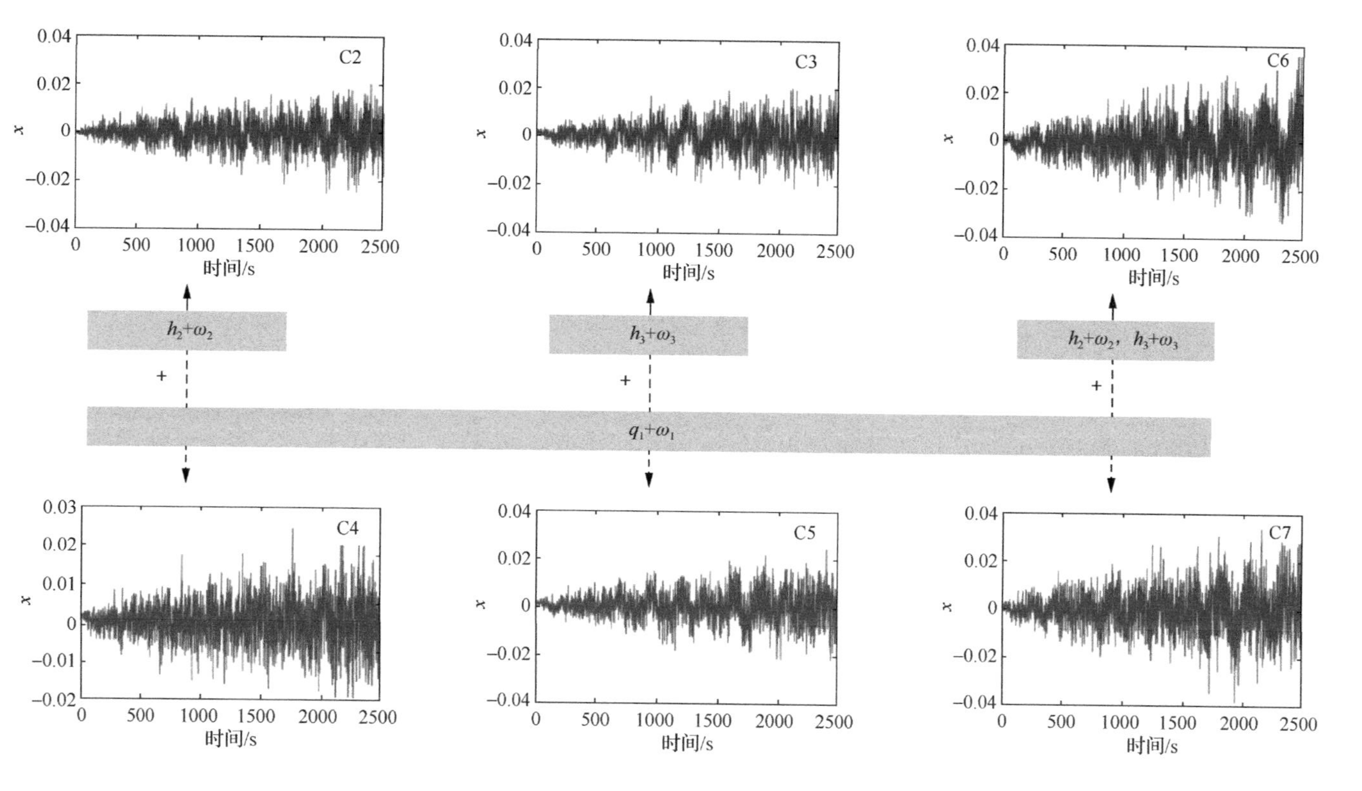

图 2-19　随机强度为 0.050 时不同随机因素下系统的相对转速时间历程图

2.3.2 随机数据统计分析

为进一步研究多随机因素及不同的随机强度对水轮机调节系统稳定性的影响，本小节以图 2-19 的 6 种情况为标准，进行大量数值模拟试验，提取仿真数据，用统计分析和对比分析相结合的方法，来探讨随机因素及随机强度对相对转速 x 的影响。具体的统计工作：①对以上 6 种情况分别进行 50 次数值试验；②每一组均调取其时间历程图中的极大值与极小值共 2500 个，并取其极大值与极小值绝对值之和的 1/2；③求 50 次所得数据平均值。以相同的方法依次取随机强度 A 为 0.025、0.050 和 0.100 进行数值模拟，提取并统计所得数据，如表 2-3 所示。

表 2-3　6 种不同情况下的随机数据统计结果

A	C2	C3	C4	C5	C6	C7
0.025	2.72230	2.79038	2.73534	2.78908	3.89276	3.91204
0.050	5.44188	5.55742	5.41724	5.48046	7.73848	7.72454
0.100	10.83530	11.36058	10.87046	11.38052	15.99266	16.19972

由表 2-3 可以看出，在调压室底部压力 h_2 和水轮机进口压力 h_3 引入随机变量的基础上，再对流量 q_1 引入随机变量，这样在一定程度上能降低调压室底部压力 h_2 和水轮机进口压力 h_3 的随机特性对水轮机调节系统稳定性的不利影响。为了更加直观清晰地展示统计数据得出的结论，采用图 2-20 的形式对比反映不同随机因素对水轮机调节系统的积极或消极影响。

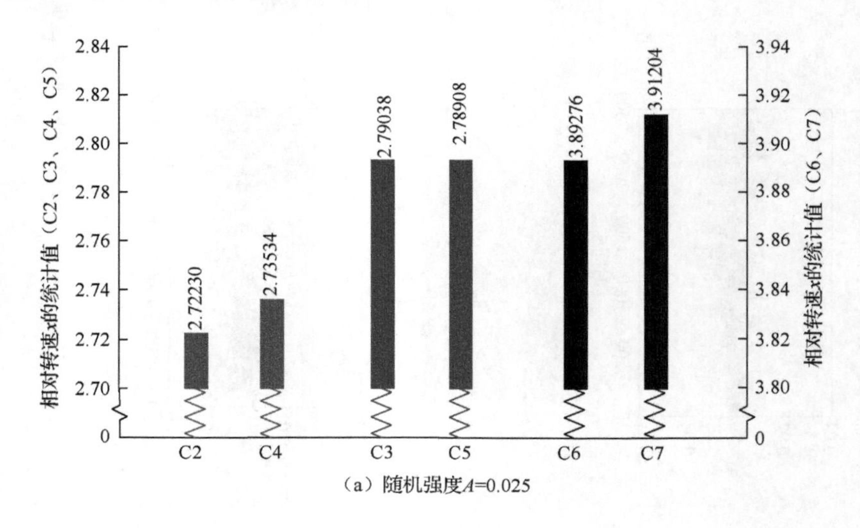

（a）随机强度A=0.025

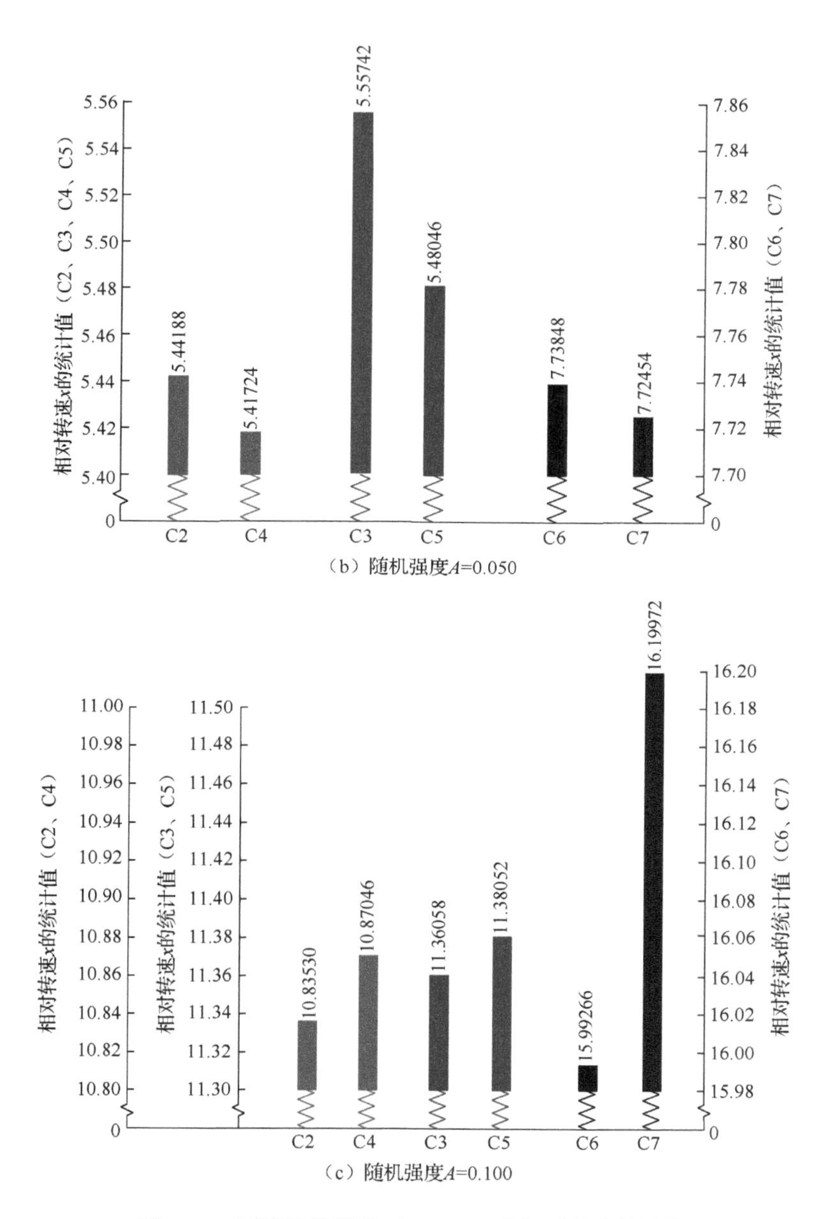

图 2-20　不同随机强度下 C2～C7 的相对转速统计值

将 C2 和 C4、C3 和 C5、C6 和 C7 分别作为比较组进行对比分析。将 C2、C3 和 C6 看作一类，定义为 T1；将 C4、C5 和 C7 看作另一类，定义为 T2。由图 2-20 可知：当随机强度增大或减小时，不同随机因素及随机因素的组合对水轮机调节系统稳定性的影响呈现非线性变化，即在 h_2 和 h_3 引入随机变量 ω_2 和 ω_3 的基础上，

再对 q_1 引入随机变量 ω_1，当随机强度 A 为 0.025 和 0.100 时，对系统稳定性产生消极影响；当随机强度 A 为 0.050 时，进一步引入随机变量 ω_1 到 q_1，对系统稳定性反而会产生积极的影响。从图 2-20（b）可知，C4、C5、C7 的相对转速统计值相比于 C2、C3、C6 的相对转速统计值分别减小了 0.02464、0.07696 和 0.01394。从图 2-20（a）、（c）中可以观察到，T2 的相对转速统计值大部分高于 T1 的相对转速统计值。由此可得，在一定的随机强度范围内，多随机因素耦合对水轮机调节系统的稳定性有积极影响。

2.4 本章小结

1. 水轮机调节系统动态模型及其随机扰动

2.2 节介绍了传统水轮机调节系统在稳态工况和过渡工况的基本模型，着重对模型参数和随机物理意义进行了分析总结，并对水轮机调节系统的基本任务和调节模型进行了分析总结。结论如下：

（1）管道流体假设在一维（管道横断面上的运动要素不发生变化）前提下获得的引水系统传递函数模型和特征线法模型，忽略压力管道内水击压力波在压力管道内不断地叠加或抵消使压力管道横截面积参数呈现随机变化特征，可将引水系统参数管道横截面面积、水击波速、水头损失系统等进行不确定性定义。

（2）在静态模型试验下获得的水轮机流量和力矩传递系数，不能反映动态变化下水轮机力矩的动态特性，因此，可将水轮机力矩对转速传递系数、水轮机力矩对导叶开度传递系数、水轮机力矩对水头传递系数、水轮机流量对转速传递系数、水轮机流量对导叶开度传递系数和水轮机流量对水头传递系数等进行不确定性定义。

2. 多随机因素下水轮机调节系统动态响应

2.3 节以水轮机调节系统中存在的随机扰动为出发点，分析了流量、调压室底部压力和水轮机进口压力三种随机因素单独及相互耦合后对系统稳定性产生的影响，结论如下：

（1）对流量 q_1 引入随机变量 ω_1 不会对系统的稳定性产生影响，但分别对调压室底部压力 h_2 和水轮机进口压力 h_3 引入随机变量 ω_2 和 ω_3 后，水轮机调节系统的稳定性明显被减弱。

（2）在对调压室底部压力 h_2 和水轮机进口压力 h_3 引入随机变量的基础上，再对流量 q_1 引入随机变量 ω_1 构成多随机耦合体系，与其对应的单随机因素及双随机因素比较，很明显引入 ω_1 能明显降低 ω_2 和 ω_3 对水轮机调节系统的影响。

（3）随机因素对水轮机调节系统的影响随着随机强度的增大或减小呈现出非线性的变化趋势。当随机强度 A=0.025 和 A=0.100 时，引入 ω_1 构成的多随机体系对水轮机调节系统的稳定性产生消极的影响，在一定程度上减弱了系统的稳定性；当随机强度 A=0.050 时，引入 ω_1 构成的多随机体系对水轮机调节系统的稳定性产生积极的影响，在一定程度上加强了系统的稳定性。

综上可知，在水电站设计、机组安装及运行过程中，提前考虑内系统存在的内外随机因素，规避其带来的风险，或合理利用随机因素的一些特性，可以在一定程度上保证电站系统安全稳定运行。

参 考 文 献

白冰, 张立翔, 2017. 随机水力激励下机组轴系的动力响应[J]. 排灌机械工程学报, 35(5): 398-403, 423.

蔡龙, 2013. 水电机组过渡过程仿真[D]. 武汉: 华中科技大学.

常近时, 1991. 水力机械过渡过程[M]. 北京: 机械工业出版社.

崔悦, 2012. 基于广域测量系统的同步发电机与负荷的建模及参数辨识[D]. 保定: 华北电力大学.

冯双, 2017. 电力系统强迫功率振荡的监测与抑制方法研究[D]. 南京: 东南大学.

郝荣荣, 2010. 等效引水隧洞长度对水力过渡过程的影响研究[D]. 天津: 天津大学.

孔繁镍, 2013. 水轮机调节系统模型及其控制策略研究[D]. 南宁: 广西大学.

李国秀, 1994. 同步电机非线性参数的辨识研究——直接子空间模型法[D]. 北京: 清华大学.

李晓雨, 2016. 曲线能量的变分公式及其应用[D]. 武汉: 华中科技大学.

梁洪洁, 2006. 水轮发电机励磁调节器设计[D]. 西安: 西安理工大学.

马晋韬, 1991. 发电机和电力系统的动态参数辨识[D]. 北京: 华北电力学院.

米增强, 陈志忠, 南志远, 等, 1998. 同步发电机动态参数辨识[J]. 中国电机工程学报, 18(2): 29-34.

沈祖诒, 2008. 水轮机调节[M]. 3 版. 北京: 中国水利水电出版社.

苏永亮, 2014. 基于 MB40 PLC 水轮机调速器的研究与应用[D]. 南京: 国网电力科学研究院.

魏守平, 2009. 水轮机调节[M]. 武汉: 华中科技大学出版社.

魏守平, 2011. 水轮发电机组的惯性比率[J]. 水电自动化与大坝监测, 35(4): 31-34, 42.

吴祖平, 2017. 龙滩水电站 700MW 巨型水轮发电机组振动特性的研究[D]. 南宁: 广西大学.

伍哲身, 2003. 新型调速器在小水电站中的应用[J]. 小水电, (6): 28-30.

许贝贝, 2017. 水力发电系统分数阶动力学模型与稳定性[D]. 杨凌: 西北农林科技大学.

许国瑞, 刘晓芳, 罗应立, 等, 2014. 汽轮发电机转子阻尼系统对小扰动特性的影响[J]. 华北电力大学学报(自然科学版), 41(2): 20-27.

薛长奎, 2012. 基于 MATLAB 的水轮机调节系统辨识与参数优化[D]. 武汉: 华中科技大学.

薛源, 2007. 基于仿生智能方法的隧道围岩稳定性评判及预测[D]. 成都: 成都理工大学.

张鹏飞, 罗承廉, 孟远景, 等, 2006. 动态负荷模型比例对电网稳定性影响分析[J]. 继电器, 34(11): 24-26, 48.

张晓宏, 李建中, 2006. 调压井断面尺寸变化对水锤压力反射及质量波动衰减速度的影响[J]. 西安理工大学学报, 22(1): 63-65.

赵桂连, 2004. 水电站水机电联合过渡过程研究[D]. 武汉: 武汉大学.

BERAT K, KUTAY C, SELIN A, et al., 2017. Model testing of Francis-type hydraulic turbines[J]. Measurement & Control, 50(3): 70-73.

GUO W, YANG J, 2018. Dynamic performance analysis of hydro-turbine governing system considering combined effect of downstream surge tank and sloping ceiling tailrace tunnel[J]. Renewable Energy, 129: 638-651.

LIANG J, YUAN X, YUAN Y, et al., 2017. Nonlinear dynamic analysis and robust controller design for Francis hydraulic turbine regulating system with a straight-tube surge tank[J]. Mechanical Systems and Signal Processing, 85: 927-946.

MESNAGE H, ALAMIR M, PERRISSIN-FABERT N, et al., 2017. Nonlinear model-based control for minimum-time start of hydraulic turbines[J]. European Journal of Control, 34: 24-30.

M'ZOUGHI F, BOUALLÈGUE S, GARRIDO A J, et al., 2018. Stalling-free control strategies for oscillating-water-column-based wave power generation plants[J]. IEEE Transactions on Energy Conversion, 33(1): 209-222.

NICOLET C, GREIVELDINGER B, HEROU J, et al., 2007. High-order modeling of hydraulic power plant in islanded power network[J]. IEEE Transactions on Power Systems: A Publication of the Power Engineering Society, 22(4): 1870-1880.

YANG W, NORRLUND P, SAARINEN L, et al., 2018. Burden on hydropower units for short-term balancing of renewable power systems[J]. Nature Communications, 9(1): 2633.

ZHANG C B, YANG M J, JIN-YAO L I, 2018. Detailed modelling and parameters optimisation analysis on governing system of hydro-turbine generator unit[J]. IET Generation, Transmission & Distribution, 12(5): 1045-1051.

第 3 章　考虑陀螺效应的水力发电机组轴系建模及振动特性

为研究陀螺效应对水力发电机组轴系振动特性的影响，本章利用拉格朗日方程推导建立考虑陀螺效应、转动惯量、不平衡磁拉力等因素影响的水力发电机组轴系多自由度非线性动力学数学模型，并结合实际工程意义，以某电站实际安装参数为基础，利用龙格-库塔法进行仿真求解，以分析陀螺效应对水力发电机组轴系振动特性的影响。在考虑陀螺效应与不考虑陀螺效应两种情况下，选取四个典型的角速度，对各角速度的时间历程图、频谱图和相轨迹图进行对比分析，以研究不同角速度下陀螺效应对水力发电机组转子和转轮的振动影响，为水力发电机组的设计安装及水电站的安全稳定运行提供理论依据。

3.1　陀螺效应现象与原理

旋转物体和未旋转物体由于陀螺效应的影响，在动力学行为上表现出不同。当一个旋转转子绕 z 轴的转动惯量 J_p 大于绕 x 轴和 y 轴的转动惯量 J_d 时，即盘状转子的转速足够大时，动量方程中的陀螺效应就不能被忽略，陀螺效应对转子的刚性模态频率的影响比较大（沈钺等，2003）。

当冲击力 F 作用在质量为 m 的转子质心 S 上时，其动量 P 在瞬间 t 产生的变化为

$$\Delta P = \int F\mathrm{d}t \tag{3-1}$$

当一对力偶（$F, -F$）产生的冲击力矩 M 作用在质量为 m 的转子质心 S 上时，在瞬间产生的冲击力矩 M 为

$$M = d \times F \tag{3-2}$$

式中，d 为受力点到矩心的距离。

当转子绕 z 轴转动时，角速度为 ω，转子的直径转动惯量为 $J_x=J_y=J_d$，极转动惯量为 J_p，则转子的初始动量矩为

$$L = J_p\omega \tag{3-3}$$

由于初始状态下转子的轴与固定惯性坐标系的旋转轴 z 轴重合，转子处于定轴转动状态，此时转子轴、转动轴和动量矩轴均互相重合。由于冲击力矩 M 的作用，转子沿冲击力矩 y 轴旋转 α_y 角度，初始动量矩 L 的大小和方向发生改变（L'），转子角速度 ω 的大小和方向随之发生改变。在冲击力作用下，转子旋转轴及动量力矩轴的方向发生变化，导致转子轴线运动。

冲击造成的动量矩变化为

$$\Delta L = \int M \mathrm{d}t \tag{3-4}$$

转子在冲击力矩作用下产生沿力矩方向的转动响应为 α_y，转动角速度为 $\dot{\alpha}_y$。由动量矩守恒定律可知，转子会受到一个大小相同、方向相反的惯性力矩，即陀螺力矩。由转子动力学可知：

$$M_x = -\Delta L = -J_p \omega \dot{\alpha}_y \tag{3-5}$$

式中，负号表示此陀螺力矩沿 x 轴负方向。

同理，转子在 x 轴方向上产生转动时，旋转角速度为 $\dot{\alpha}_x$，陀螺力矩为

$$M_y = -J_p \omega \dot{\alpha}_x \tag{3-6}$$

当转子沿 x 轴、y 轴、z 轴发生平动和在 z 轴上发生转动时，转子动量矩的大小和方向均没有发生改变。因此，转子在这些方向上不会产生陀螺力矩，只有在 x 轴、y 轴上发生转动时才会有陀螺力矩产生（董淑成等，2005；于灵慧等，2005）。

3.2 压力引水系统建模

水电站有压引水系统主要由水电站进水口、引水隧道、压力前池、调压室和压力引水管道等构成。水力发电系统如图 3-1 所示。

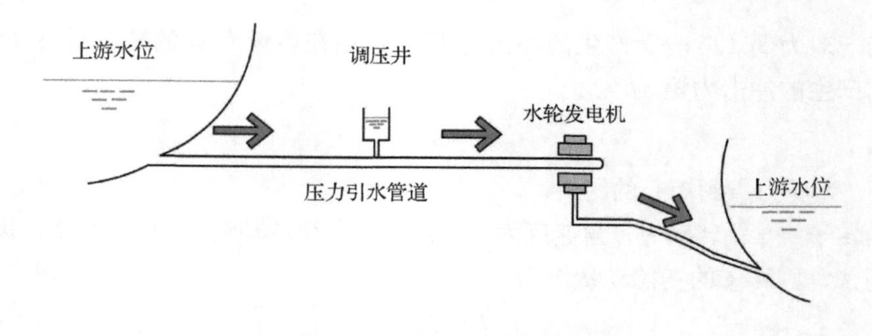

图 3-1 水力发电系统示意图

目前，计算水力发电机组过渡过程最成熟的方法是特征线法。该方法可以计算管道内任意节点的流量和水头，且计算结果的精度非常高（叶文波等，2015；杨剑锋，2011）。相对于其他方法（图解法、解析法、有限元法等），特征线法的优势主要有：①能够有效处理复杂的边界条件，将其程序化；②可以用来求解任何有压管道系统瞬变流计算；③物理概念明确，可用 Matlab 编程，求解精度高，速度快（靳亚宁，2017）。因此，本节基于特征线法建立水电站引水系统的水力过渡过程模型。

3.2.1　压力引水管道模型

本小节选用非恒定流管道模型，其基本方程为连续性方程和动量方程。另外，还需要作出三个假设：①将管道中流体状态作为一元流处理；②按照弹性形变来处理管道内壁和管内流体；③非恒定流中的水头损失计算按恒定流处理。

压力管道中的水力过渡过程分析一般是基于一维连续性方程和动量方程。根据弹性理论的特征线法，管道非恒定流的动量方程和连续性方程为（蔡龙，2013）

动量方程：

$$\frac{\partial H}{\partial x}+\frac{1}{g}\frac{\partial v}{\partial t}+\frac{v}{g}\frac{\partial v}{\partial x}+\frac{fv|v|}{2gD}=0 \tag{3-7}$$

连续性方程：

$$\frac{\partial H}{\partial t}+v\frac{\partial H}{\partial x}+\frac{a^2}{g}\frac{\partial v}{\partial x}+v\sin\alpha=0 \tag{3-8}$$

式中，H 为测压管水头；x 为沿管道方向的位移；g 为重力加速度；v 为水流流速；D 为管道的直径；f 为达西-威斯巴哈阻力系数；a 为水击波速；α 为管道与水平方向的夹角。

由式（3-7）和式（3-8）可以得到特征线法计算模型，其正特征线方程 C^+ 和负特征线方程 C^- 如下（陈家远，2008）。

$$C^+:\frac{g}{a}\frac{\mathrm{d}H}{\mathrm{d}t}+\frac{\mathrm{d}v}{\mathrm{d}t}+\frac{g}{a}v\sin\alpha+\frac{fv|v|}{2D}=0,\ \frac{\mathrm{d}x}{\mathrm{d}t}=v+a \tag{3-9}$$

$$C^-:\frac{g}{a}\frac{\mathrm{d}H}{\mathrm{d}t}-\frac{\mathrm{d}v}{\mathrm{d}t}-\frac{g}{a}v\sin\alpha-\frac{fv|v|}{2D}=0,\ \frac{\mathrm{d}x}{\mathrm{d}t}=v-a \tag{3-10}$$

图 3-2 中，斜线 RP 代表正特征线 C^+，斜率为 a；斜线 SP 代表负特征线 C^-，斜率为$-a$；Δt 为时间步长；Δx 为管道分段长度。

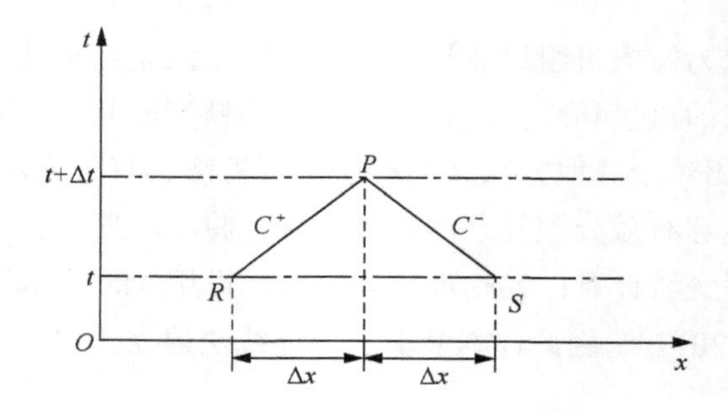

图 3-2　x-t 平面上的特征线

将式（3-7）和式（3-8）分别沿其对应的特征线从 t 到 $t+\Delta t$ 积分，即可得到简化后的表达式：

$$\begin{cases} C^+: \ Q_P = C_{\mathrm{p}} - C_{\mathrm{a}R} H_P \\ C^-: \ Q_P = C_{\mathrm{n}} + C_{\mathrm{a}S} H_P \end{cases} \tag{3-11}$$

式中，$C_{\mathrm{p}} = Q_R + \dfrac{gF_R}{a_R} H_R - \dfrac{f_R \Delta x}{2D_R F_R a_R} Q_R |Q_R| - \dfrac{Q_R \Delta x g}{a_R^2} \sin\alpha$；$C_{\mathrm{a}R} = \dfrac{gF_R}{a_R}$；$C_{\mathrm{n}} = Q_S - \dfrac{gF_S}{a_S} H_S - \dfrac{f_S \Delta x}{2D_S F_S a_S} Q_S |Q_S| + \dfrac{Q_S \Delta x g}{a_S^2} \sin\alpha$；$C_{\mathrm{a}S} = \dfrac{gF_S}{a_S}$。

式中，Q_P 和 H_P 分别为管道中某未知点在 $t+\Delta t$ 时的流量和水头；F 为管道横截面积；Q_R 和 H_R 分别为 t 时刻 R 点处的流量和水头，Q_S 和 H_S 分别为 P 点上 t 时刻 S 点处的流量和水头；所有管道在计算中采用的时间步长 Δt 必须相同，且都必须满足柯朗稳定性条件，即 $\Delta t \leqslant \Delta x / a$，获得的计算结果才能准确收敛。

综上推导可知，特征线法的计算过程简单来说就是通过前一时刻的参数计算下一时刻的未知参数。具体计算过程：已知初始时刻 t 时管道内各点的流量和水头，利用式（3-11）计算下一时刻($t+\Delta t$)的流量和水头，以此类推，水力过渡过程中管道内所有点的流量和水头可以被求出。

3.2.2　边界条件

在水力过渡过程计算中，由于引水管道系统的复杂性，在求解某些特殊元件的流量和水头时，必须结合相应的边界方程。本小节求解上下游水位、串联管道、分岔管道和调压室等几种常见的边界条件，得到其对应的数学模型。

1）上下游水位

研究引水式电站，上下游均为水库，其水流进出的水力损失可以忽略不计（毕小剑，2007），可将其上游水位视为定值，即

$$H_P = H_0 \tag{3-12}$$

上游蓄水池出口（管道进口处）符合负特征线方程 C^-：

$$Q_P = C_{\rm n} + C_{{\rm a}S} H_P \tag{3-13}$$

下游水位 $H_P = 0$，且下游蓄水池进口（管道出口处）符合正特征线方程 C^+：

$$Q_P = C_{\rm p} \tag{3-14}$$

2）串联管道

水电站引水系统的管道是由许多部分组成的，各管道之间的连接方式也各不相同。图 3-3 为常见的串联管道，由直径不同的管道 1 和管道 2 相连接。

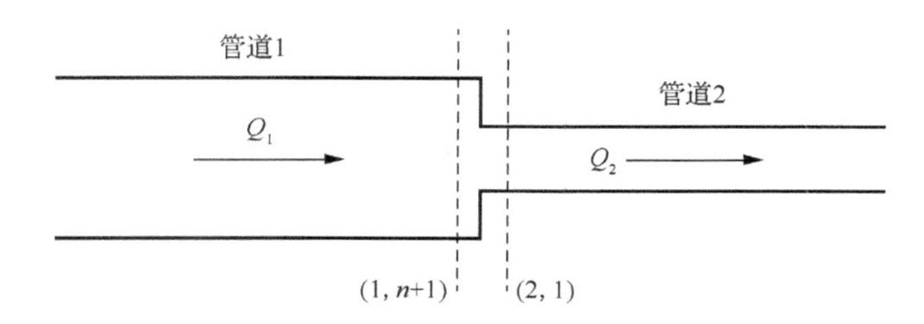

图 3-3　串联管道

求解水力过渡过程时，由于局部水头损失相对较小且影响可以忽略不计，忽略串联管道节点处的水头损失和流速水头差，根据流量的连续性方程，得

$$\begin{cases} H_{P1,n+1} = H_{P2,1} \\ Q_{P1,n+1} = Q_{P2,1} \end{cases} \tag{3-15}$$

式中，$H_{P1,n+1}$ 和 $Q_{P1,n+1}$ 分别为管道 1 断面 n+1 处的水头和流量；$H_{P2,1}$ 和 $Q_{P2,1}$ 分别为管道 2 断面 1 处的水头和流量。

管道 1 的 n+1 断面满足正特征线方程 C^+：

$$Q_{P1,n+1} = C_{\rm p1} - C_{\rm a1} H_{P1,n+1} \tag{3-16}$$

管道 2 的 1 断面满足负特征线方程 C^-：

$$Q_{P2,1} = C_{\rm n2} + C_{\rm a2} H_{P2,1} \tag{3-17}$$

联立式（3-15）～式（3-17），解方程组可得

$$H_{P1,n+1} = H_{P2,1} = \frac{C_{\rm p1} - C_{\rm n2}}{C_{\rm a1} + C_{\rm a2}} \tag{3-18}$$

将式（3-18）代入式（3-16）或式（3-17），即可求出相应的流量。

3）分岔管道

图 3-4 为常见的分岔管道示意图。不考虑水头损失和流速水头损失，根据水流连续性方程和交点水头相同可以得到

$$
\begin{aligned}
Q_{P1,n+1} &= Q_{P2,1} = Q_{P3,1} \\
H_{P1,n+1} &= H_{P2,1} = H_{P3,1}
\end{aligned} \tag{3-19}
$$

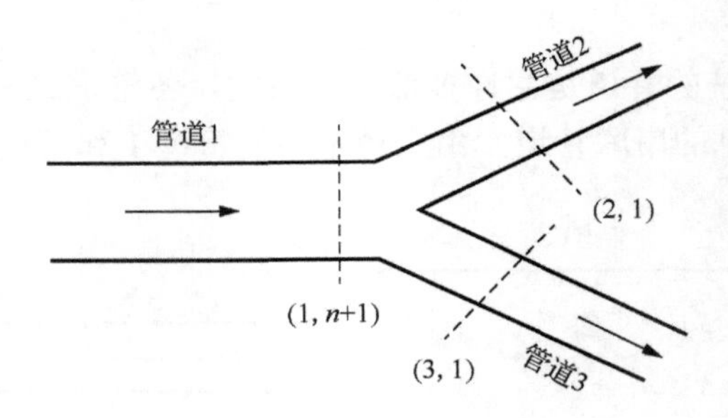

图 3-4　分岔管道

管道 1 断面 n+1 处满足正特征线方程 C^+：

$$Q_{P1,n+1} = C_{\mathrm{p}} - C_{\mathrm{a}R} H_{P1,n+1} \tag{3-20}$$

管道 2 断面 1 处和管道 3 断面 1 处满足负特征线方程 C^-：

$$
\begin{aligned}
Q_{P2,1} &= C_{\mathrm{n}2} + C_{\mathrm{a}S2} H_{P2,1} \\
Q_{P3,1} &= C_{\mathrm{n}3} + C_{\mathrm{a}S3} H_{P3,1}
\end{aligned} \tag{3-21}
$$

联立式（3-19）～式（3-21），即可得到未知的流量和水头。

4）调压室

调压室的主要作用是减小过渡过程中管内的水锤压力，保护过流部件，防止发生爆管现象。它通常与引水管道直接相连，布置形式灵活，可以在管道上游也可以在下游，也可以上下游同时布置。水电站常用的调压室有阻抗式调压室、差动式调压室和气垫式调压室等，本小节研究的水电站采用阻抗式调压室，它是目前使用最广泛的调压室之一，可以有效减小调压室水位涨落的幅度和持续时间（陈德润等，2017；鲍海艳，2010；唐均等，2010），其结构如图 3-5 所示。

由流量的连续性方程可知：

$$Q_{K,n+1} = Q_{K+1,1} + Q_S \tag{3-22}$$

式中，$Q_{K,n+1}$ 为管道 K 断面 n+1 处的流量；$Q_{K+1,1}$ 为管道 K+1 断面 1 处的流量；Q_S 为流入调压井内的流量。

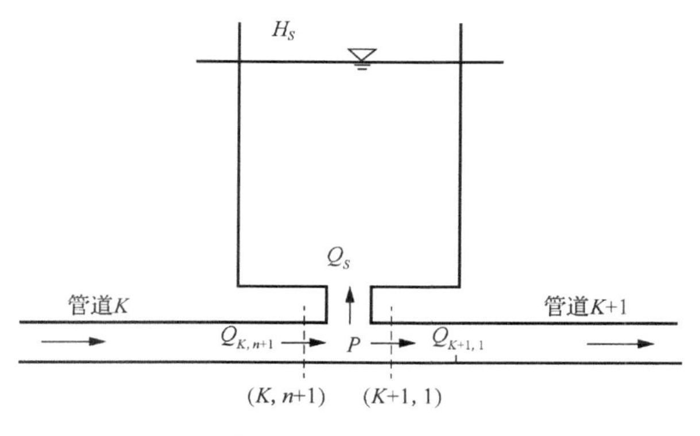

图 3-5　阻抗式调压室

管道 K、调压室和管道 K+1 中间存在一个公共结点 P，此处水头相等，则有

$$H_{K,n+1}=H_P=H_{K+1,1} \tag{3-23}$$

式中，$H_{K,n+1}$ 为管道 K 断面 n+1 处的水头；H_P 为 P 点处的水头；$H_{K+1,1}$ 为管道 K+1 断面 1 处的水头。

管道 K 断面 n+1 处满足正特征线方程 C^+：

$$Q_{K,n+1}=C_{\mathrm{p}}-C_{\mathrm{a}K}H_{K,n+1} \tag{3-24}$$

管道 K+1 断面 1 处满足负特征线方程 C^-：

$$Q_{K+1,1}=C_{\mathrm{n}}+C_{\mathrm{a}(K+1)}H_{K+1,1} \tag{3-25}$$

不考虑调压室内水流惯性，其水位方程为

$$H_P=H_S+R_S\left|Q_S\right|Q_S \tag{3-26}$$

式中，H_S 为调压室内的水头；R_S 为孔口阻抗系数。

3.3　考虑陀螺效应的水力发电机组轴系建模

3.3.1　陀螺效应在水力发电机组中的数学表示

高速旋转的物体会表现出强烈的陀螺效应。同理，一般大型水力发电机组转子多为立式转子，转子在弓状回旋时不仅有水平变位，而且有竖向变位（转角），即存在陀螺效应（Zeng et al.，2017）。现阶段水力发电机组快速向高转速、大容量、高参数过渡，这势必会引起机组振动加剧。陀螺效应作为机组振动的原因之一，随着机组比转速不断增加，其对机组振动的影响越加显著。本小节将从陀螺效应的产生原理出发，进一步考虑水力发电机组正常运行时的倾斜振动，建立水力发电机组轴系精细化模型，图 3-6 为水力发电机组轴系示意图。

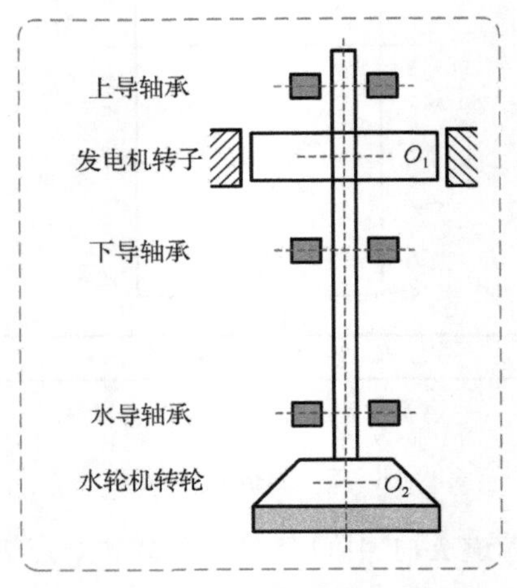

（a）水力发电机组轴系结构示意图

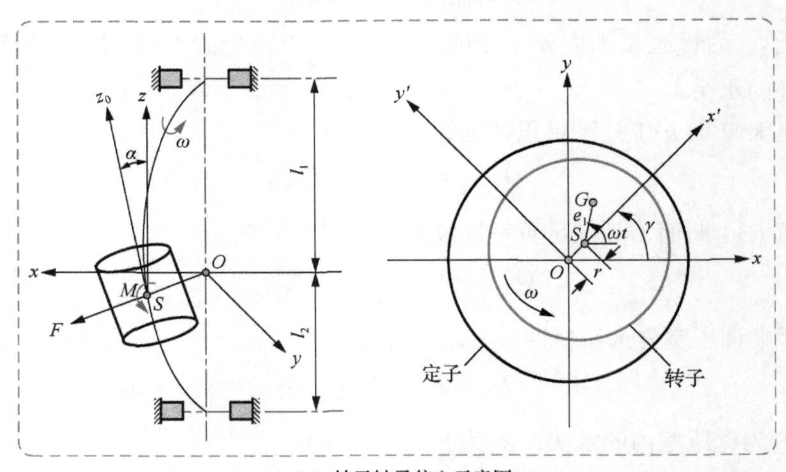

（b）转子轴承偏心示意图

图 3-6　水力发电机组轴系示意图

图 3-6（a）为水力发电机组轴系结构示意图，O_1 和 O_2 分别为发电机转子和水轮机转轮的几何形心。图 3-6（b）为转子轴承偏心示意图，在笛卡儿坐标系 $O\text{-}xyz$ 中，O 为定子的几何中心，G 为转子重心，$e_1=SG$ 为转子偏心距，S 为旋转中心，$r=OS$ 为弓状回旋半径。当转子系统处于静止状态时，O 与 S 重合。由于实际水力发电机组的转子距离两端导轴承一般为 $l_1 \neq l_2$，因此 S 点不仅有离心力 F，还有力矩 M，其中倾角为 α（Gao et al.，2018；Xu et al.，2015）。对于倾斜振动，可以用三个方向的角分量来表示旋转角度，引入欧拉角（三个独立的角分量）来确定定点刚体的位置，以分析陀螺效应对水力机组轴系振动特性的影响。

图 3-7 为欧拉角示意图，用 α、β、γ 表示，其中 α 为章动角，β 为进动角，γ 为自转角，且 $0 \leqslant \alpha \leqslant \pi$，$0 \leqslant \beta \leqslant 2\pi$，$0 \leqslant \gamma \leqslant 2\pi$。章动角 α 是回转体绕 x_0 轴逆时针旋转形成的；进动角 β 是绕 z_0 轴使回转体在 S-xy 平面上逆时针旋转形成的；自转角 γ 是回转体绕 z_0 轴逆时针旋转形成的。α 的轴为 Sx_0，α 在 S-zy 平面上；β 的轴为 Sz_0，与 Sz 重合，β 在 S-xy 平面上；γ 的轴为 Sz_0，γ 在 S-x_0y_0 平面上。

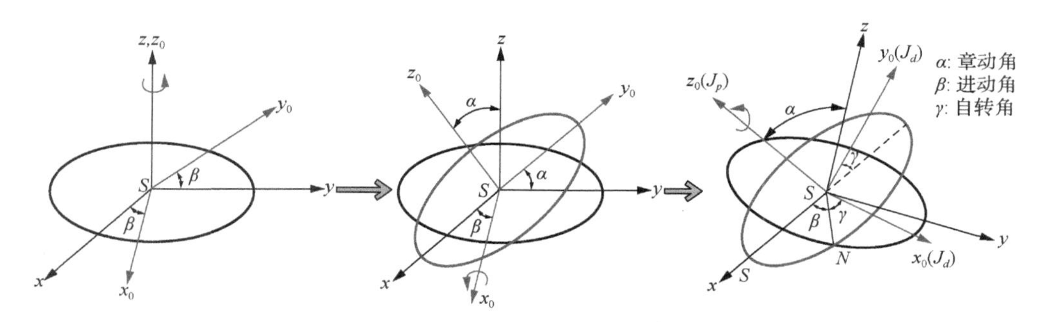

图 3-7　欧拉角示意图

从能量角度出发，分析各欧拉角的分解与组合，再将其对应的角速度分配到旋转坐标的 Sx_0、Sy_0、Sz_0。刚体绕定点 S 运动的欧拉方程，即欧拉角速度在 Sx_0、Sy_0、Sz_0 轴上的分量之和可分别表示为（Hu et al.，2018）

$$\begin{cases} \omega_1 = \omega_x = \dot{\beta}\sin\alpha\sin\gamma + \dot{\alpha}\cos\psi \\ \omega_2 = \omega_y = \dot{\beta}\sin\alpha\cos\gamma - \dot{\alpha}\sin\psi \\ \omega_3 = \omega_z = \dot{\beta}\cos\alpha + \dot{\gamma} \end{cases} \tag{3-27}$$

根据以上内容，刚体绕定点 S 的动能方程可写为

$$E_{\mathrm{ks}} = \frac{1}{2}\left[\left(\omega_x^2 + \omega_y^2\right)J_d + \omega_z^2 J_p\right] \tag{3-28}$$

式中，E_{ks} 为刚体动能；J_d 为绕 Sx_0 轴和 Sy_0 轴的直径转动惯量；J_p 为绕 Sz_0 轴的极转动惯量。

3.3.2　考虑陀螺效应的水力发电机组轴系数学建模

水电站系统主要由上游水库、调压井、引水管道、压力管道、水力发电机组、下游水库等组成，见图 3-8。水力发电机组（图 3-8 中虚线框部分）作为水电站最重要的生产设备之一，主要作用是将旋转的机械能转换成电能输送至用户，其结构与性能的好坏，对电站是否安全、稳定及高效运行起着至关重要的作用。

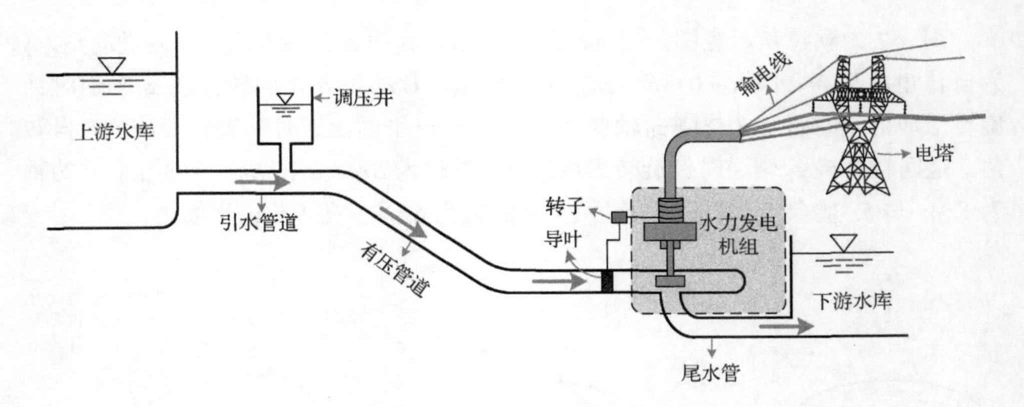

图 3-8　水电站系统结构示意图

图 3-9 为水力发电机组轴系振动计算简图，其中 O_1（x_1,y_1）和 O_2（x_2,y_2）分别为发电机转子和水轮机转轮的几何形心；C_1、C_2 和 C_3 分别为上导轴承、下导轴承和水导轴承的几何形心；m_1 和 m_2 分别为发电机转子和水轮机转轮的质量；k_1 和 k_2 分别为发电机转子轴承刚度和水轮机转轮轴承刚度。设发电机转子和水轮机转轮的质心坐标分别为（x_{01}, y_{01}）和（x_{02}, y_{02}），其质量偏心矩分别为 e_1、e_2，发电机转子和水轮机转轮转过的角度均为 φ，且 $\varphi=\omega t$，则有 $x_{01}=x_1+e_1\cos\varphi$，$y_{01}=y_1+e_1\sin\varphi$，$x_{02}= x_2+e_2\cos\varphi$，$y_{02}=y_2+e_2\sin\varphi$。

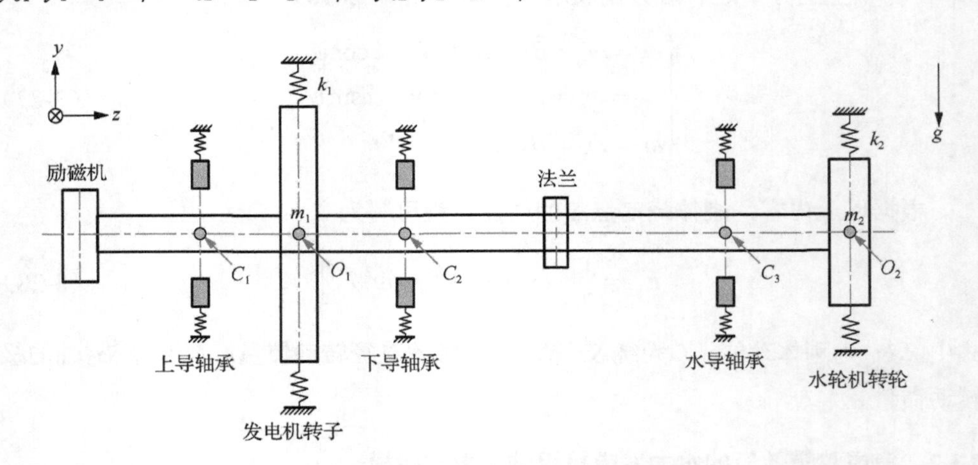

图 3-9　水力发电机组轴系振动计算简图

为了方便分析该系统的动力学特性，作两个假设：①旋转部件为刚性，忽略推力轴承及转轴质量对系统振动的影响；②在水力发电机组运行过程中忽略重力势能的变化，只考虑轴承产生的弹性势能（Zhang et al.，2013）。

基于上述假设，结合式（3-28），考虑横向变位的动能方程（包括转子的动能

和转轮的动能）可表示为

$$
\begin{aligned}
E_{\mathrm{k}}=&\frac{1}{2}(J_1+m_1e_1^2)\varphi^2+(J_2+m_2e_2^2)\varphi^2\\
&+\frac{1}{2}m_1(\dot{x}_1^2+\dot{y}_1^2+e_1^2\dot{\varphi}^2-2\dot{x}_1e_1\dot{\varphi}\sin\varphi+2\dot{y}_1e_1\dot{\varphi}\cos\varphi)\\
&+\frac{1}{2}m_2(\dot{x}_2^2+\dot{y}_2^2+e_2^2\dot{\varphi}^2-2\dot{x}_2e_2\dot{\varphi}\sin\varphi+2\dot{y}_2e_2\dot{\varphi}\cos\varphi)\\
&+\frac{1}{2}\left\{(\omega_x^2+\omega_y^2)J_d+J_p\omega_z^2\right\}
\end{aligned}
\tag{3-29}
$$

式中，ω_x、ω_y、ω_z 分别为角速度在 x、y、z 轴上的分量。

由于 SN、Sx 和 Sy 在同一平面上，故将章动角 α 投影到 x 轴和 y 轴上（分别以 α_x 和 α_y 表示），如图 3-10 所示。

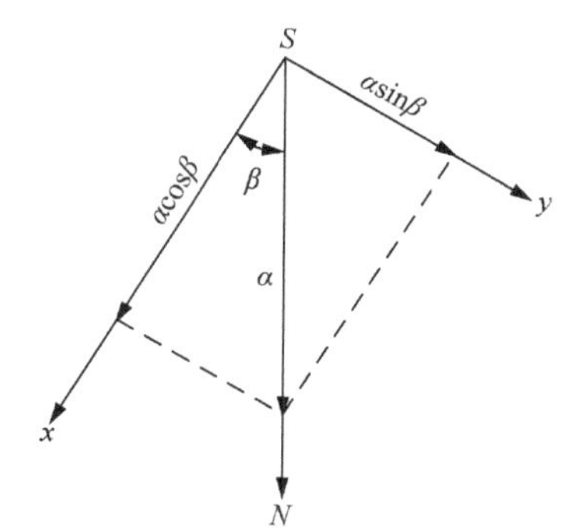

图 3-10　章动角投影图

从图 3-10 可以容易地得出如下方程：

$$
\begin{cases}
\alpha_x=\alpha\cos\beta\\
\alpha_y=\alpha\sin\beta\\
\sin\alpha=\alpha\\
\cos\alpha=1-\dfrac{\alpha^2}{2}
\end{cases}
\tag{3-30}
$$

式中，α 极小，因此令 $\sin\alpha=\alpha$。为简化方程，令 $\eta=\beta+\gamma$，则 $\dot{\eta}=\dot{\beta}+\dot{\gamma}$，式(3-29)可以写为

$$
\begin{aligned}
E_{\mathrm{k}}=&\frac{1}{2}\Big[\left(J_1+m_1e_1^2\right)\dot{\varphi}^2+\left(J_2+m_2e_2^2\right)\dot{\varphi}^2\\
&+m_1\left(\dot{x}_1^2+\dot{y}_1^2+e_1^2\dot{\varphi}^2-2\dot{x}_1e_1\dot{\varphi}\sin\varphi+2\dot{y}_1e_1\dot{\varphi}\cos\varphi\right)\Big]\\
&+\frac{1}{2}\Big\{m_2\left(\dot{x}_2^2+\dot{y}_2^2+e_2^2\dot{\varphi}^2-2\dot{x}_2e_2\dot{\varphi}\sin\varphi+2\dot{y}_2e_2\dot{\varphi}\cos\varphi\right)\\
&+J_p\left[\dot{\eta}+\dot{\eta}\left(\dot{\alpha}_x\alpha_y-\alpha_x\dot{\alpha}_y\right)\right]+J_d\left(\dot{\alpha}_x^2+\dot{\alpha}_y^2\right)\Big\}
\end{aligned}
\tag{3-31}
$$

根据文献（马震岳等，2003），考虑倾斜振动的水力发电机组势能方程可以表示为

$$E_{\mathrm{p}}=\frac{1}{2}\left[k_1\left(x_1^2+y_1^2\right)+k_2\left(x_2^2+y_2^2\right)+2\mu\alpha+\delta\alpha^2\right] \tag{3-32}$$

式中，μ 为力 F 产生的大轴倾角弹簧常数；δ 为力矩 M 产生的大轴倾角弹簧常数。又因为 $x_1=r\cos\beta$，$\alpha_x=\alpha\cos\beta$，$y_1=r\sin\beta$，$\alpha_y=\alpha\sin\beta$，$\alpha_x+\alpha_y=r\alpha$，所以水力发电机组的势能方程可重写为

$$E_{\mathrm{p}}=\frac{1}{2}\left[k_1\left(x_1^2+y_1^2\right)+k_2\left(x_2^2+y_2^2\right)+2\mu\left(x_1\alpha_x+y_1\alpha_y\right)+\delta\left(\alpha_x^2+\alpha_y^2\right)\right] \tag{3-33}$$

由式（3-31）和式（3-32）可以得出系统拉格朗日函数表达式：

$$\begin{aligned}L&=E_{\mathrm{k}}-E_{\mathrm{p}}\\&=\frac{1}{2}\left\{\left(J_1+m_1e_1^2\right)\dot{\varphi}^2+\left(J_2+m_2e_2^2\right)\dot{\varphi}^2+J_p\left[\dot{\eta}+\dot{\eta}\left(\dot{\alpha}_x\alpha_y-\alpha_x\dot{\alpha}_y\right)\right]+J_d\left(\dot{\alpha}_x^2+\dot{\alpha}_y^2\right)\right\}\\&\quad+\frac{1}{2}m_1\left(\dot{x}_1^2+\dot{y}_1^2+e_1^2\dot{\varphi}^2-2\dot{x}_1e_1\dot{\varphi}\sin\varphi+2\dot{y}_1e_1\dot{\varphi}\cos\varphi\right)\\&\quad+\frac{1}{2}m_2\left(\dot{x}_2^2+\dot{y}_2^2+e_2^2\dot{\varphi}^2-2\dot{x}_2e_2\dot{\varphi}\sin\varphi+2\dot{y}_2e_2\dot{\varphi}\cos\varphi\right)\\&\quad-\frac{1}{2}\left[k_1\left(x_1^2+y_1^2\right)+k_2\left(x_2^2+y_2^2\right)+2\mu\left(x_1\alpha_x+y_1\alpha_y\right)+\delta\left(\alpha_x^2+\alpha_y^2\right)\right]\end{aligned} \tag{3-34}$$

选取广义坐标为 $q_i=\{x_1、y_1、x_2、y_2、\alpha_x、\alpha_y\}$，作用在水力发电机组上的全部外力记为 $F=\sum F_{ij}$（i=1,2,3；$j=x, y$），系统的拉格朗日方程可表示为（Xu et al., 2018；曾云等，2013）

$$\frac{\mathrm{d}}{\mathrm{d}t}\left(\frac{\partial L}{\partial\dot{q}_i}\right)-\frac{\partial L}{\partial q_i}=\sum F_{ij}\quad(i=1,2,3;\ j=x,y) \tag{3-35}$$

作用在水力发电机组上的外力分别表示为

$$\begin{cases}\sum F_{x1}=-c_1\dot{x}_1+F_{x\text{-ump}}\\\sum F_{y1}=-c_1\dot{y}_1+F_{y\text{-ump}}\\\sum F_{x2}=-c_2\dot{x}_2+F_{x\text{-oil}}\\\sum F_{y2}=-c_2\dot{y}_2+F_{y\text{-oil}}\\\sum F_{x3}=-c_3\dot{\alpha}_x\\\sum F_{y3}=-c_3\dot{\alpha}_y\end{cases} \tag{3-36}$$

式中，c_1和c_2分别为作用于发电机转子和水轮机转轮的阻尼系数；c_3为扭转振动的结构阻尼系数；$F_{x\text{-ump}}$和$F_{y\text{-ump}}$分别为作用于发电机转子的不平衡磁拉力在x、y方向的分量；$F_{x\text{-oil}}$和$F_{y\text{-oil}}$分别为作用于水轮机转轮的油膜力在x、y方向的分量。在本章后续的研究中，将这些作用于发电机转子和水轮机转轮的外力作为附加激励，使所建模型具有通用性。

根据文献（Zeng et al.，2014；Ma et al.，2013），上述水力发电机组上的外力，阻尼力、不平衡磁拉力和油膜力分别表示如下。

（1）在稳定运行情况下，水力发电机组所受阻尼力可表示为

$$\begin{cases} F_{x\text{f}1} = c_1\dot{x}_1 \\ F_{y\text{f}1} = c_1\dot{y}_1 \\ F_{x\text{f}2} = c_2\dot{x}_2 \\ F_{y\text{f}2} = c_2\dot{y}_2 \\ F_{x\text{f}3} = c_3\dot{\alpha}_x \\ F_{y\text{f}3} = c_3\dot{\alpha}_y \end{cases} \tag{3-37}$$

式中，c_1和c_2分别为作用于发电机转子和水轮机转轮的阻尼系数；c_3为扭转振动的结构阻尼系数。

（2）在正常运行的水力发电机组中，不平衡磁拉力对机组振动特性有着重要影响。若转子质量不平衡、转轴出现初始挠曲或水力不平衡等，造成定子和转子之间的气隙不均，就会使转子受到横向的不平衡磁拉力，进而加剧机组振动（张雷克，2014），不平衡磁拉力可表示为

$$\begin{cases} F_{x\text{-ump}} = \dfrac{RL\pi k_{\text{j}}^2 I_{\text{j}}^2}{4\mu_0}\left(2\Lambda_0\Lambda_1 + \Lambda_1\Lambda_2 + \Lambda_2\Lambda_3\right)\cos\gamma \\ F_{y\text{-ump}} = \dfrac{RL\pi k_{\text{j}}^2 I_{\text{j}}^2}{4\mu_0}\left(2\Lambda_0\Lambda_1 + \Lambda_1\Lambda_2 + \Lambda_2\Lambda_3\right)\sin\gamma \end{cases} \tag{3-38}$$

式中，R为发电机转子半径；L为发电机转子长度；γ为旋转角，$\cos\gamma = x_1/e$，$\sin\gamma = y_1/e$，e为发电机转子径向位移，$e=\sqrt{x_1^2+y_1^2}$；μ_0为空气磁导率；I_{j}为发电机励磁电流；k_{j}为磁通势基波系数；Λ_0、Λ_1、Λ_2和Λ_3为四个中间变量，分别可表示为

$$\begin{cases} \Lambda_0 = \dfrac{\mu_0}{\delta_0} \dfrac{1}{\sqrt{1-\varepsilon^2}} \\ \Lambda_1 = \dfrac{2\mu_0}{\delta_0} \dfrac{1}{\sqrt{1-\varepsilon^2}} \left(\dfrac{1-\sqrt{1-\varepsilon^2}}{\varepsilon} \right) \\ \Lambda_2 = \dfrac{2\mu_0}{\delta_0} \dfrac{1}{\sqrt{1-\varepsilon^2}} \left(\dfrac{1-\sqrt{1-\varepsilon^2}}{\varepsilon} \right) \\ \Lambda_3 = \dfrac{2\mu_0}{\delta_0} \dfrac{1}{\sqrt{1-\varepsilon^2}} \left(\dfrac{1-\sqrt{1-\varepsilon^2}}{\varepsilon} \right) \end{cases} \tag{3-39}$$

式中，δ_0为定转子间隙；ε为相对偏心，$\varepsilon = e / \delta_0$。

（3）根据文献（马震岳等，2003），轴径处的油膜力表达式为

$$\begin{cases} F_{x\text{-oil}} = F_{x0} + k_{xx}x_2 + k_{xy}y_2 + d_{xx}\dot{x}_2 + d_{xy}\dot{y}_2 \\ F_{y\text{-oil}} = F_{y0} + k_{yx}x_2 + k_{yy}y_2 + d_{yx}\dot{x}_2 + d_{yy}\dot{y}_2 \end{cases} \tag{3-40}$$

式中，F_{x0}和F_{y0}分别为轴径处x和y方向上的静态油膜力；中间变量k_{xx}、k_{xy}、k_{yx}、k_{yy}、d_{xx}、d_{xy}、d_{yx}和d_{yy}分别表示为

$$\begin{cases} k_{xx} = \left(\dfrac{B}{d}\right)^2 \dfrac{4\varepsilon'\left[2\pi^2 + \left(16-\pi^2\right)\varepsilon'^2\right]}{\left(1-\varepsilon'^2\right)^2\left[16\varepsilon'^2 + \pi^2\left(1-\varepsilon'^2\right)\right]} \\ k_{xy} = \left(\dfrac{B}{d}\right)^2 \dfrac{\pi\left[-\pi^2 + 2\pi^2\varepsilon'^2 + \left(16-\pi^2\right)\varepsilon'^2\right]}{\left(1-\varepsilon'^2\right)^{5/2}\left[16\varepsilon'^2 + \pi^2\left(1-\varepsilon'^2\right)\right]} \\ k_{yx} = \left(\dfrac{B}{d}\right)^2 \dfrac{\pi\left[\pi^2 + \left(\pi^2+32\right)\varepsilon'^2 + 2\left(16-\pi^2\right)\varepsilon'^4\right]}{\left(1-\varepsilon'^2\right)^{5/2}\left[16\varepsilon'^2 + \pi^2\left(1-\varepsilon'^2\right)\right]} \\ k_{yy} = \left(\dfrac{B}{d}\right)^2 \dfrac{4\varepsilon'\left[\pi^2 + \left(\pi^2+32\right)\varepsilon'^2 + 2\left(16-\pi^2\right)\varepsilon'^4\right]}{\left(1-\varepsilon'^2\right)^3\left[16\varepsilon'^2 + \pi^2\left(1-\varepsilon'^2\right)\right]} \\ d_{xx} = \left(\dfrac{B}{d}\right)^2 \dfrac{2\pi\left[\pi^2 + 2\pi^2\varepsilon'^2 - 16\varepsilon'^2\right]}{\left(1-\varepsilon'^2\right)^{3/2}\left[16\varepsilon'^2 + \pi^2\left(1-\varepsilon'^2\right)\right]} \\ d_{xy} = \left(\dfrac{B}{d}\right)^2 \dfrac{8\varepsilon'\left[\pi^2 + 2\pi^2\varepsilon'^2 - 16\varepsilon'^2\right]}{\left(1-\varepsilon'^2\right)^2\left[16\varepsilon'^2 + \pi^2\left(1-\varepsilon'^2\right)\right]} \\ d_{yx} = d_{xy} \\ d_{yy} = \left(\dfrac{B}{d}\right)^2 \dfrac{2\pi\left[\pi^2 + 2\pi^2\varepsilon'^2 - 16\varepsilon'^2\right]}{\left(1-\varepsilon'^2\right)^2\left[16\varepsilon'^2 + \pi^2\left(1-\varepsilon'^2\right)\right]} \end{cases} \tag{3-41}$$

式中，B/d 为轴承宽径比；ε' 为偏心率，$\varepsilon' = \dfrac{\sqrt{x_2^2 + y_2^2}}{c}$，$c$ 为轴承径向间隙。

将式（3-34）和式（3-36）代入式（3-35），展开得到微分方程模型为

$$\begin{cases} m_1\ddot{x}_1 - m_1e_1\dot{\omega}\sin\varphi - m_1e_1\omega^2\cos\varphi + k_1x_1 + \mu\alpha_x = F_{x\text{-ump}} - c_1\dot{x}_1 \\ m_1\ddot{y}_1 + m_1e_1\dot{\omega}\cos\varphi - m_1e_1\omega^2\sin\varphi + k_1y_1 + \mu\alpha_y = F_{y\text{-ump}} - c_1\dot{y}_1 \\ m_2\ddot{x}_2 - m_2e_2\dot{\omega}\sin\varphi - m_2e_2\omega^2\cos\varphi + k_2x_2 = F_{x\text{-oil}} - c_2\dot{x}_2 \\ m_2\ddot{y}_2 + m_2e_2\dot{\omega}\cos\varphi - m_2e_2\omega^2\sin\varphi + k_2y_2 = F_{y\text{-oil}} - c_2\dot{y}_2 \\ J_d\ddot{\alpha}_x + J_p\omega\dot{\alpha}_y + \dfrac{1}{2}J_p\dot{\omega}\alpha_y + \mu x_1 + \delta\alpha_x = -c_3\dot{\alpha}_x \\ J_d\ddot{\alpha}_y - J_p\omega\dot{\alpha}_x - \dfrac{1}{2}J_p\dot{\omega}\alpha_x + \mu y_1 + \delta\alpha_y = -c_3\dot{\alpha}_y \end{cases} \tag{3-42}$$

式（3-42）中含角加速度项 $\dot{\omega}$。由于机组稳态运行时的角速度 ω 基本保持恒定，当水力发电机组处于稳态运行时，其角加速度 $\dot{\omega}$ 近似为零。

综上，式（3-42）可以写为

$$\begin{cases} \ddot{x}_1 = \dfrac{1}{m_1}\left(F_{x\text{-ump}} - c_1\dot{x}_1 + m_1e_1\omega^2\cos\varphi - k_1x_1 - \mu\alpha_x\right) \\ \ddot{y}_1 = \dfrac{1}{m_1}\left(F_{y\text{-ump}} - c_1\dot{y}_1 + m_1e_1\omega^2\sin\varphi - k_1y_1 - \mu\alpha_y\right) \\ \ddot{x}_2 = \dfrac{1}{m_2}\left(F_{x\text{-oil}} - c_2\dot{x}_2 + m_2e_2\omega^2\cos\varphi - k_2x_2\right) \\ \ddot{y}_2 = \dfrac{1}{m_2}\left(F_{y\text{-ump}} - c_2\dot{y}_2 + m_2e_2\omega^2\sin\varphi - k_2y_2\right) \\ \ddot{\alpha}_x = \dfrac{1}{J_d}\left(-c_3\dot{\alpha}_x - J_p\omega\dot{\alpha}_y - \mu x_1 - \delta\alpha_x\right) \\ \ddot{\alpha}_y = \dfrac{1}{J_d}\left(-c_3\dot{\alpha}_y - J_p\omega\dot{\alpha}_x - \mu y_1 - \delta\alpha_y\right) \end{cases} \tag{3-43}$$

其矩阵形式为

$$\begin{cases} M\ddot{u}_1 + \omega J\dot{u}_2 + K_xu_1 - Q_1 = F_x - C_x\dot{u}_1 \\ M\ddot{u}_2 + \omega J\dot{u}_1 + K_yu_2 - Q_2 = F_y - C_y\dot{u}_2 \end{cases} \tag{3-44}$$

式中，$C_x\dot{u}_1$ 和 $C_y\dot{u}_2$ 分别为系统在 x 方向和 y 方向上的阻尼力；$M = \begin{bmatrix} m_1 & 0 & 0 \\ 0 & m_2 & 0 \\ 0 & 0 & J_d \end{bmatrix}$；

$J=\begin{bmatrix}0&0&0\\0&0&0\\0&0&J_p\end{bmatrix}$；$u_1=\begin{bmatrix}x_1\\x_2\\\theta_x\end{bmatrix}$；$u_2=\begin{bmatrix}y_1\\y_2\\\theta_y\end{bmatrix}$；$K_x=\begin{bmatrix}k_{11x}&0&k_{13x}\\0&k_{22x}&0\\k_{31x}&0&k_{33x}\end{bmatrix}$；$K_y=\begin{bmatrix}k_{11y}&0&k_{13y}\\0&k_{22y}&0\\-k_{31y}&0&-k_{33y}\end{bmatrix}$；$C_x=\begin{bmatrix}c_{11x}&0&0\\0&c_{22x}&0\\0&0&c_{33x}\end{bmatrix}$；$C_y=\begin{bmatrix}c_{11y}&0&0\\0&c_{22y}&0\\0&0&c_{33y}\end{bmatrix}$；$F_x=\begin{bmatrix}F_{x\text{-ump}}\\F_{x\text{-oil}}\\0\end{bmatrix}$；$F_y=\begin{bmatrix}F_{y\text{-ump}}\\F_{y\text{-oil}}\\0\end{bmatrix}$；$Q_1=\begin{bmatrix}m_1e_1\omega^2\cos\varphi\\m_2e_2\omega^2\cos\varphi\\0\end{bmatrix}$；$Q_2=\begin{bmatrix}m_1e_1\omega^2\sin\varphi\\m_2e_2\omega^2\sin\varphi\\0\end{bmatrix}$，且 $k_{11x}=k_{11y}=k_1$，$k_{22x}=k_{22y}=k_2$，$k_{13x}=k_{13y}=\mu$，$k_{33x}=k_{33y}=\delta$，$c_{11x}=c_{11y}=c_1$，$c_{22x}=c_{22y}=c_2$，$c_{33x}=c_{33y}=c_3$。

假设 $q_1=x_1$，$q_2=y_1$，$q_3=x_2$，$q_4=y_2$，$q_5=\alpha_x$，$q_6=\alpha_y$。借助广义动量的概念，结合式(3-44)，将式(3-43)转换为一阶微分方程进行求解。令 $\dot{q}_1=p_1$，$\dot{q}_2=p_2$，$\dot{q}_3=p_3$，$\dot{q}_4=p_4$，$\dot{q}_5=p_5$，$\dot{q}_6=p_6$，则考虑陀螺效应的水力发电机组轴系非线性动力学模型可表示为

$$\begin{cases}\dot{q}_1=p_1\\ \dot{p}_1=\dfrac{1}{m_1}\left(F_{x\text{-ump}}-c_{11x}p_1+m_1e_1\omega^2\cos\varphi-k_{11x}q_1-k_{13x}q_2\right)\\ \dot{q}_2=p_2\\ \dot{p}_2=\dfrac{1}{m_1}\left(F_{y\text{-ump}}-c_{11y}p_2+m_1e_1\omega^2\sin\varphi-k_{11y}q_2-k_{13y}q_6\right)\\ \dot{q}_3=p_3\\ \dot{p}_3=\dfrac{1}{m_2}\left(F_{x\text{-oil}}-c_{22x}p_3+m_2e_2\omega^2\cos\varphi-k_{22x}q_2\right)\\ \dot{q}_4=p_4\\ \dot{p}_4=\dfrac{1}{m_2}\left(F_{y\text{-oil}}-c_{22y}p_4+m_xe_2\omega^2\sin\varphi-k_{22y}q_4\right)\\ \dot{q}_5=p_5\\ \dot{p}_5=\dfrac{1}{J_d}\left(-c_{33x}p_5-J_p\omega p_6-k_{31x}q_1-k_{33x}q_5\right)\\ \dot{q}_6=p_6\\ \dot{p}_6=\dfrac{1}{J_d}\left(-c_{33y}p_6+J_p\omega p_5-k_{31y}q_2-k_{33y}q_6\right)\end{cases}\tag{3-45}$$

因为水力发电机组轴系的转轴横截面是圆形，所以其系数关系可以表示为

$$\begin{cases} k_{11x} = k_{11y} = k_{11} \\ k_{22x} = k_{22y} = k_{22} \\ k_{33x} = k_{33y} = k_{33} \\ k_{13x} = k_{13y} = k_{31x} = k_{31y} = k_{44} \end{cases} \tag{3-46}$$

前文提及，一般实际水力发电机组的转子与两端导轴承距离 $l_1 \neq l_2$，转轴变形后，转子的轴线与中心线有一夹角 α，且发电机转子角速度为 ω，则发电机转子对质心 S 的动量矩为 $H = J_p\omega$。为使问题简化，每个参数可表示为 $\sqrt{\dfrac{k_{11}}{m_1}} = \omega_{n1}$，$\sqrt{\dfrac{k_{22}}{m_2}} = \omega_{n2}$，$\sqrt{\dfrac{k_{44}}{m_1}} = K$，$\dfrac{k_{33}}{J_d} = Q$，$\dfrac{k_{44}}{J_d} = T$，$\dfrac{H}{J_d} = J$，此处 J 和 K 是变量。

3.4　考虑陀螺效应的水力发电机组振动特性

本节将根据上述模型展开数值模拟，用时间历程图、频谱图及相轨迹图分别阐述陀螺效应对水力发电机组轴系振动特性的影响，采用龙格–库塔法进行数值仿真，取迭代步长为 400，时间步长为 0.1，变量的初始值为[0.004,0.004,0.004,0.004,0.005,0.005,0.005,0.005,0.0004,0.0004,0.05,0.05]。此外，初始值接近于零，但不等于零，改变初始值对水力发电机组的时间历程图、频谱图及相轨迹图无影响。水力发电机组轴系基本参数如表 3-1 所示。

表 3-1　水力发电机组轴系基本参数

参数	取值	单位	参数	取值	单位
m_1	4.0×10^3	kg	k_{11}	8.5×10^8	N/m
m_2	3.5×10^3	kg	k_{22}	7.5×10^8	N/m
c_{11}	4.5×10^4	N·s/m	k_{33}	6.5×10^8	N/m
c_{22}	3.0×10^4	N·s/m	k_{44}	9.0×10^7	N/m
c_{33}	4.0×10^4	N·s/m	J_d	7.5×10^3	kg·m^2
e_1	0.5×10^3	m	J_p	15.0×10^3	kg·m^2
e_2	0.5×10^3	m	I_j	1000	A
L	2.0	m	k_j	1.2	—
R	5.2	m	μ	$4\pi\times10^{-7}$	N/m
δ	8×10^{-3}	N/m	B/d	0.5	—
c	2×10^{-3}	m			

3.4.1　轴系振动特性

在 K=0（不考虑陀螺效应）和 $K\neq0$（考虑陀螺效应）两种情况下，不同角速

度 ω 对应的发电机转子、水轮机转轮和转子摆角相轨迹图如图 3-11 所示。注意，考虑陀螺效应时，陀螺项 J 随着角速度 ω 的变化发生改变。

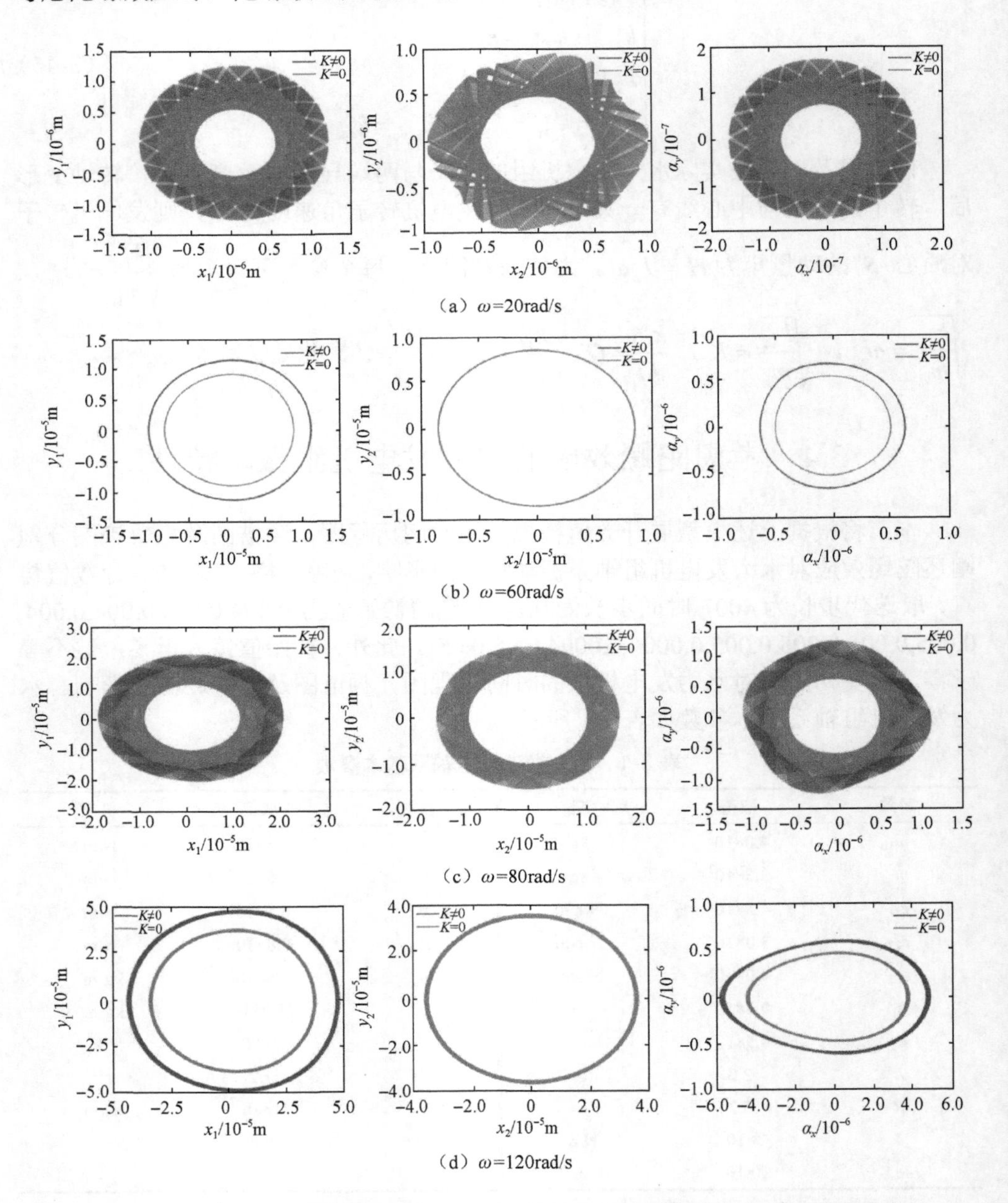

（a）ω=20rad/s

（b）ω=60rad/s

（c）ω=80rad/s

（d）ω=120rad/s

图 3-11　水力发电机组发电机转子、水轮机转轮和转子摆角的相轨迹图（见彩图）

K=0 时不考虑陀螺效应；$K\neq0$ 时考虑陀螺效应

由图 3-11 可知，在 $K\neq0$（考虑陀螺效应）和 K=0（不考虑陀螺效应）两种情况下，发电机转子、水轮机转轮及转子摆角的运行轨迹随角速度 ω 的不同会呈现出不同的形状，且当角速度 ω 逐渐增大时，发电机转子、水轮机转轮及转子转角的幅值也不同程度地增大。由前述数学模型可知，当考虑陀螺效应（$K\neq0$）时，陀螺项 J 随着角速度 ω 的增大逐渐增大。当角速度 ω=20rad/s 时（系统处于低转速运行状态），陀螺项 J=40，发电机转子、水轮机转轮及转子摆角的相轨迹图见图 3-11（a），发电机转子及水轮机转轮均发生微小振动，系统处于拟周期运动状态，运行轨迹相对混乱；当角速度 ω 增加至 60rad/s 时（系统处于中低转速运行状态），陀螺项 J=120，如图 3-11（b）所示，发电机转子、水轮机转轮和转子摆角的运行轨迹幅值明显增加，且运行轨迹均为单一封闭曲线，此时系统处于单周期稳定运行状态；图 3-11（c）是角速度 ω=80rad/s 时（系统处于中高转速运行状态）轴系的相轨迹图，此时陀螺项 J=160，可以看出发电机转子、水轮机转轮及转子摆角的运行轨迹幅值继续增加，且运行轨迹复杂，系统又回到了拟周期运动状态；当继续增加角速度 ω 至 120rad/s 时（系统处于高转速运行状态），发电机转子、水轮机转轮及转子摆角的相轨迹图如图 3-11（d）所示，可以看出运行轨迹幅值均增大，运行轨迹变简单，系统逐渐恢复为周期稳定运行状态。此外，当转子转盘质心处于正中央、不考虑陀螺效应（K=0）时，由图 3-11 可知转子系统的横向振动与转子摆角的振动互不耦合，转子以自然频率 ω_{n1} 振动（黄色线条所示）；当考虑陀螺效应（$K\neq0$）时，转子转盘的质心发生偏移，发电机转子的横向振动与转子摆角的振动是耦合的（蓝色线条所示）；对比图 3-11（a）和（d）可以明显看出，无论角速度 ω 取何值，考虑陀螺效应（$K\neq0$）时发电机转子和转子摆角的运行轨迹幅值均比不考虑陀螺效应（K=0）时发电机转子和转子摆角的运行轨迹幅值大；就水轮机转轮而言，无论考虑陀螺效应与否，对其运行轨迹幅值都不会产生影响。

根据振型的特点进一步分析陀螺效应对水力发电机组轴系振动特性的影响，不同角速度 ω 下机组轴系发电机转子和水轮机转轮的时间历程图如图 3-12 所示。

从图 3-12 可以看出，当 ω=20rad/s 和 ω=80rad/s 时，发电机转子和水轮机转轮在 x 方向、y 方向的时域响应曲线均明显呈现高低频现象，且高低频的幅值随着时间的变化分别增加和减小；当 ω=60rad/s 和 ω=120rad/s 时，发电机转子和水轮机转轮在 x 方向、y 方向呈现等幅振荡现象，其时域响应曲线均为规则的正（余）弦曲线。此外，在 K=0（不考虑陀螺效应）和 $K\neq0$（考虑陀螺效应）两种情况下，对比发电机转子与水轮机转轮在 x 方向及 y 方向的时域响应曲线，可观察到两个现象：①$K\neq0$ 时发电机转子 x 方向、y 方向的振幅明显高于 K=0 时发电机转子 x 方向、y 方向的振幅（x_1、y_1 分别为发电机转子横向振幅、纵向振幅）；②$K\neq0$ 时水轮机转轮 x 方向、y 方向的振幅与 K=0 时水轮机转轮 x 方向、y 方向的振幅几乎相同（x_2、y_2 分别为水轮机转轮横向振幅、纵向振幅）。

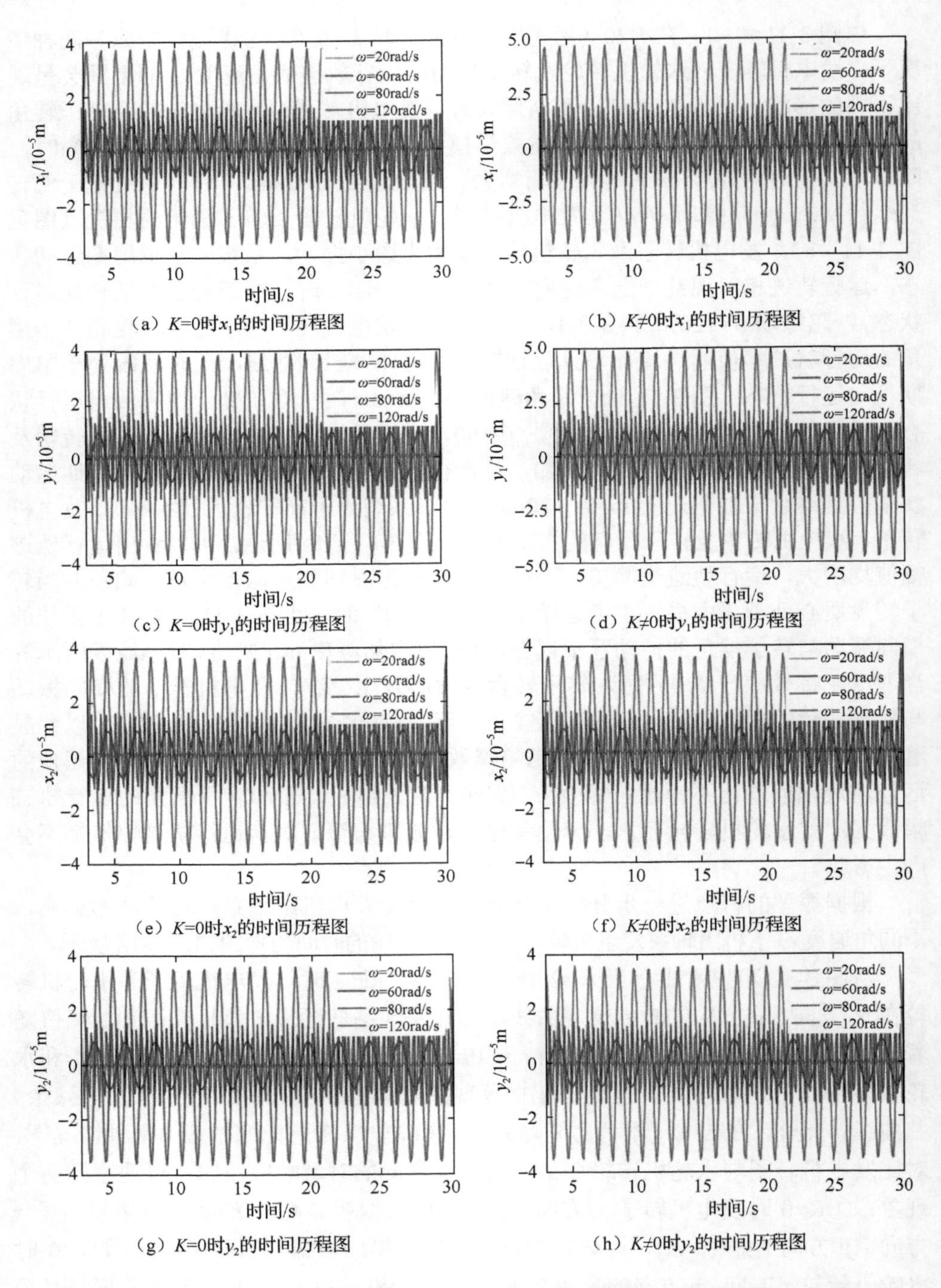

图 3-12　不同角速度 ω 下机组轴系发电机转子和水轮机转轮的时间历程图（见彩图）

由图 3-12 可知，考虑陀螺效应对水力发电机组振动有一定程度的影响。为进一步研究发电机转子和水轮机转轮在不同角速度 ω 下 x 方向、y 方向的振幅变化程度，从图 3-12 中提取不同角速度下发电机转子与水轮机转轮在 x 方向、y 方向的振幅峰-峰值，用表 3-2 来进一步说明影响程度的大小。

表 3-2　发电机转子和水轮机转轮在 x 方向、y 方向的振幅

ω/（rad/s）	K	$x_{1p\text{-}p}/10^{-5}$m	误差/%	$y_{1p\text{-}p}/10^{-5}$m	误差/%	$x_{2p\text{-}p}/10^{-5}$m	误差	$y_{2p\text{-}p}/10^{-5}$m	误差/%
20	$K\neq0$	0.122	24.5	0.125	23.8	0.098	0	0.097	0
	$K=0$	0.098		0.101		0.098		0.097	
60	$K\neq0$	1.120	25.8	1.150	25.0	0.850	0	0.850	0
	$K=0$	0.890		0.920		0.850		0.850	
80	$K\neq0$	2.030	26.1	2.070	26.2	1.540	0	1.540	0
	$K=0$	1.610		1.640		1.540		1.540	
120	$K\neq0$	4.780	27.1	4.890	26.7	3.600	0	3.600	0
	$K=0$	3.760		3.860		3.600		3.600	

注：下标 p-p 表示对应振幅的峰-峰值。

由表 3-2 可以看出，在 $K=0$（不考虑陀螺效应）和 $K\neq0$（考虑陀螺效应）两种情况下，无论角速度 ω 取何值，水轮机转轮在 x 方向、y 方向上的仿真误差均为 0，进一步证明考虑陀螺效应对水轮机转轮无影响，接下来重点分析发电机转子在 x 方向和 y 方向的仿真误差。当角速度 ω=20rad/s 时，在 $K=0$ 或 $K\neq0$ 两种情况下，发电机转子在 x 方向和 y 方向上的仿真误差分别为 24.5%和 23.8%；当角速度 ω=60rad/s 时，发电机转子在 x 方向和 y 方向上的仿真误差分别为 25.8%和 25.0%；当 ω=80rad/s 时，发电机转子在 x 方向和 y 方向上的仿真误差分别为 26.1%和 26.2%；当 ω=120rad/s 时，发电机转子在 x 方向和 y 方向上的仿真误差分别为 27.1%和 26.7%。很明显，ω 从 20rad/s 逐渐增大到 120rad/s 的过程中，在 $K=0$ 或 $K\neq0$ 两种情况下，发电机转子 x 方向上的仿真误差从 24.5%增大到 27.1%，发电机转子在 y 方向上的仿真误差从 23.8%增大到 26.7%。由此可知，随着角速度 ω 不断增大，陀螺效应对水力发电机组轴系振动的影响逐渐加剧，因此在水力发电机组设计、运行及安全评估过程中，陀螺效应的影响都是不容忽视的。

3.4.2　频域响应特性

考虑陀螺效应时，分析不同角速度 ω 下发电机转子在 x 方向和 y 方向的频率特性，频谱图如图 3-13 所示。

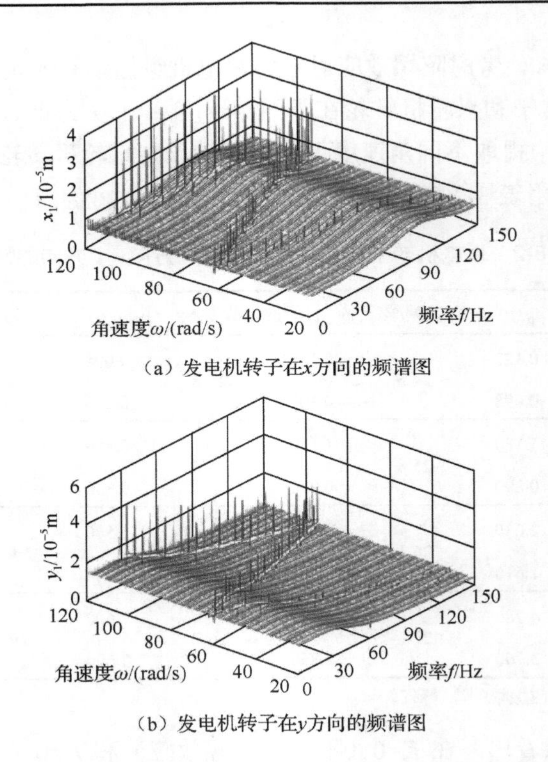

（a）发电机转子在x方向的频谱图

（b）发电机转子在y方向的频谱图

图 3-13　发电机转子在 x 方向和 y 方向的频谱图

由图 3-13 可知，随角速度 ω 逐渐增大，发电机转子的振动频率呈周期性变化。在角速度 ω 从 20rad/s 逐渐增加到 120rad/s 的过程中，发电机转子的振动频率经历先增加、后减小、再增加、再减小四个阶段。根据振动频率的演变规律，选取四个具有代表性的角速度，并对其振动特性进行详细分析和比较。图 3-14 为不同角速度 ω 下各自选取的角速度对应的发电机转子和水轮机转轮的频谱图。

由图 3-12 所示的时间历程图可知，角速度 ω=20rad/s 和 ω=80rad/s 时，发电机转子和水轮机转轮均发生明显的高低频现象，在图 3-14 中对应的频率相对较大，分别约为 96Hz 和 82Hz；当角速度 ω=60rad/s 和 ω=120rad/s 时，发电机转子和水轮机转轮表现出等幅振动状态，其对应的频率值相对较小，分别约为 14Hz 和 27Hz。从图 3-12 可以观察到，在 K=0（不考虑陀螺效应）和 $K\neq0$（考虑陀螺效应）两种情况下，发电机转子和水轮机转轮的频率基本不变。发电机转子在考虑陀螺效应时激发出的振动频率响应幅值比不考虑陀螺效应时激发出的振动频率响应幅值要大，是否考虑陀螺效应水轮机转轮激发出的振动频率响应幅值相同。此外，随着角速度 ω 逐渐增大，发电机转子和水轮机转轮振动激发出的振动频率响应幅值均逐渐增大。

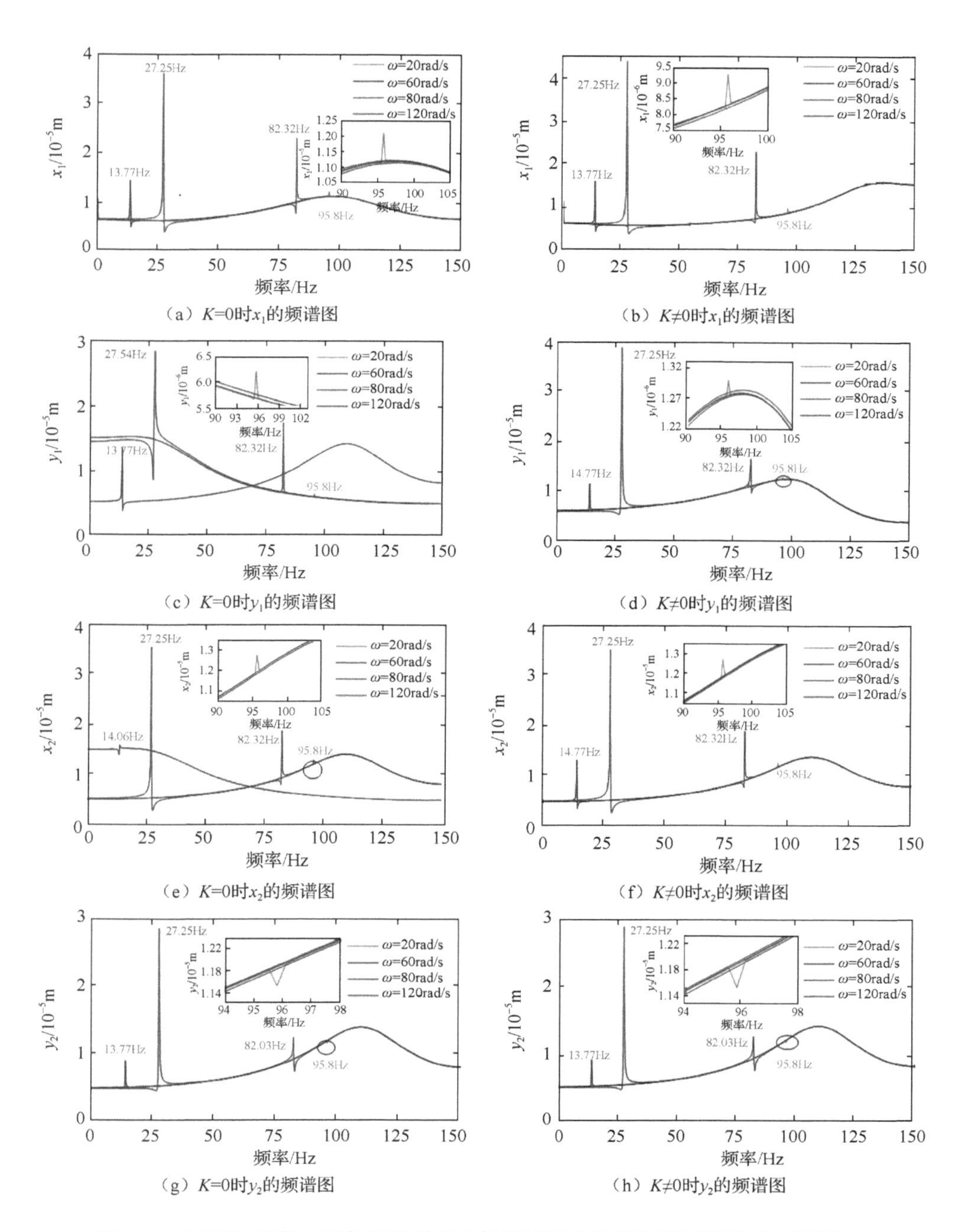

（a）K=0时x_1的频谱图　（b）$K\neq0$时x_1的频谱图

（c）K=0时y_1的频谱图　（d）$K\neq0$时y_1的频谱图

（e）K=0时x_2的频谱图　（f）$K\neq0$时x_2的频谱图

（g）K=0时y_2的频谱图　（h）$K\neq0$时y_2的频谱图

图 3-14　不同角速度 ω 下机组轴系发电机转子和水轮机转轮频谱图（见彩图）

3.5　甩负荷过渡过程下的轴系振动特性

本节利用 Matlab 对机组甩负荷过渡过程进行仿真，综合考虑水力、机械和电磁三类振源的耦合作用，选取几种典型的振源参数，深入探究甩负荷过渡过程中各振动参数对机组轴系振动特性和稳定性的影响，并总结相应减振方案，为水力发电机组的振动调节提供重要理论参考。

3.5.1　导叶关闭规律确定

在水力机组甩负荷过渡过程中，机组转速会突然上升，调速器须快速反应，控制活动导叶关闭，但导叶快速关闭会导致压力管道内水压上升。为保证转速和管道内水压在允许范围内，导叶常采用两段关闭规律，即第一段快速关闭，防止机组转速上升太快，第二段缓慢关闭，减少水锤压力增长量，如图 3-15 所示。

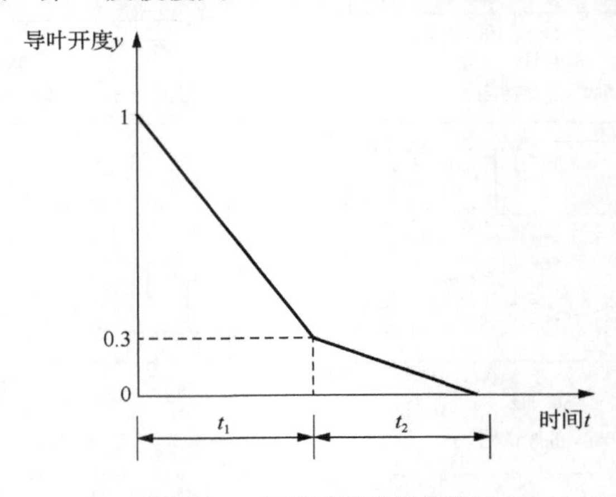

图 3-15　导叶两段关闭规律

根据文献（Zhang et al.，2015），设置导叶关闭总时间为 50s，拐点导叶开度为 0.3。为选取最优导叶关闭规律，利用龙格-库塔法在 Matlab 上进行数值仿真，得到第一段关闭时间 t_1 变化时管道末端压力最大值和机组转速最大值的变化规律，如表 3-3 和图 3-16 所示。

表 3-3　第一段关闭时间 t_1 变化时管道末端压力最大值和机组转速最大值

第一段关闭时间 t_1/s	管道末端压力最大值 P_{max}/m	机组转速最大值 n_{max}/（r/min）
17.50	57.866	99.141
19.25	55.376	99.403

续表

第一段关闭时间 t_1/s	管道末端压力最大值 P_{max}/m	机组转速最大值 n_{max}/（r/min）
21.00	53.740	99.655
22.75	52.311	99.907
24.50	50.753	100.150
26.25	49.808	100.400
28.00	48.927	100.628
29.75	50.317	100.858
31.50	49.353	101.090
33.25	50.197	101.316
35.00	51.519	101.539

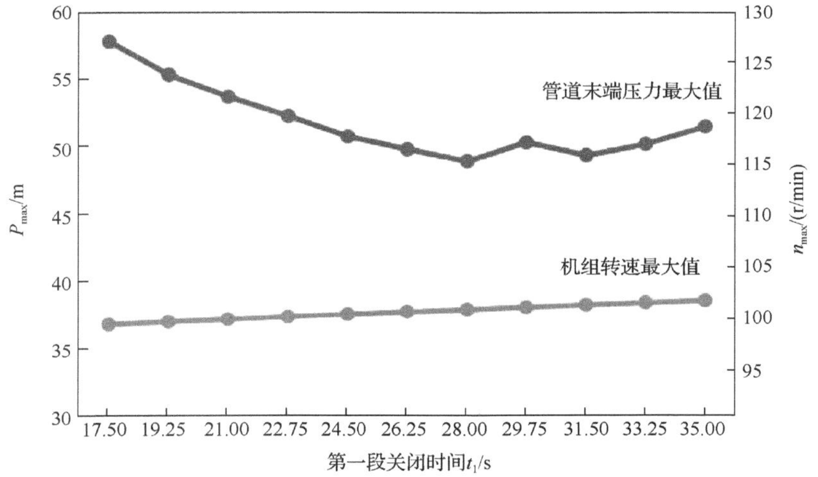

图 3-16　第一段关闭时间 t_1 变化时管道末端压力最大值和机组转速最大值

由表 3-3 和图 3-16 可知，管道末端压力最大值随第一段关闭时间的增大先减小后增加，机组转速最大值随第一段关闭时间的增加而增加。管道末端压力最大值有 2 个低点：t_1=28.00s 处，P_{max}=48.927m，n_{max}=100.628r/min；t_1=31.50s 处，P_{max}=49.353m，n_{max}=101.090r/min。根据机组转速和管道末端压力限制值，即转速的最大上升值不超过机组额定转速的 150%，管道内水压力的最大值不能超过额定工况下管道内水压力的 180%，选择合适的第一段关闭时间 t_1 的值。为了使机组转速最大值和管道末端压力最大值都尽量较小，最终选择第一段关闭时间为

28.00s，此时管道末端压力最大值为48.927m，机组转速最大值为100.628r/min，则第二段关闭时间为22.00s。本节研究中机组甩负荷都采用该导叶关闭规律。

3.5.2 振动特性及其影响因素

本小节分析系统内各振动参数对机组轴系振动和稳定性的影响。通过数值模拟，筛选出几种典型的振动参数，如转轮叶片初始位置角 α_0、转轮叶片排挤系数 s、轴承刚度 k、发电机转子质量 m_1 和质量偏心距 e 等。

1. 水力因素

水力因素是影响水力发电机组轴系稳定的重要因素。为了研究甩负荷过渡过程中水力因素对轴系振动特性的影响，选取两个典型水力引起导致的轴系振动情况开展研究。一是机组在非设计工况下运行，引起轴系异常振动。甩负荷过渡过程中，机组不仅受到剧烈变化的压力脉动影响，还要承受压力波动和水力干扰造成的电力负荷影响。二是过流通道的不对称性产生水力不平衡力，从而引起机组横向受力不均衡，机组异常振动。基于以上两种情况，分别选取甩负荷过渡过程及典型水力参数（转轮叶片排挤系数 s 和转轮叶片初始位置角 α_0），着重分析水力因素对暂态过程中机组轴系振动特性的影响。

1）非设计工况下机组振动

水轮机过渡过程是一个暂态过程，即水轮机从一种运行工况变成另一种运行工况的过程。常见的典型过渡过程有机组启停机、机组增减负荷、机组用负荷和飞逸工况等。为了研究水力发电机组在暂态过程下的振动特性，以甩负荷过渡过程为例，进行三次甩负荷试验，数值试验主要参考《水轮发电机组安装技术规范》（GB/T 8564—2003）中的振动和摆度控制标准，为保证机组安全稳定运行，轴允许的振动幅值不能超过0.5mm。试验具体为90%额定负荷的甩负荷试验、75%额定负荷的甩负荷试验、55%额定负荷的甩负荷试验。图3-17为不同甩负荷过程中 x 方向和 y 方向发电机轴振动响应，区域Ⅰ为水力发电机组稳态运行区，区域Ⅱ为甩负荷过渡过程下水力发电机组运行区，区域Ⅲ为甩负荷过渡过程结束时水力发电机组稳定运行区。

图3-17（a）中，甩90%负荷后，机组在部分负荷下的振动幅值在 x 方向约为0.647mm，在 y 方向约为0.682mm；图3-17（b）中，甩75%负荷后，机组在部分负荷下的振动幅值在 x 方向约为0.546mm，在 y 方向约为0.612mm；图3-17（c）中，甩55%负荷后，机组在部分负荷下的振动幅值在 x 方向约为0.427mm，在 y 方向约为0.413mm。总体来看，甩负荷量越大，机组的振动幅值越大。

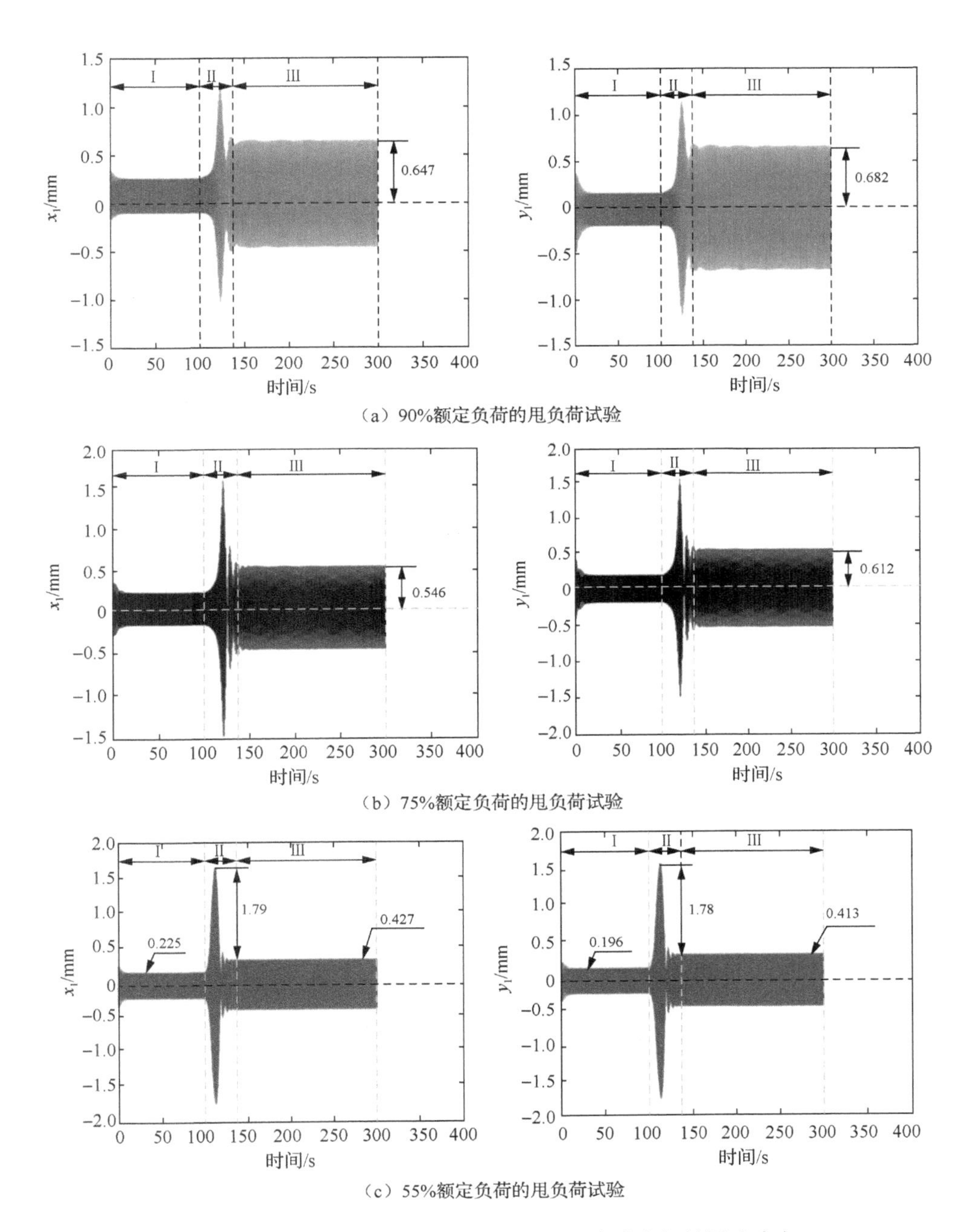

图 3-17　不同甩负荷过程下 x 方向和 y 方向发电机轴振动响应

图 3-17(c)中，$0< t\leqslant 100$s 时为区域Ⅰ，即水力发电机组稳态运行区(P=1)，机组在 x 方向和 y 方向轴系振动幅值分别为 0.225mm 和 0.196mm，远小于轴系振

动允许值 0.5mm，水力发电机组处于安全稳定运行状态。$100< t\leqslant 140$s 时为区域Ⅱ，从额定负荷到甩 55%负荷的过渡过程机组运行区，此时机组振动迅速加剧，其 x 方向振动幅值高达 1.79mm，这表明负荷突变影响机组的稳定性。$t>140$s 时为区域Ⅲ，即机组甩 55%负荷后到达新的稳定状态，此时机组在 x 方向和 y 方向轴系振动幅值分别为 0.427mm 和 0.413mm，没有超过振动幅值允许值。为方便研究甩负荷过渡过程中各振动参数对机组轴系振动特性的影响，后续试验均以 55%额定负荷的甩负荷试验为基础。

2）水力不平衡振动

为了探究水力不平衡力在甩负荷过渡过程中对机组轴系振动特性的影响，选取两个典型的水力参数（转轮叶片初始位置角 α_0 和转轮叶片排挤系数 s）进行甩负荷过渡过程仿真试验，并分析其对机组轴系振动的非线性动力学响应。

一个水力参数为转轮叶片初始位置角 α_0。在实际生产制造中，某些转轮叶片会存在缺陷，使得转轮叶片初始位置角 α_0 大小不均，造成转轮叶片之间不均匀，进入转轮的水流不均，从而在转轮上产生不平衡力矩，最终引起机组振动加剧。另一个水力参数为转轮叶片排挤系数 s，它与转轮的叶片厚度和数量有关，能直接反映叶片有效过流面积大小。转轮叶片的厚度不均，会导致其过流断面不对称，使转轮上产生横向不对称力，即水力不平衡力。水力不平衡力方向因转轮的转动而变化，其大小与流量大小成正比。转轮上的这种不对称力会传递到机组轴系上，导致机组轴系异常振动。此外，水轮机转轮叶片的数量与活动导叶数量密切相关，当两者的数量关系组合不当时，水流从活动导叶流进转轮，转轮叶片和活动导叶会产生水力冲击跳跃。这种冲击力主要作用于水轮机的机墩结构，引起轴振幅加大，其振幅大小将受到负荷突变的影响而增强（刘奎建，2008）。

图 3-18 为不同水力参数影响下机组在 x 方向和 y 方向上发电机组轴系振动响应。如图 3-18（a）所示，在水力发电机组稳态运行区域Ⅰ，随着转轮叶片初始位置角 α_0 增大，机组轴系的振动幅值基本不变，未超过允许限制值；从甩负荷开始到结束，随着转轮叶片初始位置角 α_0 增大，机组轴系的振动幅值有显著减小的趋势。当机组进入甩负荷区域Ⅱ，机组轴系振动幅值骤然飙升，严重超过允许限制值，机组轴系的稳定性逐渐降低。具体振动变化规律：当转轮叶片初始位置角 $\alpha_0=0.15$ 时，其 x 方向和 y 方向上机组轴系振动幅值分别为 1.675mm 和 1.683mm；当 $\alpha_0=0.14$ 时，其 x 方向和 y 方向上机组轴系振动幅值分别为 1.752mm 和 1.761mm；当 $\alpha_0=0.13$ 时，其 x 方向和 y 方向上机组轴系振动幅值分别为 1.816mm 和 1.828mm。在甩负荷过渡过程结束区域Ⅲ，当转轮叶片初始位置角 $\alpha_0=0.15$ 时，其 x 方向和 y 方向上机组轴系振动幅值分别为 0.336mm 和 0.338mm；当 $\alpha_0=0.14$ 时，其 x 方向

和 y 方向上机组轴系振动幅值分别为 0.395mm 和 0.393mm；当 α_0=0.13 时，其 x 方向和 y 方向上机组轴系振动幅值分别为 0.476mm 和 0.486mm。

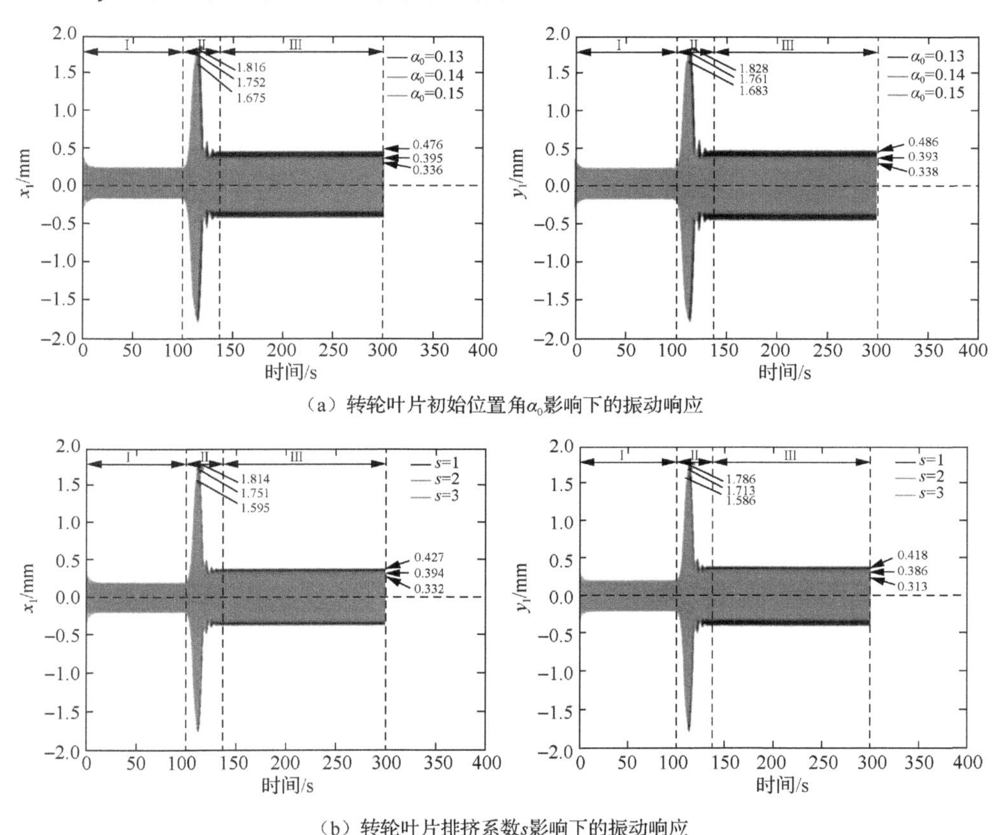

图 3-18　不同水力参数影响下机组在 x 方向和 y 方向上发电机组轴系振动响应（见彩图）

图 3-18（b）中，转轮叶片排挤系数 s 一般取值为 1。为了比较转轮叶片排挤系数 s 变化时机组轴系振动响应的变化规律，将转轮叶片排挤系数 s 从 1 增加到 3。可以看出，当机组稳定运行时（区域Ⅰ），随着转轮叶片排挤系数 s 增大，机组轴系的振动幅值基本不变，未超过允许限制值；从甩负荷开始到结束，随着转轮叶片排挤系数 s 增大，机组轴系的振动幅值呈现明显的减小趋势。当机组进入甩负荷区域Ⅱ，机组轴系振动幅值骤然飙升，严重超过允许限制值，机组轴系的稳定性遭到破坏。具体变化规律：当转轮叶片排挤系数 s=3 时，其 x 方向和 y 方向上机组轴系振动幅值分别为 1.595mm 和 1.586mm；当 s=2 时，其 x 方向和 y 方向上机组轴系振动幅值分别为 1.751mm 和 1.713mm；当 s=1 时，其 x 方向和 y 方向上机组轴系振动幅值分别为 1.814mm 和 1.786mm。在甩负荷过渡过程结束区域Ⅲ，

当转轮叶片排挤系数 s 从 1 增加到 3 时，机组轴系在 x 方向的振动幅值从 0.427mm 减小到 0.332mm，机组轴系在 y 方向的振动幅值从 0.418mm 减小到 0.313mm。通过以上分析可得，合理增加转轮叶片初始位置角 α_0 和转轮叶片排挤系数 s，能够减小机组轴系振动幅值。

2. 机械因素

机械因素导致的机组轴系异常振动情况主要有轴承刚度不足、质量不平衡、定转子碰摩和轴系不对中等。为了分析甩负荷过渡过程下机械因素对轴系振动特性的影响，选取轴承刚度不足和质量不平衡两大机械因素着重进行非线性动力学分析，这两种情况与机械振动参数（轴承刚度和质量）有直接的联系。因此，接下来重点分析甩负荷过渡过程中发电机轴承刚度 k_1 和转子质量 m_1 对机组轴系振动特性的影响。

1）轴承刚度不足

当机组轴承刚度不足时，转子临界转速会下降，若接近机组运行转速，非常容易导致机组异常振动。尤其是在负荷变化时，机组轴系振动响应更加明显。为深入分析发电机轴承刚度 k_1 在甩负荷过渡过程中对机组轴系振动的影响，对甩负荷过渡过程中不同发电机轴承刚度 k_1 下机组轴系的振动响应进行仿真。

图 3-19 为不同发电机轴承刚度 k_1 下在 x 方向和 y 方向机组轴系振动响应。图 3-19（a）为水轮机轴承刚度 k_2 不变，发电机轴承刚度分别为 9.1×10^7N/m、9.5×10^7N/m、9.9×10^7N/m 时 x 方向和 y 方向的机组轴系振动响应。当 $0<t\leqslant100$s 时，机组处于稳定运行区域Ⅰ，机组轴系的振动幅值基本不变，未超过允许限制值。当 $100<t\leqslant140$s 时，机组处于甩负荷区域Ⅱ，机组轴系振动幅值突增，严重超过允许限制值，轴系稳定性被破坏，轴系振动幅值不随发电机轴承刚度 k_1 变化。当 $t>140$s 时，机组处于甩负荷过渡过程结束区域Ⅲ，当发电机轴承刚度 $k_1=9.1\times10^7$N/m 时，其 x 方向和 y 方向上机组轴系振动幅值分别为 0.597mm 和 0.597mm；当 $k_1=9.5\times10^7$N/m 时，其 x 方向和 y 方向上机组轴系振动幅值分别为 0.480mm 和 0.479mm；当 $k_1=9.9\times10^7$N/m 时，其 x 方向和 y 方向上机组轴系振动幅值分别为 0.398mm 和 0.380mm。总体来说，发电机轴承刚度对机组甩负荷过渡过程中的轴系振动幅值基本无影响，但在部分负荷区，机组轴系振动幅值随着发电机轴承刚度的增大而减小，符合水电站运行的实际情况。

图 3-19（b）为水轮机轴承刚度 k_2 不变，发电机轴承刚度 k_1 为 2.9×10^7N/m 时机组轴系在甩负荷过渡过程中的振动响应。由图可知，当机组进入甩负荷过渡过程，其 x 方向和 y 方向上机组轴系振动幅值突然增加到 1.78mm 以上，这是一种极不稳定现象。其出现的原因是，当水轮机轴承刚度保持恒定而发电机轴承刚度太小时，轴系的稳定性将被破坏，导致整个轴系系统失稳。因此，适当增加发电

机轴承刚度，并保持发电机轴承刚度与水轮机轴承刚度之间合适的比例关系，能在一定程度上减小机组轴系振动的幅度，提升整个系统的稳定性。

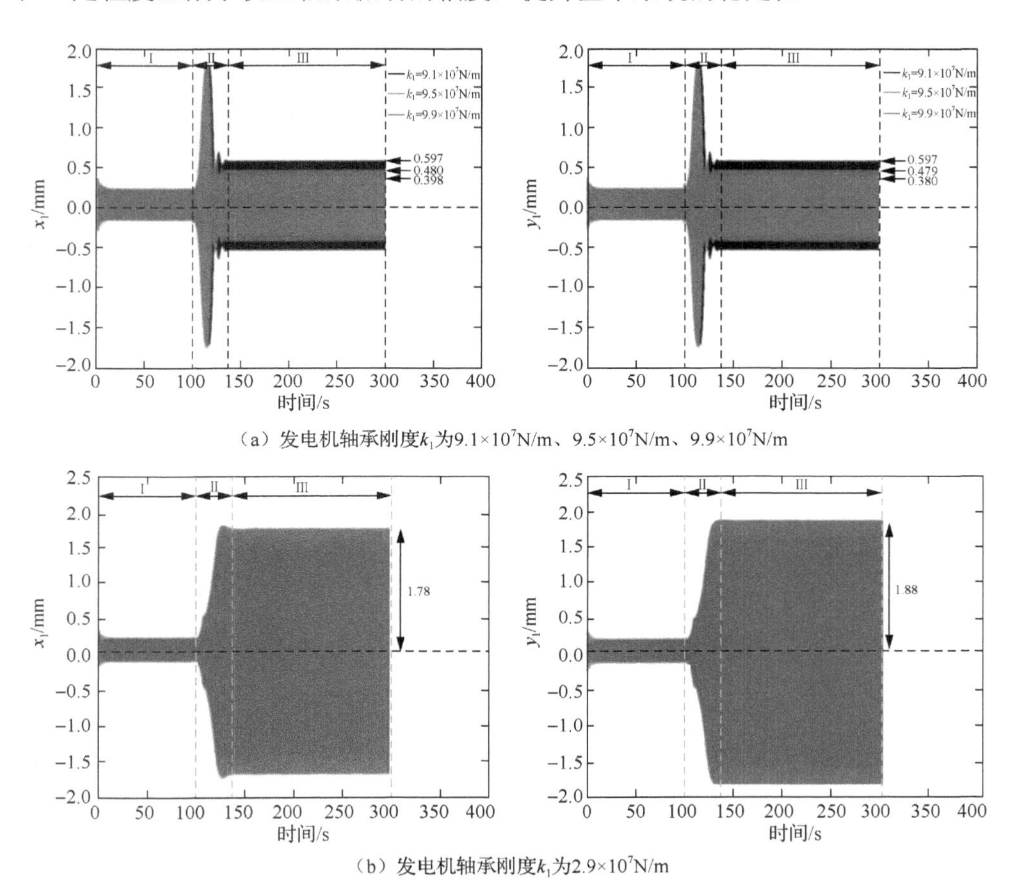

（a）发电机轴承刚度k_1为9.1×10^7N/m、9.5×10^7N/m、9.9×10^7N/m

（b）发电机轴承刚度k_1为2.9×10^7N/m

图 3-19　不同轴承刚度 k_1 下在 x 方向和 y 方向机组轴系振动响应（见彩图）

2）质量不平衡

水力发电机组旋转部件的质量不平衡是机组振动的主要机械原因之一。因此，机组启动试验最重要的一项内容就是进行动平衡试验。为了探索发电机转子质量 m_1 在甩负荷过渡过程中对机组轴系振动特性的影响，仿真不同发电机转子质量 m_1 下机组轴系的振动特性。

图 3-20 为发电机转子质量 m_1 为 6.1×10^4kg、6.5×10^4kg、6.9×10^4kg 时 x 方向和 y 方向机组轴系振动响应。由图可知，当机组稳定运行时（区域Ⅰ），随发电机转子质量 m_1 增大，机组轴系的振动幅值基本不变，未超过允许限制值。当机组进入甩负荷区域Ⅱ，机组轴系振动幅值飙升，超过允许限制值，轴系稳定性被破坏，

且随着发电机转子质量 m_1 增大，机组轴系振动幅值呈增大趋势。具体变化规律：当发电机转子质量 $m_1=6.1\times10^4$kg 时，其 x 方向和 y 方向上机组轴系振动幅值分别为 1.473mm 和 1.476mm；当 $m_1=6.5\times10^4$kg 时，其 x 方向和 y 方向上机组轴系振动幅值分别为 1.618mm 和 1.622mm；当 $m_1=6.9\times10^4$kg 时，其 x 方向和 y 方向上机组轴系振动幅值分别为 1.758mm 和 1.765mm。当机组处于甩负荷过渡过程结束区域Ⅲ，$m_1=6.1\times10^4$kg 时，其 x 方向和 y 方向上机组轴系振动幅值分别为 0.292mm 和 0.289mm；当 $m_1=6.5\times10^4$kg 时，其 x 方向和 y 方向上机组轴系振动幅值分别为 0.355mm 和 0.346mm；当 $m_1=6.9\times10^4$kg 时，其 x 方向和 y 方向上机组轴系振动幅值分别为 0.461mm 和 0.443mm。总体来说，从机组进入甩负荷过渡过程到结束，随着发电机转子质量 m_1 增大，机组轴系振动幅值呈增大趋势。

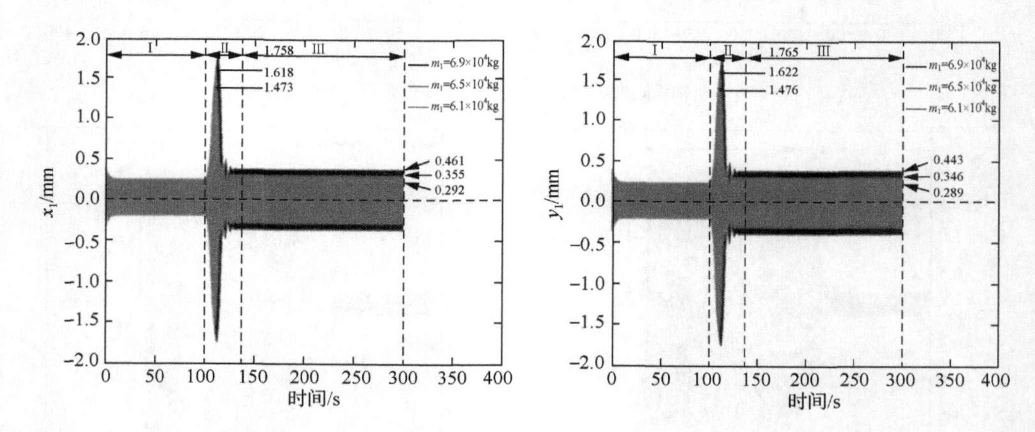

图 3-20 不同转子质量 m_1 下 x 方向和 y 方向机组轴系振动响应（见彩图）

此外，随着发电机转子质量 m_1 增加，机组轴系振动幅值在 $t\leqslant100$s 时几乎不变。也就是说，发电机转子质量 m_1 对甩负荷过渡过程和在部分负荷下运行的水力发电机组轴系振动影响较大，而对额定运行的水力发电机组几乎没有影响。综上可知，当机组处于过渡过程或部分负荷运行状况时，发电机转子质量不平衡产生的机械不平衡力将导致机组轴系振动加剧，幅值超标，使机组安全性和稳定性受到威胁。

3. 电磁因素

质量偏心是影响水力发电机组轴系振动的主要电磁因素之一。该电磁因素使发电机定子和转子间气隙不均匀，进而产生径向不平衡磁拉力，导致机组轴系异常振动。

为分析质量偏心距 e 对机组轴系振动的影响，仿真甩负荷过渡过程中不同质量偏心距 e 下 x 方向和 y 方向机组轴系振动响应，如图 3-21 所示。总的来看，机组从稳态到甩负荷过渡过程再到部分负荷稳态运行状态，质量偏心距 e 对机组轴系振动响应均具有显著的影响，即随着质量偏心距 e 增大，机组轴系振动幅值呈逐渐增大的趋势。图 3-21（a）为甩负荷过渡过程中发电机转子质量偏心距 e_1 为 0.0015m、0.0010m、0.0005m 时 x 方向和 y 方向机组轴系振动响应。由图可知，当 $0<t\leqslant 100s$ 时，机组稳定运行在区域Ⅰ，伴随发电机转子质量偏心距 e_1 增大，机组轴系的振动幅值增大，但均未超过允许限制值。当 $100<t\leqslant 140s$ 时，机组进入甩负荷区域Ⅱ，机组轴系振动幅值突增，远远超过允许限制值，轴系的稳定性大幅降低，且随着发电机转子质量偏心距 e_1 增大，机组轴系振动幅值呈现增大的趋势。当发电机转子质量偏心 $e_1=0.0005m$ 时，其 x 方向和 y 方向上机组轴系振动幅值分别为 1.84mm 和 1.82mm；当 $e_1=0.0010m$ 时，其 x 方向和 y 方向上机组轴系振动幅值分别为 3.42mm 和 3.37mm；当 $e_1=0.0015m$ 时，其 x 方向和 y 方向上机组轴系振动幅值分别为 4.96mm 和 4.92mm。当 $t>140s$ 时，机组处于甩负荷过渡过程结束区域Ⅲ，当 $e_1=0.0005m$ 时，其 x 方向和 y 方向上机组轴系振动幅值分别为 0.414mm 和 0.428mm；当 $e_1=0.0010m$ 时，其 x 方向和 y 方向上机组轴系振动幅值分别为 0.733mm 和 0.752mm；当 $e_1=0.0015m$ 时，其 x 方向和 y 方向上机组轴系振动幅值分别为 1.067mm 和 1.087mm。

图 3-21（b）为甩负荷过渡过程中水轮机转轮质量偏心距 e_2 为 0.0015m、0.0010m、0.0005m 时 x 方向和 y 方向机组轴系振动响应。由图可得，当 $0<t\leqslant 100s$ 时，机组稳定运行在区域Ⅰ，伴随水轮机转轮质量偏心距 e_2 的增大，机组轴系的振动幅值增大，但均未超过允许限制值。当 $100<t\leqslant 140s$ 时，机组进入甩负荷区域Ⅱ，机组轴系振动幅值突增，远远超过允许限制值，轴系的稳定性大幅降低，且随着水轮机转轮质量偏心距 e_2 增大，机组轴系振动幅值呈现增大趋势。当水轮机转轮质量偏心距 $e_2=0.0005m$ 时，其 x 方向和 y 方向上机组轴系振动幅值分别为 1.84mm 和 1.83mm；当 $e_2=0.0010m$ 时，其 x 方向和 y 方向上机组轴系振动幅值分别为 2.52mm 和 2.54mm；当 $e_2=0.0015m$ 时，其 x 方向和 y 方向上机组轴系振动幅值分别为 3.29mm 和 3.29mm。当 $t>140s$ 时，机组处于甩负荷过渡过程结束区域Ⅲ，当 $e_2=0.0005m$ 时，其 x 方向和 y 方向上机组轴系振动幅值分别为 0.396mm 和 0.395mm；当 $e_2=0.0010m$ 时，其 x 方向和 y 方向上机组轴系振动幅值分别为 0.558mm 和 0.576mm；当 $e_2=0.0015m$ 时，其 x 方向和 y 方向上机组轴系振动幅值分别为 0.716mm 和 0.726mm。比较图 3-21（a）和（b）可知，发电机转子质量偏心距 e_1 对机组轴系振动响应的影响远远大于水轮机转轮质量偏心距 e_2 对机组轴系

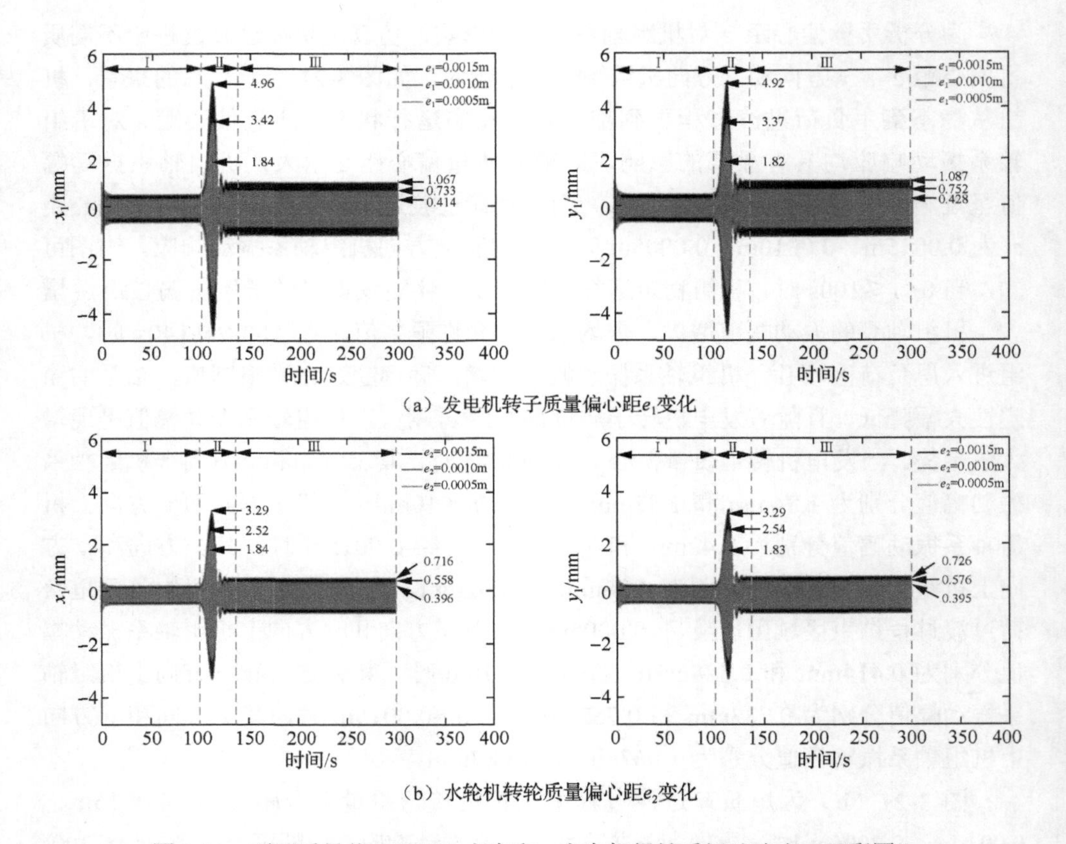

图 3-21　不同质量偏心距下 x 方向和 y 方向机组轴系振动响应（见彩图）

振动的影响，这说明发电机转子质量偏心距 e_1 对机组轴系振动响应的敏感性高于水轮机转轮质量偏心距 e_2。这是因为随着发电机转子质量偏心距 e_1 的增加，不平衡磁拉力对机组轴系振动的影响逐渐加剧，进而激发了水力发电机系统的许多复杂动态现象，导致各工况下机组轴系振动摆度加大。因此，适当减小质量偏心距可以有效减小机组轴系的振动幅值。

3.6　本 章 小 结

对于高速运行的水力发电机组，陀螺效应对水力发电机组振动的影响不容忽视。本章以发电机转子为主要研究对象，以水轮机转轮为辅助研究对象，针对陀螺效应对水力发电机组振动特性的影响，建立了考虑陀螺效应的水力发电机组轴系非线性动力学数学模型，分析了陀螺效应对水力发电机组轴系振动特性的影响，为水力发电机组设计、运行及安全评估提供理论依据。

基于本章建立的考虑陀螺效应的水力发电机组轴系非线性动力学数学模型，从三类振源参数（水力、机械和电磁）出发，通过数值仿真，得出在一些主要振源参数（如轴承刚度、质量偏心距、转轮叶片排挤系数、转轮叶片初始位置角和质量等）作用下机组轴系的振动特性和动态响应。同时，在研究中发现，发电机转子质量偏心距比水轮机转轮质量偏心距对机组轴系的振动响应更加敏感，适当减小质量偏心距可以有效降低不平衡磁拉力对机组轴系振动的影响。

参考文献

鲍海艳, 2010. 水电站调压室设置条件及运行控制研究[D]. 武汉: 武汉大学.

毕小剑, 2007. 水电站有压引水系统水力过渡过程计算研究[D]. 西安: 西安理工大学.

蔡龙, 2013. 水电机组过渡过程仿真[D]. 武汉: 华中科技大学.

陈德润, 涂忆, 2017. 浅谈水电站调压室的设置[J]. 黑龙江水利科技, 45(12): 133-135.

陈家远, 2008. 水力过渡过程的数学模拟及控制[M]. 成都: 四川大学出版社.

董淑成, 房建成, 俞文伯, 2005. 基于 PID 控制的主动磁轴承-飞轮转子系统运动稳定性研究[J]. 宇航学报, 26(3): 296-300, 306.

靳亚宁, 2017. 长有压引水系统水电站水力过渡过程研究[D]. 西安: 西安理工大学.

刘奎建, 2008. 水电工程施工进度的实时控制模型研究[J]. 水利建设与管理, 28(8): 22-23.

马震岳, 陈婧, 西道弘, 2003. 设置消减压力脉动稳流片后尾水管数值解析[J]. 大连理工大学学报, 43(2): 181-186.

马震岳, 董毓新, 2003. 水轮发电机组动力学[M]. 大连: 大连理工大学出版社.

沈钺, 孙岩桦, 王世琥, 等, 2003. 磁悬浮飞轮系统陀螺效应的抑制[J]. 西安交通大学学报, 37(11): 1105-1109.

唐均, 张洪明, 王文全, 2010. 长距离有压输水管道系统水锤分析[J]. 水电能源科学, (2): 82-84.

杨剑锋, 2011. 水力机械过渡过程计算研究[D]. 武汉: 华中科技大学.

叶文波, 王煜, 于凤荣, 等, 2015. 摩擦对水力机组大波动过渡过程影响研究[J]. 能源研究与信息, 31(2): 92-96.

于灵慧, 房建成, 2005. 基于主动磁轴承的高速飞轮转子系统的非线性控制研究[J]. 宇航学报, 26(3): 301-306.

曾云, 张立翔, 张成立, 等, 2013. 水轮发电机组轴系横向振动的大扰动暂态模型[J]. 固体力学学报, 33(S1): 137-142.

张雷克, 2014. 水轮发电机组轴系非线性动力特性分析[D]. 大连: 大连理工大学.

GAO X, CHEN D Y, YAN D L, et al., 2018. Dynamic evolution characteristics of a fractional order hydropower station system[J]. Modern Physics Letters B, 32(2): 1750363.

HU Y, ZHOU H, ZHU W, et al., 2018. Large deformation analysis of composite spatial curved beams with arbitrary undeformed configurations described by Euler angles with discontinuities and singularities[J]. Computers & Structures, (210): 122-134.

MA H, LI H, ZHAO X Y, et al., 2013. Effects of eccentric phase difference between two discs on oil-film instability in a rotor-bearing system[J]. Mechanical Systems & Signal Processing, 41(1-2): 526-545.

XU B, CHEN D, TOLO S, et al., 2018. Model validation and stochastic stability of a hydro-turbine governing system under hydraulic excitations[J]. International Journal of Electrical Power & Energy Systems, (95): 156-165.

XU B, CHEN D, ZHANG H, et al., 2015. Dynamic analysis and modeling of a novel fractional-order hydro-turbine-generator unit[J]. Nonlinear Dynamics, 81(3): 1263-1274.

ZENG X H, WU H, LAI J, et al., 2017. The effect of wheel set gyroscopic action on the hunting stability of high-speed trains[J]. Vehicle System Dynamics, 55(6): 924-944.

ZENG Y, ZHANG L, GUO Y, et al., 2014. The generalized Hamiltonian model for the shafting transient analysis of the hydro turbine generating sets[J]. Nonlinear Dynamics, 76(4): 1921-1933.

ZHANG H, CHEN D Y, XU B B, et al., 2015. Nonlinear modeling and dynamic analysis of hydro-turbine governing system in the process of load rejection transient[J]. Energy Conversion and Management, 90: 128-137.

ZHANG L, MA Z, SONG B, 2013. Dynamic characteristics of a rub-impact rotor-bearing system for hydraulic generating set under unbalanced magnetic pull[J]. Archive of Applied Mechanics, 83(6): 817-830.

第 4 章 水力发电机组轴系与水轮机调节系统耦合建模及振动特性

4.1 不同传递参数下水力发电机组轴系与水轮机调节系统耦合统一建模

4.1.1 以发电机角速度为传递参数的耦合统一建模

水力发电机组轴系结构如图 4-1 所示。

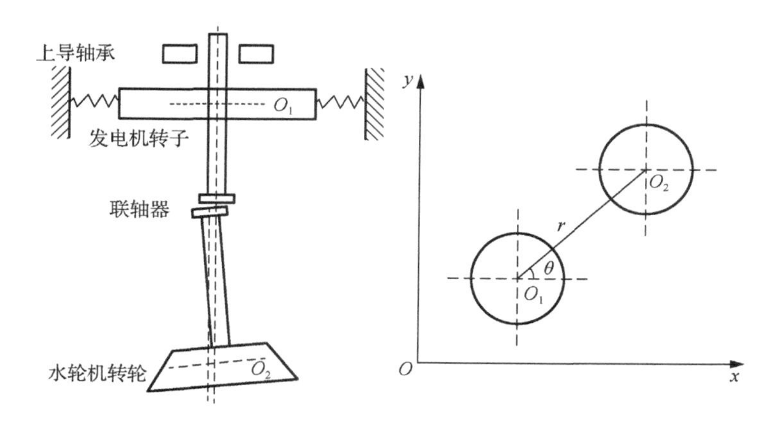

图 4-1 水力发电机组轴系结构

从图 4-1 可以看出，发电机转子和水轮机转轮的质心之间的关系为

$$\begin{cases} x_{22} = x_{11} + r\cos\theta \\ y_{22} = y_{11} + r\sin\theta \end{cases} \tag{4-1}$$

式中，x_{11}、y_{11} 和 x_{22}、y_{22} 分别为发电机转子和水轮机转轮质心坐标；r 为发电机转子和水轮机转轮质心之间距离；θ 为水轮机转轮围绕发电机转子质心移动的角度；φ 为发电机转子形心绕其质心的角度。θ 和 φ 的表达式为

$$\begin{cases} \theta = \omega t + \theta_0 \\ \varphi = \omega t + \varphi_0 \end{cases} \tag{4-2}$$

式中，θ_0 为水轮机转轮初始相位；φ_0 为发电机转子初始相位；ω 为发电机转子角速度；t 为时间。通常发电机连接到电网时，转速被视为恒定值。实际上，其相对

偏差值在额定值±1%范围内变化，超出范围的变化会发生甩负荷事故。

假设 1：只考虑水力发电机组轴系的横向振动，忽略作用在轴上的径向力。假定旋转部件为刚性元件，则机组轴系动能为

$$
\begin{aligned}
T=&\frac{1}{2}\left(J_1+m_1e_1^2\right)\dot{\varphi}^2+\frac{1}{2}\left[J_2+m_2\left(r^2+e_2^2\right)\right]\dot{\theta}^2\\
&+\frac{1}{2}m_1\left(\dot{x}_{11}^2+\dot{y}_{11}^2+e_1^2\dot{\varphi}^2-2\dot{x}_{11}e_1\dot{\varphi}\sin\varphi+2\dot{y}_{11}e_1\dot{\varphi}\cos\varphi\right)\\
&+\frac{1}{2}m_2\left(\dot{x}_{22}^2+\dot{y}_{22}^2+e_2^2\dot{\theta}^2-2\dot{x}_{22}e_2\dot{\theta}\sin\theta+2\dot{y}_{22}e_2\dot{\theta}\cos\theta\right)
\end{aligned}
\tag{4-3}
$$

式中，e_1 和 e_2 分别为转子和转轮质量偏心距；J_1 和 J_2 分别为转子和转轮惯性矩；m_1 为转子质量；m_2 为转轮质量。

假设 2：忽略机组在旋转过程中重力势能变化并忽略轴质量。轴承的刚度（k_1、k_2）是恒定的，则轴系的势能表示为

$$
U=\frac{1}{2}k_1\left(x_{11}^2+y_{11}^2\right)+\frac{1}{2}k_2\left(x_{11}^2+y_{11}^2+2rx_{11}\cos\theta+2ry_{11}\sin\theta+r^2\right)
\tag{4-4}
$$

式中，k_1 为转子轴承刚度；k_2 为转轮轴承刚度。轴系动能与势能之差为

$$
\begin{aligned}
L=T-U=&\frac{1}{2}\left(J_1+m_1e_1^2\right)\dot{\varphi}^2+\frac{1}{2}\left[J_2+m_2\left(r^2+e_2^2\right)\right]\dot{\theta}^2\\
&+\frac{1}{2}m_1\left(\dot{x}_{11}^2+\dot{y}_{11}^2+e_1^2\dot{\varphi}^2-2\dot{x}_{11}e_1\dot{\varphi}\sin\varphi+2\dot{y}_{11}e_1\dot{\varphi}\cos\varphi\right)\\
&+\frac{1}{2}m_2\left(\dot{x}_{22}^2+\dot{y}_{22}^2+e_2^2\dot{\varphi}^2-2\dot{x}_{22}e_2\dot{\theta}\sin\theta+2\dot{y}_{22}e_2\dot{\theta}\cos\theta\right)\\
&-\frac{1}{2}k_1\left(x_{11}^2+y_{11}^2\right)-\frac{1}{2}k_2\left(x_{11}^2+y_{11}^2+2rx_{11}\cos\theta+2ry_{11}\sin\theta+r^2\right)
\end{aligned}
\tag{4-5}
$$

式中，L 为拉格朗日函数。水力发电机组轴系运行过程中所受外力 F_i、拉格朗日函数 L 和发电机转子坐标 x_i 关系为

$$
\frac{\mathrm{d}}{\mathrm{d}t}\left(\frac{\partial L}{\partial\dot{x}_i}\right)-\frac{\partial L}{\partial x_i}=F_i
\tag{4-6}
$$

式中，t 为时间；x_i 与 F_i 中 i=1 表示发电机转子，i=2 表示水轮机转轮。基于式(4-6)，拉格朗日函数 L 与 φ 之间的关系为

$$
\frac{\mathrm{d}}{\mathrm{d}t}\left(\frac{\partial L}{\partial\dot{\varphi}}\right)-\frac{\partial L}{\partial\varphi}=M_{\mathrm{t}}-M_{\mathrm{g}}
\tag{4-7}
$$

式中，M_t为水轮机转轮力矩；M_g为发电机电磁力矩。水轮机转轮力矩与发电机电磁力矩关系可写为

$$(m_t - m_g) M_{gB} = M_t - M_g \tag{4-8}$$

式中，m_t和m_g分别为水轮机和发电机力矩相对偏差；M_{gB}为发电机额定力矩。基于式（4-6）～式（4-8），可得

$$\begin{aligned} M_t - M_g &= \left[J_1 + J_2 + 2m_1 e_1^2 + 2m_2 e_2^2 + 2m_2 r^2 + 2m_2 e_2 r\cos(\theta_0 - \varphi_0)\right]\dot{\omega} \\ &\quad - k_2 r(x_{11}\sin\theta - y_{11}\cos\theta) - [(m_1 e_1 + m_2 e_2)\sin\varphi + m_2 r\sin\theta]\dot{x}_{11} \\ &\quad + [(m_1 e_1 + m_2 e_2)\cos\varphi - m_2 r\cos\theta]\dot{y}_{11} \end{aligned} \tag{4-9}$$

同样，发电机转子轴坐标与轴系外力间关系为

$$\begin{cases} \dfrac{\mathrm{d}}{\mathrm{d}t}\left(\dfrac{\partial L}{\partial \dot{x}_{11}}\right) - \dfrac{\partial L}{\partial x_{11}} = \sum F_x \\ \dfrac{\mathrm{d}}{\mathrm{d}t}\left(\dfrac{\partial L}{\partial \dot{y}_{11}}\right) - \dfrac{\partial L}{\partial y_{11}} = \sum F_y \end{cases} \tag{4-10}$$

式中，$\sum F_x$和$\sum F_y$分别为水力发电机组轴系所受的阻尼力、油膜力和非对称磁拉力在x方向和y方向的总和。

假设 3：水力发电机组轴系的各种阻尼力为x轴和y轴上的阻尼力。c为阻尼系数，阻尼力表达式为

$$\begin{cases} F_{dx} = -c\dot{x}_1 \\ F_{dy} = -c\dot{y}_1 \end{cases} \tag{4-11}$$

油膜力是通过求解雷诺方程获得作用在轴线直径上压力分布得到的，其表达式可写为

$$\begin{cases} F_x = F_{x0} + \Delta F_x \\ F_y = F_{y0} + \Delta F_y \end{cases} \tag{4-12}$$

式中，x_0和y_0是发电机形心的初始状态；F_{x0}和F_{y0}为机组轴线在初始状态所受油膜力；ΔF_x和ΔF_y为x轴和y轴上油膜力的增量。通过泰勒展开，将式（4-12）展开为

$$\begin{cases} F_x \approx F_{x0} + \left.\dfrac{\partial F_x}{\partial x}\right|_0 (x - x_0) + \left.\dfrac{\partial F_x}{\partial y}\right|_0 (y - y_0) + \left.\dfrac{\partial F_x}{\partial \dot{x}}\right|_0 \dot{x} + \left.\dfrac{\partial F_x}{\partial \dot{y}}\right|_0 \dot{y} \\ F_y \approx F_{y0} + \left.\dfrac{\partial F_y}{\partial x}\right|_0 (x - x_0) + \left.\dfrac{\partial F_y}{\partial y}\right|_0 (y - y_0) + \left.\dfrac{\partial F_y}{\partial \dot{x}}\right|_0 \dot{x} + \left.\dfrac{\partial F_y}{\partial \dot{y}}\right|_0 \dot{y} \end{cases} \tag{4-13}$$

式中，$\left.\frac{\partial F_i}{\partial j}\right|_0 (i=x,y;j=x,y,\dot{x},\dot{y})$ 为静态操作点处的偏导数，定义为

$$\begin{cases} k_{ij}=\left.\frac{\partial F_i}{\partial j}\right|_0 & (i=x,y;j=x,y) \\ d_{ij}=\left.\frac{\partial F_i}{\partial j}\right|_0 & (i=x,y;j=\dot{x},\dot{y}) \end{cases} \tag{4-14}$$

式中，k_{ij}、d_{ij} 为中间变量。

基于式（4-14），油膜力在 x 方向和 y 方向增量为

$$\begin{cases} \Delta F_x = k_{xx}x + k_{xy}y + d_{xx}\dot{x} + d_{xy}\dot{y} \\ \Delta F_y = k_{yx}x + k_{yy}y + d_{yx}\dot{x} + d_{yy}\dot{y} \end{cases} \tag{4-15}$$

根据以上分析，油膜力改写为

$$\begin{cases} F_x = F_{x0} + k_{xx}x + k_{xy}y + d_{xx}\dot{x} + d_{xy}\dot{y} \\ F_y = F_{y0} + k_{yx}x + k_{yy}y + d_{yx}\dot{x} + d_{yy}\dot{y} \end{cases} \tag{4-16}$$

式中，F_{x0} 和 F_{y0} 的表达式为

$$\begin{cases} F_{x0} = \int_{-B/2}^{B/2}\int_0^{2\pi} -P_0 \sin\varphi r \mathrm{d}\varphi \mathrm{d}z \\ F_{y0} = \int_{-B/2}^{B/2}\int_0^{2\pi} -P_0 \cos\varphi r \mathrm{d}\varphi \mathrm{d}z \end{cases} \tag{4-17}$$

式（4-14）的刚度系数和阻尼系数从狭窄轴承理论和坎贝尔边界条件获得。雷诺方程为

$$\frac{1}{r^2}\frac{\partial}{\partial\varphi}\left(\frac{h^3}{12\mu}\frac{\partial\rho}{\partial\varphi}\right)+\frac{\partial}{\partial z}\left(\frac{h^3}{\mu}\frac{\partial\rho}{\partial z}\right)=6\mu\omega\frac{\partial h}{\partial\varphi}+12\mu\left(V_y\cos\varphi+V_x\sin\varphi\right) \tag{4-18}$$

进一步化简为

$$\frac{1}{r^2}\frac{\partial}{\partial\varphi}\left(\frac{h^3}{\mu}\frac{\partial\rho}{\partial\varphi}\right)+\frac{\partial}{\partial z}\left(\frac{h^3}{\mu}\frac{\partial\rho}{\partial z}\right)=6\mu\omega\frac{\partial h}{\partial\varphi}+12\mu(\dot{e}\cos\varphi+e\dot{\theta}\sin\varphi) \tag{4-19}$$

式（4-19）的无量纲形式为

$$\frac{\partial}{\partial\varphi}\left(\frac{H^3}{M}\frac{\partial P}{\partial\varphi}\right)+\left(\frac{d}{B}\right)^2\frac{\partial}{\partial\lambda}\left(\frac{H^3}{M}\frac{\partial P}{\partial\lambda}\right)=-3\varepsilon\sin\varphi\left(1-2\theta'\right)+6\varepsilon'\cos\varphi \tag{4-20}$$

式中，ρ 为密度；B 为油膜力参数；H 为系统的哈密顿函数；d 为转轮直径。

根据狭窄的轴承理论，式（4-20）转换为

$$\left(\frac{d}{B}\right)^2\frac{\partial}{\partial\lambda}\left(\frac{H^3}{M}\frac{\partial P}{\partial\lambda}\right)=-3\varepsilon\sin\varphi\left(1-2\theta'\right)+6\varepsilon'\cos\varphi \tag{4-21}$$

基于式（4-21），刚度系数和阻尼系数被改写为

$$
\begin{cases}
k_{xx}=\left(\dfrac{B}{d}\right)^2 \dfrac{4\varepsilon'\left[2\pi^2+\left(16-\pi^2\right)\varepsilon'^2\right]}{\left(1-\varepsilon'^2\right)^2\left[16\varepsilon'^2+\pi^2\left(1-\varepsilon^2\right)\varepsilon'^2\right]} \\
k_{xy}=\left(\dfrac{B}{d}\right)^2 \dfrac{\pi\left[-\pi^2+2\pi^2\varepsilon'^2+\left(16-\pi^2\right)\varepsilon'^4\right]}{\left(1-\varepsilon'^2\right)^{2.5}\left[16\varepsilon'^2+\pi^2\left(1-\varepsilon'^2\right)\right]} \\
k_{yx}=\left(\dfrac{B}{d}\right)^2 \dfrac{\pi\left[\pi^2+\left(\pi^2+32\right)\varepsilon'^2+2\left(16-\pi^2\right)\varepsilon'^4\right]}{\left(1-\varepsilon'^2\right)^{2.5}\left[16\varepsilon'^2+\pi^2\left(1-\varepsilon'^2\right)\right]} \\
k_{yy}=\left(\dfrac{B}{d}\right)^2 \dfrac{4\varepsilon'\left[\pi^2+\left(\pi^2+32\right)\varepsilon'^2+2\left(16-\pi^2\right)\varepsilon'^4\right]}{\left(1-\varepsilon'^2\right)^3\left[16\varepsilon'^2+\pi^2\left(1-\varepsilon'^2\right)\right]}
\end{cases}
\tag{4-22}
$$

和

$$
\begin{cases}
d_{xx}=\left(\dfrac{B}{d}\right)^2 \dfrac{2\pi\left(\pi^2+2\pi^2\varepsilon'^2-16\varepsilon'^2\right)}{\left(1-\varepsilon'^2\right)^{3/2}\left[16\varepsilon'^2+\pi^2\left(1-\varepsilon'^2\right)\right]} \\
d_{xy}=\left(\dfrac{B}{d}\right)^2 \dfrac{8\varepsilon'\left(\pi^2+2\pi^2\varepsilon'^2-16\varepsilon'^2\right)}{\left(1-\varepsilon'^2\right)^2\left[16\varepsilon'^2+\pi^2\left(1-\varepsilon'^2\right)\right]} \\
d_{yx}=d_{xy} \\
d_{yy}=\left(\dfrac{B}{d}\right)^2 \dfrac{2\pi\left(\pi^2+12\pi^2\varepsilon'^2-16\varepsilon'^2\right)}{\left(1-\varepsilon'^2\right)^2\left[16\varepsilon'^2+\pi^2\left(1-\varepsilon'^2\right)\right]}
\end{cases}
\tag{4-23}
$$

式中，B/d 为轴承宽度与直径之比；ε' 为偏心率，$\varepsilon'=e/c$，c 为轴承径向间隙。

结合式（4-5）和式（4-10），可得

$$
\begin{cases}
\dfrac{\mathrm{d}}{\mathrm{d}t}\left(\dfrac{\partial L}{\partial \dot{x}_{11}}\right)-\dfrac{\partial L}{\partial x_{11}}=\left(m_1+m_2\right)\ddot{x}_{11}-\left[\left(m_1e_1+m_2e_2\right)\sin\varphi+m_2r\sin\theta\right]\dot{\omega} \\
\qquad -\left[\left(m_1e_1+m_2e_2\right)\cos\varphi+m_2r\cos\theta\right]\omega^2+\left(k_1+k_2\right)x_{11}+k_2r\cos\theta \\
\qquad =F_{x\text{-ump}}+F_x-F_{x\mathrm{f}} \\
\dfrac{\mathrm{d}}{\mathrm{d}t}\left(\dfrac{\partial L}{\partial \dot{y}_{11}}\right)-\dfrac{\partial L}{\partial y_{11}}=\left(m_1+m_2\right)\ddot{y}_{11}+\left[\left(m_1e_1+m_2e_2\right)\cos\varphi+m_2r\cos\theta\right]\dot{\omega} \\
\qquad -\left[\left(m_1e_1+m_2e_2\right)\sin\varphi+m_2r\sin\theta\right]\omega^2+\left(k_1+k_2\right)y_{11}+k_2r\sin\theta \\
\qquad =F_{y\text{-ump}}+F_y-F_{y\mathrm{f}}
\end{cases}
\tag{4-24}
$$

对式（4-24）进一步简化，得发电机转子形心二阶导数为

$$
\begin{cases}
\ddot{x}_{11}=\dfrac{1}{m_1+m_2}\Big\{F_{x\text{-ump}}+F_x-F_{xf}+\big[\left(m_1e_1+m_2e_2\right)\sin\varphi+m_2r\sin\theta\big]\dot{\omega} \\
\qquad +\big[\left(m_1e_1+m_2e_2\right)\cos\varphi+m_2r\cos\theta\big]\omega^2-\left(k_1+k_2\right)x_{11}-k_2r\cos\theta\Big\} \\
\ddot{y}_{11}=\dfrac{1}{m_1+m_2}\Big\{F_{y\text{-ump}}+F_y-F_{yf}-\big[\left(m_1e_1+m_2e_2\right)\cos\varphi+m_2r\cos\theta\big]\dot{\omega} \\
\qquad +\big[\left(m_1e_1+m_2e_2\right)\sin\varphi+m_2r\sin\theta\big]\omega^2-\left(k_1+k_2\right)y_{11}-k_2r\sin\theta\Big\}
\end{cases}
\tag{4-25}
$$

式（4-25）可化简为

$$
A\dot{\omega}-B=\left(m_{\mathrm{t}}-m_{\mathrm{g}}\right)M_{\mathrm{gB}} \tag{4-26}
$$

式中，A 和 B 为中间参数，其表达式为

$$
\begin{aligned}
A=&J_1+J_2+2m_1e_1^2+2m_2e_2^2+2m_2r^2+2m_2e_2r\cos\left(\theta_0-\varphi_0\right) \\
&-\frac{1}{m_1+m_2}\Big\{\big[\left(m_1e_1+m_2e_2\right)\sin\varphi+m_2r\sin\theta\big]\times\big[\left(m_1e_1+m_2e_2\right)\sin\varphi+m_2r\sin\theta\big]\Big\} \\
&-\frac{1}{m_1+m_2}\Big\{\big[\left(m_1e_1+m_2e_2\right)\cos\varphi+m_2r\cos\theta\big]\times\big[\left(m_1e_1+m_2e_2\right)\cos\varphi+m_2r\cos\theta\big]\Big\}
\end{aligned}
\tag{4-27}
$$

$$
\begin{aligned}
B=&\frac{\left(m_1e_1+m_2e_2\right)\sin\varphi+m_2r\sin\theta}{m_1+m_2}\Big\{\big[\left(m_1e_1+m_2e_2\right)\cos\varphi+m_2r\cos\theta\big]\omega^2 \\
&-\left(k_1+k_2\right)x_{11}-k_2r\cos\theta+F_{x\text{-ump}}+F_{\mathrm{d}x}+F_x-F_{xf}\Big\} \\
&-\frac{\left(m_1e_1+m_2e_2\right)\cos\varphi-m_2r\cos\theta}{m_1+m_2}\Big\{\big[\left(m_1e_1+m_2e_2\right)\sin\varphi+m_2r\sin\theta\big]\omega^2 \\
&-\left(k_1+k_2\right)y_{11}-k_2r\sin\theta+F_{y\text{-ump}}+F_{\mathrm{d}y}+F_y-F_{yf}\Big\} \\
&+k_2r\left(x_{11}\sin\theta-y_{11}\cos\theta\right)
\end{aligned}
\tag{4-28}
$$

式中，$F_{x\text{-ump}}$ 为 x 方向不平衡磁拉力；F_{xf} 为 x 方向阻尼力；F_{yf} 为 y 方向阻尼力；$F_{y\text{-ump}}$ 为 y 方向不平衡磁拉力。

发电机二阶非线性模型为

$$
\begin{cases}
\dot{\delta}=\omega_0\omega_1 \\
\dot{\omega}_1=\dfrac{1}{T_{\mathrm{ab}}}\left(m_{\mathrm{t}}-m_{\mathrm{g}}-D_{\mathrm{t}}\omega\right)
\end{cases}
\tag{4-29}
$$

式中，T_{ab} 为惯性时间常数；δ 为功角；D_{t} 为发电机阻尼系数；ω_1 为角速度相对

偏差；ω_0 为角速度额定值。轴系的微分方程可以使用二阶发电机模型与液压系统和电气系统进行耦合。

图 4-2 是 Demello 等（1992）提出的引水系统模型。从图 4-2 可得，水轮机流量 q 和水轮机水头 h 的传递函数为

$$G_h(s)=\frac{H(s)}{Q(s)}=-2h_{\mathrm{w}}\frac{e^{\frac{T_{\mathrm{r}}}{2}s}-e^{-\frac{T_{\mathrm{r}}}{2}s}}{e^{\frac{T_{\mathrm{r}}}{2}s}+e^{-\frac{T_{\mathrm{r}}}{2}s}}=-2h_{\mathrm{w}}\frac{\mathrm{sh}\left(\frac{T_{\mathrm{r}}}{2}s\right)}{\mathrm{ch}\left(\frac{T_{\mathrm{r}}}{2}s\right)} \tag{4-30}$$

式中，T_{r} 为水锤惯性时间常数；h_{w} 为压力管道的特征系数；$H(s)$ 为压力引水管道压力值；$Q(s)$ 为压力引水管道流量值。通过泰勒展开，式（4-30）化简为

$$G_h(s)=-h_{\mathrm{w}}\frac{T_{\mathrm{r}}+\frac{1}{24}T_{\mathrm{r}}^3s^3}{1+\frac{1}{8}T_{\mathrm{r}}^2s^2} \tag{4-31}$$

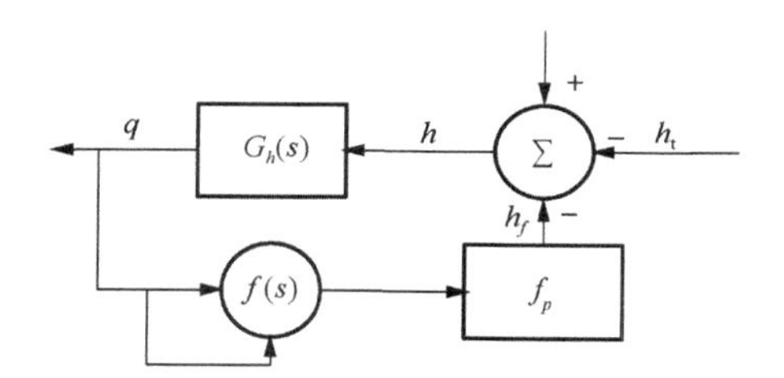

图 4-2　引水系统传递函数图

将方程（4-31）改写为常微分方程形式：

$$\ddot{q}+\frac{24}{T_{\mathrm{r}}^2}\dot{q}=-\frac{24}{h_{\mathrm{w}}T_{\mathrm{r}}^3}h-\frac{3}{h_{\mathrm{w}}T_{\mathrm{r}}}\ddot{h} \tag{4-32}$$

换算成状态空间方程式为

$$\begin{cases}\dot{x}_1=\dfrac{24h}{h_{\mathrm{w}}T_{\mathrm{r}}^3}\\ \dot{x}_2=x_1-\dfrac{24x_3}{T_{\mathrm{r}}^2}\\ \dot{x}_3=x_2+\dfrac{3h}{h_{\mathrm{w}}T_{\mathrm{r}}}\\ x_3=q\end{cases} \tag{4-33}$$

式中，x_3为水轮机流量相对值；h为由压力管道中流量变化而引起的水轮机水头损失，水轮机水头变化为

$$h = 1 - h_f - h_t = 1 - f_p q^2 - \frac{q^2}{(y+1)^2} \tag{4-34}$$

式中，f_p为压力管道水头损失系数；h_f为压力管道摩擦压头损失；h_t为水轮机水头相对值；y为导叶开度偏差值。

线性限制环节数学模型见图 4-3，非线性限制环节数学模型见图 4-4。本小节采用双曲正弦函数代替非线性限制环节的数学模型，z为输入函数，u为输出函数，u_m为输出最大值，z_0为与u_m对应的输入值。相应的数学模型表示为

$$\begin{cases} z = k_p(s-x) + k_i x_4 - k_d \dot{x} \\ \dot{x}_4 = s - x \\ u = a \tanh\left(\dfrac{z}{b}\right) \end{cases} \tag{4-35}$$

式中，a和b为常数；x_4为中间变量；k_p、k_i、k_d分别为比例增益系数、积分增益系数、微分增益系数。

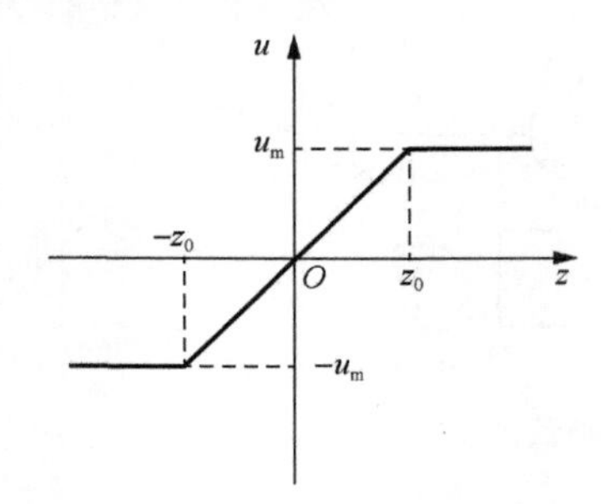

图 4-3　线性限制环节数学模型

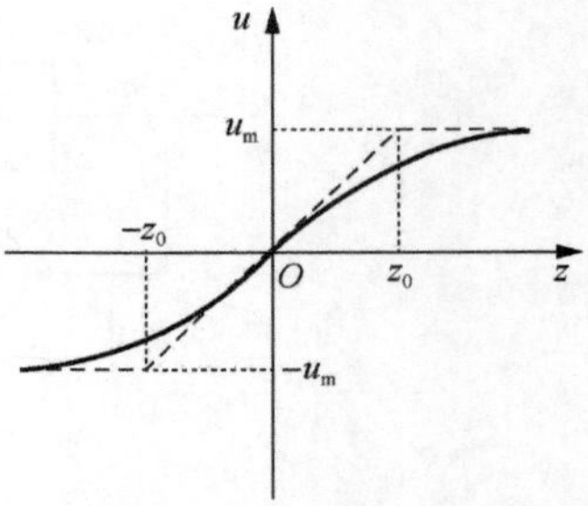

图 4-4　非线性限制环节数学模型

导叶开度相对值和相对偏差值之间的关系为

$$y = \frac{y_d - y_0}{y_0} \tag{4-36}$$

式中，y_0为导叶开度额定值；y_d为导叶开度相对值。

基于式（4-34）和式（4-35），可得

$$\begin{cases} h = 1 - f_p x_3^2 - \dfrac{x_3^2}{(y+1)^2} \\ \dot{x}_1 = \dfrac{24h}{h_w T_r^3} \\ \dot{x}_3 = x_2 + \dfrac{3h}{h_w T_r} \end{cases} \tag{4-37}$$

发电机角速度 ω 的相对偏差和转速 x 相对偏差之间的关系写为

$$\dot{\omega} = \omega_{\mathrm{B}} \dot{x} \tag{4-38}$$

式中，ω_{B} 为额定角速度。综上，考虑调节系统与轴系的耦合模型为

$$\begin{cases}
\left.\begin{aligned}
&\dot{x}_1 = \frac{24}{h_{\mathrm{w}} T_{\mathrm{r}}^3}\left[1 - f_p x_3^2 - \frac{x_3^2}{(y+1)^2}\right] \\
&\dot{x}_2 = x_1 - \frac{24 x_3}{T_{\mathrm{r}}^2} \\
&\dot{x}_3 = x_2 + \frac{3}{h_{\mathrm{w}} T_{\mathrm{r}}}\left(1 - f_p x_3^2 - \frac{x_3^2}{(y+1)^2}\right) \\
&\dot{h} = -2x_3\left(x_2 + \frac{3h}{h_{\mathrm{w}} T_{\mathrm{r}}}\right)\left[\frac{1}{(y+1)^2 + f_p} + 2a x_3^2 \frac{u - y + y_0}{b T_{\mathrm{y}} (y+1)^3}\right]
\end{aligned}\right\} \text{水力系统} \\
\left.\begin{aligned}
&\dot{x}_4 = s - x \\
&\dot{y} = \frac{1}{T_{\mathrm{y}}}(u - y + y_0)
\end{aligned}\right\} \text{机械系统} \\
\left.\begin{aligned}
&\dot{x}_{11} = u_1 \\
&\dot{y}_{11} = u_{11} \\
&\dot{u}_1 = \frac{1}{m_1 + m_2}\Big\{-(k_1 + k_2) x_{11} + \left[(m_1 e_1 + m_2 e_2)\sin(z) + m_2 r \sin(zz)\right]\omega_{\mathrm{B}} M \\
&\qquad + \left[(m_1 e_1 + m_2 e_2)\cos(z) + m_2 r \cos(zz)\right]\omega^2 - k_2 r \cos(zz) \\
&\qquad + F_{\mathrm{d}x} + F_{x\text{-ump}} + F_x - F_{x\mathrm{f}}\Big\} \\
&\dot{u}_{11} = \frac{1}{m_1 + m_2}\Big\{-(k_1 + k_2) y_{11} - \left[(m_1 e_1 + m_2 e_2)\cos(z) + m_2 r \cos(zz)\right]\omega_{\mathrm{B}} M \\
&\qquad + \left[(m_1 e_1 + m_2 e_2)\sin(z) + m_2 r \sin(zz)\right]\omega^2 - k_2 r \sin(zz) \\
&\qquad + F_{\mathrm{d}y} + F_{y\text{-ump}} + F_y - F_{y\mathrm{f}}\Big\} \\
&\dot{z} = \omega
\end{aligned}\right\} \text{机电系统}
\end{cases} \tag{4-39}$$

式中，$M = \dfrac{B + D_{\mathrm{t}} x M_{\mathrm{gB}}}{\omega_{\mathrm{B}} A - M_{\mathrm{gB}} T_{\mathrm{ab}}}$。

4.1.2　以水力不平衡力和水轮机动力矩为传递参数的耦合统一建模

图 4-5 为水轮机转轮叶片与水流相互作用关系示意图。

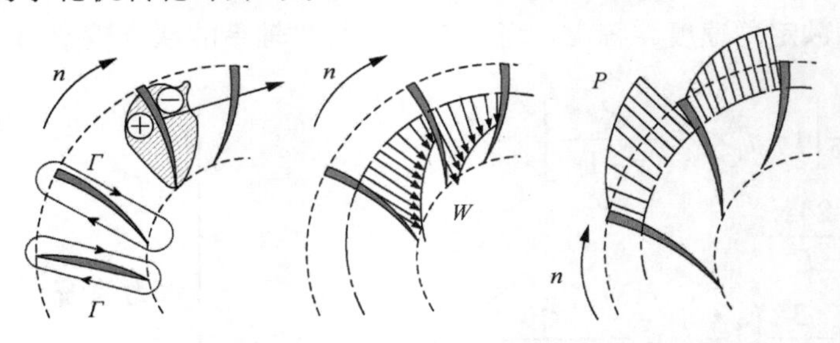

图 4-5　转轮叶片与水流相互作用关系示意图

Γ、*W*、*n* 和 *P* 分别为平均环流量、叶片前后绕流相对速度、发电机转速和两叶片间流道压力；符号为⊕的水压力大于符号为⊖的水压力

由图 4-5 可推知，作用在转轮单个叶片上的总作用力 R 为（蔡燕生，2003）

$$R = \rho W_{\mathrm{ma}} \Gamma_{\mathrm{a}} \tag{4-40}$$

式中，W_{ma} 为叶片前后绕流相对速度的向量平均值；Γ_{a} 为平均环流量；ρ 为流体密度。实际中，转轮过流部件制造偏差使转轮叶片出口边缘开口不均匀，产生相对于转轮中心的径向不对称力，导致水流不平衡而摆动。根据茹科夫斯基升力法，将作用在转轮叶片上的总作用力投影到径向上，可得径向分力为

$$P_{\mathrm{m}} = \frac{\gamma C_y F W_{\mathrm{m}}^2 \cos(\beta_{\mathrm{m}} - \lambda)}{2g\cos\lambda} \tag{4-41}$$

式中，C_y 为翼型的升力系数；$\lambda = \arctan C_y / C_x$，$C_x$ 为翼型的阻力系数；F 为翼型最大面积；W_{m} 为翼型前后液流相对速度 W_1 和 W_2 的几何平均值，即 $W_{\mathrm{m}} = \sqrt{W_1 \times W_2}$，$W_1$ 为水轮机转轮叶片进口相对速度，$W_1 = 4Q / \pi D_1^2$，Q 为水轮机流量，D 为转轮直径；W_2 为水轮机转轮叶片出口相对速度；γ 为绕翼型的液体重度；β_{m} 为平均相对速度 W_{m} 与对流速度 U 的夹角。

假设 1：二维平板翼型在 Re 为 $10^4 \sim 10^6$ 流体中升力系数与阻力系数的近似表达式也适用于水轮机转轮叶片，则有如下表达式：

$$\begin{cases} C_x = 2\sin\left(\dfrac{\arcsin C_y}{2}\right)^2 \\ \lambda = \arctan\dfrac{C_x}{C_y} = \arctan\dfrac{2\sin\left(\dfrac{\arcsin C_y}{2}\right)^2}{C_y} \end{cases} \tag{4-42}$$

图 4-6 为水轮机转轮与速度三角形。图 4-6（a）为水轮机转轮进出口速度三角形。在点 1 或点 2 处，W 为相对速度，U 为对流速度，V 为绝对速度，β 为相对速度 W 和对流速度 U 夹角，α 为绝对速度 V 与对流速度 U 夹角，下标 1 表示转轮入口处，下标 2 表示转轮出口处。

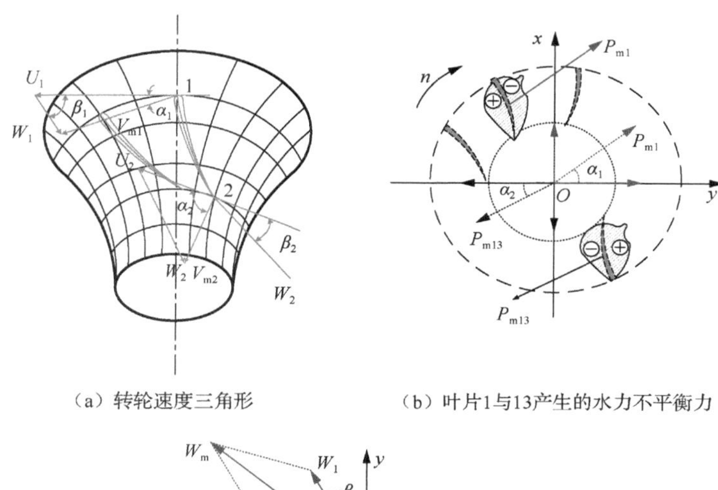

（a）转轮速度三角形　　（b）叶片1与13产生的水力不平衡力

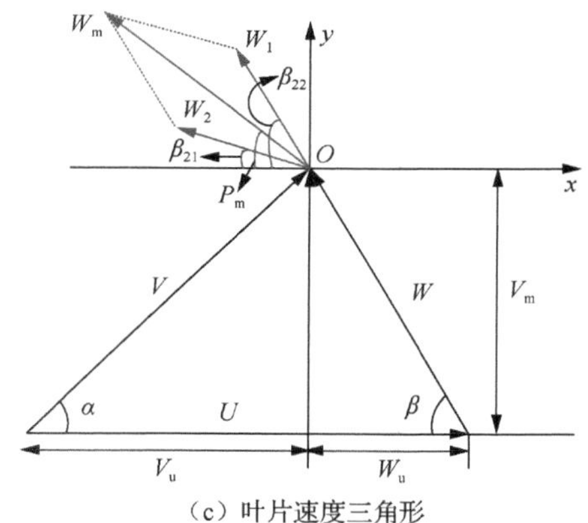

（c）叶片速度三角形

图 4-6　水轮机转轮与速度三角形

V_u-切向边速度；W_u-法向边速度

水轮机转轮叶片进口相对速度计算公式：

$$W_1 = \frac{V_{m1}}{\sin\beta_1} = \frac{Q}{\pi s_1 b_0 D_1 \sin\beta_1} \tag{4-43}$$

式中，Q 为水轮机流量；b_0 为叶片高度；β_1 为速度 W_1 和 U_1 之间的夹角，见图 4-6（a）；s_1 为进口过水断面面积系数；D_1 为转轮进口直径。根据图 4-6（c），出口处的相对速度 W_2 和轴面速度 V_{m2} 分别为

$$\begin{cases} W_2 = \dfrac{V_{m2}}{\sin\beta_2} \\ V_{m2} = \dfrac{Q}{F_2} = \dfrac{Q}{s_2 \pi D_2^2} \end{cases} \tag{4-44}$$

式中，β_2为W_2和U_2的夹角；s_2为出口过水断面面积系数；F_2为转轮出口过水断面面积。

定义对流速度方向为 x 轴，见图 4-6（c），则速度 W_1、W_2和 W_m的坐标分别是($W_1\cos\beta_1$, $W_1\sin\beta_1$)，($W_2\cos\beta_2$, $W_2\sin\beta_2$)和($W_1\cos\beta_1+W_2\cos\beta_2$, $W_1\sin\beta_1+W_2\sin\beta_2$)，$W_m$的绝对值为

$$|W_m| = \sqrt{W_1^2 + W_1^2 + 2W_1W_2\cos(\beta_1 - \beta_2)} \tag{4-45}$$

W_m与对流速度 U_m之间的夹角为

$$\beta_m = \arcsin\frac{W_1\sin\beta_1 + W_2\sin\beta_2}{|W_m|} \tag{4-46}$$

基于式（4-45）和式（4-46），式（4-41）可进一步写为

$$P_m = \frac{\gamma C_y F\cos(\beta_m - \lambda)}{2g\cos\lambda}\left[W_1^2 + W_1^2 + 2W_1W_2\cos(\beta_1 - \beta_2)\right] \tag{4-47}$$

定义叶片初始角度为α_0，则在时刻 t 叶片位置角为

$$\alpha = \alpha_0 + \omega t \tag{4-48}$$

P_m在 x 方向和 y 方向上分力分别为

$$\begin{cases} P_x = P_m\cos\alpha \\ P_y = P_m\sin\alpha \end{cases} \tag{4-49}$$

理论上，水轮机转轮中流动的水流是轴对称的空间流，但实际由于叶片在出口边缘的制造偏差，相对于转轮中心存在径向不对称力，即水力不平衡力。假设一对转轮叶片（编号为 1 和 13）存在制造偏差，其相对平均速度与圆周方向的夹角分别为β_{m1}、β_{m2}，出口绝对速度与圆周方向的夹角分别为β_{21}、β_{22}。假设β_{m1}与β_{m2}之差的绝对值不超过 2°；由图 4-6（b），β_{21}小于β_{m1}，β_{22}小于β_{m2}，β_{21}与β_{m1}及β_{22}与β_{m2}的差值一般情况下不相等，且都比较小。β_{m1}计算公式为

$$\beta_{m1} = \arcsin\frac{W_1\sin\beta_1 + W_{21}\sin\beta_{21}}{|W_{m1}|} \tag{4-50}$$

β_{m2} 计算公式为

$$\beta_{m2}=\arcsin\frac{W_1\sin\beta_1+W_{22}\sin\beta_{22}}{|W_{m2}|} \tag{4-51}$$

基于以上分析，水力不平衡力可写为

$$\begin{cases} P_x=P_{m1}\cos\alpha_1-P_{m13}\cos\alpha_{13}=\dfrac{\gamma C_y F\,|\cos\alpha|}{2g\cos\lambda}[A_1\cos(\beta_{m1}-\lambda)-A_2\cos(\beta_{m2}-\lambda)] \\ P_y=P_{m1}\sin\alpha_1-P_{m13}\sin\alpha_{13}=\dfrac{\gamma C_y F\,|\sin\alpha|}{2g\cos\lambda}[A_1\cos(\beta_{m1}-\lambda)-A_2\cos(\beta_{m2}-\lambda)] \end{cases} \tag{4-52}$$

式中，$A_1=\dfrac{Q^2}{\left(s_1\pi D_1^2\sin\beta_1\right)^2}+\dfrac{Q^2}{\left(s_2\pi D_2^2\sin\beta_{21}\right)^2}+\dfrac{2Q^2\cos(\beta_1-\beta_{21})}{s_1s_2\pi^2D_1^2D_2^2\sin\beta_1\sin\beta_{21}}$，$A_2=\dfrac{Q^2}{\left(s_1\pi D_1^2\sin\beta_1\right)^2}+\dfrac{Q^2}{\left(s_2\pi D_2^2\sin\beta_{22}\right)^2}+\dfrac{2Q^2\cos(\beta_1-\beta_{22})}{s_1s_2\pi^2D_1^2D_2^2\sin\beta_1\sin\beta_{22}}$。

根据参考文献（常近时，1991），水轮机输出力矩为

$$m_t=\rho\frac{Q}{2\pi Z}(\varGamma_1-\varGamma_2)=\frac{\rho Q}{Z}\left[\left(\frac{\cot\alpha}{b_0}+\frac{r_2\eta_0}{F_2\varphi}\cot\beta_{21}\right)Q-\omega r_2^2\right] \tag{4-53}$$

式中，Z 为水轮机转轮叶片数量；r_2 为水轮机出口半径；$\varGamma_1$ 和 $\varGamma_2$ 分别为转轮翼进口和出口的速度环量；η_0 为水轮机静态效率。考虑水力不平衡力的水轮机动力矩改写为

$$\begin{aligned} m_{tn}=&\frac{1}{Z}\rho Q\left[\left(\frac{\cot\alpha}{b_0}+\frac{r_2\eta_0}{F_2\varphi}\cot\beta_{21}\right)\frac{1}{Z}Q-\omega r_2^2\right] \\ &+\frac{1}{Z}\rho Q\left[\left(\frac{\cot\alpha}{b_0}+\frac{r_2\eta_0}{F_2\varphi}\cot\beta_{22}\right)\frac{1}{Z}Q-\omega r_2^2\right] \end{aligned} \tag{4-54}$$

进一步化简为

$$\begin{aligned} m_t=&\frac{Z-2}{Z}\rho Q\left[\left(\frac{\cot\alpha}{b_0}+\frac{r_2\eta_0}{F_2\varphi}\cot\beta_{21}\right)\frac{1}{Z}Q-\omega r_2^2\right]+m_{tn} \\ =&\frac{Z-1}{Z}\rho Q\left[\left(\frac{\cot\alpha}{b_0}+\frac{r_2\eta_0}{F_2\varphi}\cot\beta_{21}\right)\frac{1}{Z}Q-\omega r_2^2\right] \\ &+\frac{1}{Z}\rho Q\left[\left(\frac{\cot\alpha}{b_0}+\frac{r_2\eta_0}{F_2\varphi}\cot\beta_{22}\right)\frac{1}{Z}Q-\omega r_2^2\right] \end{aligned} \tag{4-55}$$

同步发电机模型采用二阶方程，其表达式为

$$
\begin{cases}
\dot{\omega} = \dfrac{1}{T_{\mathrm{ab}}}\left(m_{\mathrm{t}} - m_{\mathrm{e}}\right) \\
m_{\mathrm{t1}} = A_{\mathrm{t}} h_{\mathrm{t}}\left(q_{\mathrm{t}} - q_{\mathrm{nl}}\right) - D_{\mathrm{t}}\omega
\end{cases}
\tag{4-56}
$$

式中，m_{e} 为电磁力矩；T_{ab} 为发电机惯性时间常数；A_{t} 为水轮机增益系数；h_{t} 为水轮机水头；q_{t} 为水轮机流量；q_{nl} 为空载开度下水轮机流量；D_{t} 为发电机阻尼系数；ω 为发电机角速度；m_{t1} 为水轮机输出力矩。基于式（4-56），发电机角速度表达式进一步化简为

$$
\begin{aligned}
\dot{\omega} &= \frac{1}{T_{\mathrm{ab}}}\left(m_{\mathrm{t}} - m_{\mathrm{e}} - e_{\mathrm{n}}\omega\right) \\
&= \frac{1}{T_{\mathrm{ab}}}\left\{\frac{12}{13}\rho Q\left[\left(\frac{\cot\alpha}{b_0} + \frac{r_2\eta_0}{F_2\varphi}\cot\beta_{21}\right)\frac{12}{13}Q - \omega r_2^2\right]\right. \\
&\quad \left. + \frac{1}{13}\rho Q\left[\left(\frac{\cot\alpha}{b_0} + \frac{r_2\eta_0}{F_2\varphi}\cot\beta_{22}\right)\frac{1}{13}Q - \omega r_2^2\right] - m_{\mathrm{e}} - e_{\mathrm{n}}\omega\right\}
\end{aligned}
\tag{4-57}
$$

式中，e_{n} 为自调节系数。

水力发电机组轴系模型为

$$
\begin{cases}
\dfrac{\mathrm{d}}{\mathrm{d}t}\left(\dfrac{\partial L}{\partial \dot{x}_{11}}\right) - \dfrac{\partial L}{\partial x_{11}} = \sum F_x \\
\dfrac{\mathrm{d}}{\mathrm{d}t}\left(\dfrac{\partial L}{\partial \dot{y}_{11}}\right) - \dfrac{\partial L}{\partial y_{11}} = \sum F_y
\end{cases}
\tag{4-58}
$$

轴系不同部件受力情况如表 4-1 所示。根据表 4-1，水力发电机组轴系所受外力如下。

表 4-1　水力发电机组轴系不同部件受力情况

序号	部件	碰摩力	油膜力	阻尼力	不平衡磁拉力	水力不平衡力
1	导轴承		√			
2	转子	√		√	√	
3	转子轴		√			
4	水轮机轴		√			
5	水轮机转轮			√		√

（1）碰摩力：考虑到水力发电机组轴在旋转过程中转速低且质量大，可认为在发生碰摩过程中轴始终保持刚性，因此碰摩力采用双线性刚度模型，其表达式为（张雷克，2014）

$$\begin{cases} F_{x\text{-rub}} = -H(e-\delta_0)\dfrac{(e-\delta_0)k_\text{r}}{e}(x_2 - fy_2) \\ F_{y\text{-rub}} = -H(e-\delta_0)\dfrac{(e-\delta_0)k_\text{r}}{e}(fx_2 + y_2) \end{cases} \tag{4-59}$$

式中，e 为转子形心位移，$e=\sqrt{x_2+y_2}$；δ_0 为发电机定转子间隙；k_r 为发电机定子径向刚度；f 为摩擦系数；$F_{x\text{-rub}}$ 和 $F_{y\text{-rub}}$ 分别为碰摩径向力和切向力。$H(x)$为限幅环节，其表达式为

$$H(x) = \begin{cases} 0, & x<1 \\ 1, & x \geqslant 1 \end{cases} \tag{4-60}$$

（2）油膜力：轴系油膜力的动态分析是一个流固耦合的复杂问题，通过求解雷诺方程获得作用于轴直径的压力，油膜力采用式（4-13）（苟东明等，2015）计算。

（3）阻尼力：采用式（4-11）计算。

（4）不平衡磁拉力：不平衡磁引力会导致旋转机械系统振动，严重情况下引发定转子碰撞（徐永，2012）。因此，有必要研究在不平衡磁拉力作用下的轴系稳定性。当发电机极对数大于 3 时，不平衡磁拉力可表示为

$$\begin{cases} F_{x\text{-ump}} = \dfrac{rL\pi k_\text{j}^2 I_\text{j}^2}{4\mu_0}(2\Lambda_0\Lambda_1 + \Lambda_1\Lambda_2 + \Lambda_2\Lambda_3)\cos\lambda \\ F_{y\text{-ump}} = \dfrac{rL\pi k_\text{j}^2 I_\text{j}^2}{4\mu_0}(2\Lambda_0\Lambda_1 + \Lambda_1\Lambda_2 + \Lambda_2\Lambda_3)\sin\lambda \end{cases} \tag{4-61}$$

式中，r 为转子半径，$r=\sqrt{x_{01}^2+y_{01}^2}$；$x_{01}$ 和 y_{01} 为转子坐标；μ_0 为空气磁导率；k_j 为气隙磁通势基波系数；I_j 为发电机励磁电流；L 为发电机转子的长度。另外，有 4 个无意义的中间变量，分别为

$$\begin{cases} \Lambda_0 = \dfrac{\mu_0}{\delta_0}\dfrac{1}{\sqrt{1-\varepsilon^2}} \\ \Lambda_1 = \dfrac{2\mu_0}{\delta_0}\dfrac{1}{\sqrt{1-\varepsilon^2}}\left(\dfrac{1-\sqrt{1-\varepsilon^2}}{\varepsilon}\right) \\ \Lambda_2 = \dfrac{2\mu_0}{\delta_0}\dfrac{1}{\sqrt{1-\varepsilon^2}}\left(\dfrac{1-\sqrt{1-\varepsilon^2}}{\varepsilon}\right)^2 \\ \Lambda_3 = \dfrac{2\mu_0}{\delta_0}\dfrac{1}{\sqrt{1-\varepsilon^2}}\left(\dfrac{1-\sqrt{1-\varepsilon^2}}{\varepsilon}\right)^3 \end{cases} \tag{4-62}$$

式中，ε 为偏心率，$\varepsilon = r/\delta_0$，δ_0 为均匀空气隙。

（5）水力不平衡力：水力不平衡力采用式（4-52）计算。综上分析，水力发电机组轴系模型可写为

$$\begin{cases}(m_1+m_2)\ddot{x}+c\dot{x}+(k_1+k_2)x=(m_1e_1+m_2e_2)\omega^2\cos\varphi-k_2r\cos\theta\\ \qquad +m_2r\omega^2\cos\theta+F_{x\text{-ump}}+F_x-F_{x\text{-rub}}+P_x\\(m_1+m_2)\ddot{y}+c\dot{y}+(k_1+k_2)y=(m_1e_1+m_2e_2)\omega^2\sin\varphi-k_2r\sin\theta\\ \qquad +m_2r\omega^2\sin\theta+F_{y\text{-ump}}+F_y-F_{y\text{-rub}}+P_y\end{cases} \tag{4-63}$$

式中，$F_{x\text{-rub}}$ 为 x 方向碰摩力；$F_{y\text{-rub}}$ 为 y 方向碰摩力。

引水系统考虑弹性水击效应的传递函数模型为

$$\begin{cases}\dot{x}_1=x_2\\ \dot{x}_2=x_3\\ \dot{x}_3=-\dfrac{\pi^2}{T_{01}^2}x_2+\dfrac{1}{Z_{01}T_{01}^3}\left(h_0-fq^2-h_\text{t}\right)\\ \dot{q}=-3\pi^2x_2+\dfrac{4}{Z_{01}T_{01}}\left(h_0-fq^2-h_\text{t}\right)\end{cases} \tag{4-64}$$

式中，T_{01} 为水流惯性时间常数；Z_{01} 为管道特性参数；h_0 为初始水头；q 为水轮机流量。

水轮机的转换效率为

$$\eta_0=\frac{n_\text{s}^2H^{1.5}}{9.81\left(\dfrac{30\omega}{\pi}\right)^2Q}=\frac{n_\text{s}^2H^{1.5}}{895.472\omega^2Q} \tag{4-65}$$

效率方程一阶导数重写为

$$\dot{\eta}_0=-\frac{n_\text{s}^2H^{1.5}}{895.472}\left(2\frac{\dot{\omega}}{\omega^3Q}+\frac{\dot{Q}}{\omega^2Q^2}\right)=-\frac{n_\text{s}^2H^{1.5}}{895.472}\left(\frac{2\omega_\text{B}\dot{\omega}}{\omega^3Q}+\frac{\dot{q}Q_\text{r}}{\omega^2Q^2}\right) \tag{4-66}$$

式中，n_s 为水轮机转速；ω 为发电机角速度；ω_B 为发电机角速度额定值；Q_r 为水轮机流量额定值。将调节系统和轴系模型耦合，可得耦合模型为

$$\begin{cases}\dot{x}_1 = x_2 \\ \dot{x}_2 = x_3 \\ \dot{x}_3 = -\dfrac{\pi^2}{T_{01}^2}x_2 + \dfrac{1}{Z_{01}T_{01}^3}\left(h_0 - fq^2 - h_t\right) \\ \dot{q} = -3\pi^2 x_2 + \dfrac{4}{Z_{01}T_{01}}\left(h_0 - fq^2 - h_t\right) \\ \dot{\omega} = \dfrac{1}{T_{ab}}\left[\dfrac{12}{13}\rho Q\left[\left(\dfrac{\cot\alpha}{b_0} + \dfrac{r_2\eta_0}{F_2\varphi}\cot\beta_{21}\right)\dfrac{12}{13}Q - \omega r_2^2\right]\right. \\ \qquad \left. + \dfrac{1}{13}\rho Q\left[\left(\dfrac{\cot\alpha}{b_0} + \dfrac{r_2\eta_0}{F_2\varphi}\cot\beta_{22}\right)\dfrac{1}{13}Q - \omega r_2^2\right] - m_e - e_n\omega\right] \\ (m_1+m_2)\ddot{x} + c\dot{x} + (k_1+k_2)x = (m_1e_1+m_2e_2)\omega^2\cos\varphi - k_2 r\cos\theta \\ \qquad + m_2 r\omega^2\cos\theta + F_{x\text{-ump}} + F_x - F_{x\text{-rub}} + P_x \\ (m_1+m_2)\ddot{y} + c\dot{y} + (k_1+k_2)y = (m_1e_1+m_2e_2)\omega^2\sin\varphi - k_2 r\sin\theta \\ \qquad + m_2 r\omega^2\sin\theta + F_{y\text{-ump}} + F_y - F_{y\text{-rub}} + P_y \\ \dot{\eta}_0 = -\dfrac{n_s^2H^{1.5}}{895.472}\left(2\dfrac{\dot{\omega}}{\omega^3 Q} + \dfrac{\dot{Q}}{\omega^2Q^2}\right) = -\dfrac{n_s^2H^{1.5}}{895.472}\left(\dfrac{2\omega_B\dot{\omega}}{\omega^3 Q} + \dfrac{\dot{q}Q_r}{\omega^2Q^2}\right)\end{cases} \tag{4-67}$$

4.1.3　以水力激励力为传递参数的耦合统一建模

在导叶的调节控制下，流经转轮的水流方向和流速会发生改变，并与叶片相互作用，将水能转化为机械能，进而带动连接转轮的水力发电机轴不停旋转。因此，可以利用水流和转轮的相互作用力耦合调节系统和轴系模型。图 4-7 为水力发电系统稳定性分析的两个重要研究方向，图 4-7（a）和（b）分别为水轮机调节系统模型和水力发电机组轴系模型。

水轮机转轮叶片间流道由上冠、下环和叶片组成，叶片的形状空间为扭曲面，剖面头部厚、尾部薄，呈与飞机机翼类似的流线型，这种剖面形状被称为翼型（郑源等，2007）。其凸面为叶片正面，凹面为叶片背面。水流流过时，流线会发生改变，在翼型头部的分离点，正面和背面位于同一个点，压力相同，随后从叶片进口至叶片出口，翼型凹面流速小于凸面流速，在叶片的尾部出口汇合处又归于同一个点，此时压力也相同。这样的流速变化过程使得凸面压强小于凹面压强，叶片会受到一个由凹面指向凸面的作用力，即叶型的升力，同时还存在流体阻力。

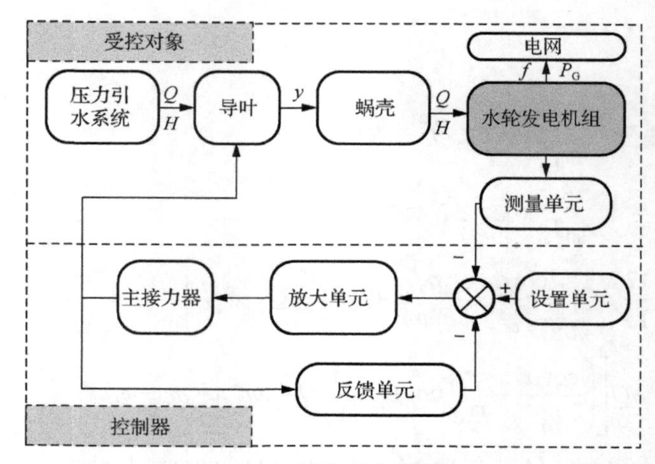

(a) 水轮机调节系统模型

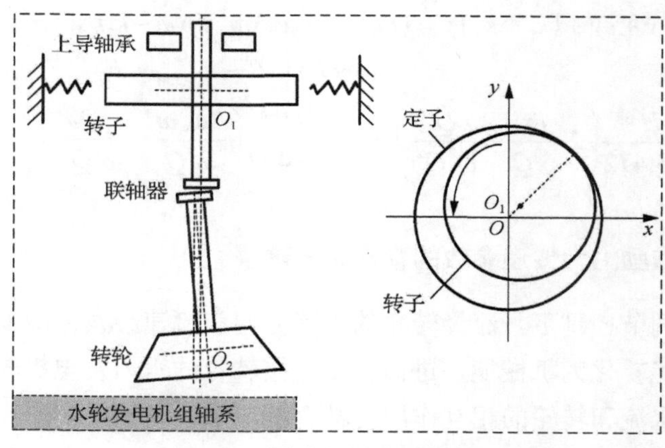

(b) 水力发电机组轴系模型

图 4-7　水力发电系统稳定性分析的两个重要研究方向

水轮机调节系统模型通过控制发电机转速电网提供可靠服务，但忽略了轴系振动对发电机发电可靠性的影响；水力发电机组轴系模型主要研究轴系振动，而忽略了水轮机调节系统的控制效果

取水轮机转轮底部转轴处为原点 O，x 轴与来流 U_∞ 一致，建立全局坐标系(O-xyz)。在高度 h 处作一水平截面，在截面圆中心建立该高度切片坐标系(O-xy)，如图 4-8 所示。

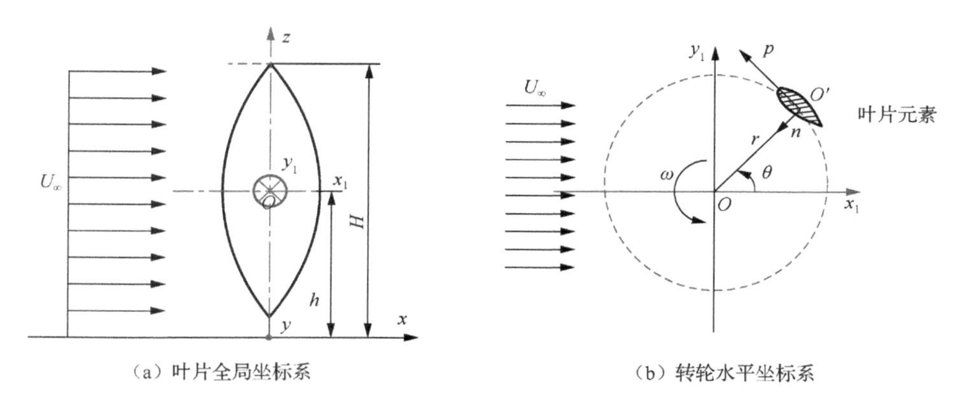

图 4-8　水轮机转轮三维坐标系

U_∞、H、p、ω、θ 和 r 分别为水轮机流动速度、涡轮机高度、切向力、叶片角速度、位置角和高度 h 处的轨迹圆半径

假设叶片的角速度为 $\omega(t)$，初始位置角为 θ_0，那么在 t 时刻位置角表示为

$$\theta = \theta_0 + \int_0^t \omega \mathrm{d}t \tag{4-68}$$

水平坐标系 O' 位置（O-x_1y_1）为

$$\left(x_{O'}, y_{O'}\right) = r\left(\cos\theta, \sin\theta\right) \tag{4-69}$$

叶片元素在点 O' 的受力分析如图 4-9 所示。选择叶片元素［图 4-8（b）］为研究对象，建立固定坐标系（O'-pnm）如图 4-10 所示。叶片元素所受升力和阻力如图 4-11 所示。

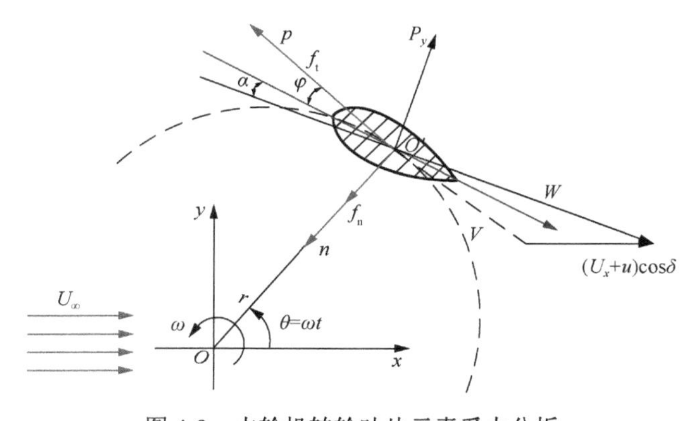

图 4-9　水轮机转轮叶片元素受力分析

t、f_n、f_t、P_y、U_x、δ、V、u 和 W 分别为时间、沿径向水力力、沿切线水力力、升力、沿 x 方向水流流速、功角、转轮速度、x 轴方向的诱导速度和盘面处合速度

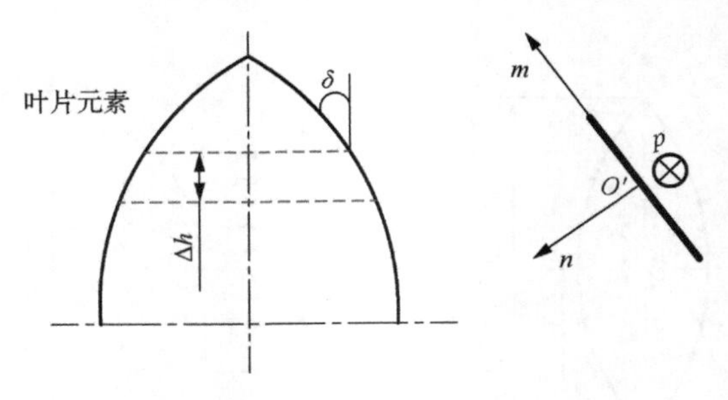

图 4-10　固定坐标系

Δh 和 δ 分别为叶片元素在 p 轴上的微单位高度和叶片元素负载角

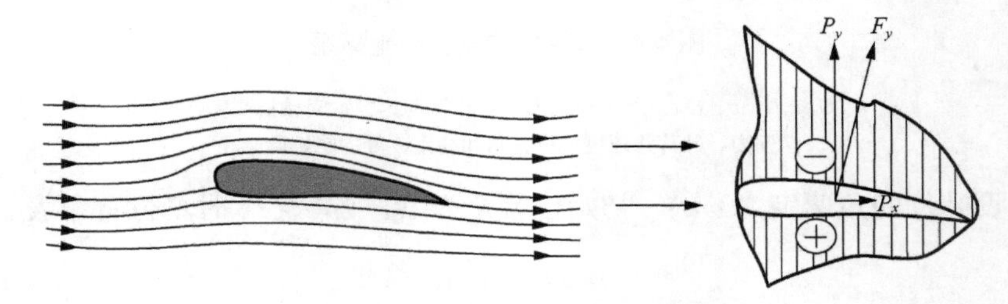

图 4-11　叶片元素所受升力和阻力

P_x、P_y 和 F_y 分别为阻力、升力和水力力（P_x 和 P_y 的合力）

如图 4-9 和图 4-10 所示，假设 U_∞ 为均匀流，忽略 y 轴方向的诱导速度，仅考虑 x 轴方向的诱导速度 u，则该叶片在盘面处合速度 W 满足

$$\vec{W} = \vec{\omega}\vec{r} + \vec{U}\cos\delta \tag{4-70}$$

式中，r 为高度 h 处的轨迹圆半径；ω 为叶片的角速度；U 为水轮机流动合成速度，$U=U_x+u$；δ 为叶片元素负载角。沿 p 轴和 n 轴对速度 W 分解，可得

$$\begin{cases} W\sin\alpha = U\cos(\theta+\varphi)\cos\delta - r\omega\sin\varphi \\ W\cos\alpha = U\sin(\theta+\varphi)\cos\delta + r\omega\cos\varphi \end{cases} \tag{4-71}$$

式中，α 为速度 W 与叶片元素轴之间的夹角（图 4-9）；θ 为位置角；φ 为速度 V 与叶片元素轴之间的夹角，其表达式为

$$\varphi = \arctan\frac{e\cos\theta}{1+e\sin\theta} \tag{4-72}$$

式中，e 为叶片偏心距。根据式（4-70）和式（4-71），α 和 W 表达式为

$$\begin{cases} \alpha = \arctan\dfrac{U\cos(\theta+\varphi)\cos\delta - V\sin\varphi}{U\sin(\theta+\varphi)\cos\delta + V\cos\varphi} \\ W = \sqrt{[r\omega\cos\varphi + U\sin(\theta+\varphi)\cos\delta]^2 + [U\cos(\theta+\varphi)\cos\delta - r\omega\sin\varphi]^2} \end{cases} \tag{4-73}$$

叶片元素升力 P_y 和阻力 P_x 表达式为

$$\begin{cases} P_y = \dfrac{0.5\rho W^2 C \Delta h C_{\mathrm{L}}}{\cos\delta} \\ P_x = \dfrac{0.5\rho W^2 C \Delta h C_{\mathrm{D}}}{\cos\delta} \end{cases} \tag{4-74}$$

式中，ρ、C、Δh、C_{L} 和 C_{D} 分别为流体密度、叶片元素的整体系数、叶片元素整体高度（图 4-10）、升力系数和阻力系数。

基于图 4-9 和图 4-11，沿径向水力力表示为

$$\begin{aligned} f_{\mathrm{n}} &= -P_y\cos(\alpha+\varphi) - P_x\sin(\alpha+\varphi) \\ &= -\frac{\rho W_2 C\Delta h}{2\cos\delta}\left[C_{\mathrm{L}}\cos(\alpha+\varphi) + C_{\mathrm{D}}\sin(\alpha+\varphi)\right] \end{aligned} \tag{4-75}$$

假设水轮机转轮圆周角速度为 ω，初始位置角为 θ_0，则时刻 t 该叶片位置角为

$$\theta = \theta_0 + \omega t \tag{4-76}$$

将叶片所受合力在径向的分量 f_{n} 投影到 x 方向和 y 方向，可得

$$\begin{cases} f_{\mathrm{n}x} = f_{\mathrm{n}}\cos\theta \\ f_{\mathrm{n}y} = f_{\mathrm{n}}\sin\theta \end{cases} \tag{4-77}$$

假设转轮共有 6 个叶片，叶片 1 和叶片 4 为一组对称的叶片，叶片质地不均匀引起径向不对称力，即水力不平衡力。此处定义叶片 1 的叶片子午角为 δ_1，叶片 1 在盘面处合速度为 W_1；叶片 4 的子午角为 δ_2，在盘面处的合速度为 W_2。叶片 1 的偏角 φ_1、流体动力攻角 α_1 的表达式为

$$\begin{cases} \varphi_1 = \arctan\dfrac{e\cos\theta_1}{1+e\sin\theta_1} \\ \alpha_1 = \arctan\dfrac{\cos(\theta_1+\varphi_1)\cos\delta_1 - \dfrac{\omega r}{U}\sin\varphi_1}{\dfrac{\omega r}{U}\cos\varphi_1 + \sin(\theta_1+\varphi_1)\cos\delta_1} \end{cases} \tag{4-78}$$

叶片 4 的偏角 φ_2、流体动力攻角 α_2 的表达式为

$$\begin{cases} \varphi_2 = \arctan\dfrac{e\cos\theta_2}{1+e\sin\theta_2} \\ \alpha_2 = \arctan\dfrac{\cos(\theta_2+\varphi_2)\cos\delta_2 - \dfrac{\omega r}{U}\sin\varphi_2}{\dfrac{\omega r}{U}\cos\varphi_2 + \sin(\theta_2+\varphi_2)\cos\delta_2} \end{cases} \tag{4-79}$$

则转轮在叶片对称不均匀情况下受到的径向水力不平衡力为

$$\begin{cases} f_{nx} = 0.5\rho C\Delta h\,|\cos\theta|\left(A_1\dfrac{W_1^2}{\cos\delta_1} - A_2\dfrac{W_2^2}{\cos\delta_2}\right) \\ f_{ny} = -0.5\rho C\Delta h\,|\sin\theta|\left(A_1\dfrac{W_1^2}{\cos\delta_1} - A_2\dfrac{W_2^2}{\cos\delta_2}\right) \end{cases} \tag{4-80}$$

式中，$A_1 = C_L\cos(\alpha_1+\varphi_1)+C_D\sin(\alpha_1+\varphi_1)$；$A_2 = C_L\cos(\alpha_2+\varphi_2)+C_D\sin(\alpha_2+\varphi_2)$。

沿切线方向的水力力 F_y 为

$$\begin{aligned} F_y &= P_y\sin(\alpha+\varphi) - P_x\cos(\alpha+\varphi) \\ &= \frac{\rho W^2 C\Delta h}{2\cos\delta}\left[C_L\sin(\alpha+\varphi) - C_D\cos(\alpha+\varphi)\right] \end{aligned} \tag{4-81}$$

F_y 在高度 h 引起的扭矩为

$$m_t = f_t\cdot r = \frac{\rho W^2 C\Delta h}{2\cos\delta}\left[C_L\sin(\alpha+\varphi) - C_D\cos(\alpha+\varphi)\right]r \tag{4-82}$$

假设叶片的长度为 L，则由水流引起的水轮机转轮的扭矩为

$$M_t = n\int_0^L m_t \mathrm{d}L = n\int_0^L \left\{\frac{0.5\rho W^2 C\Delta h}{\cos\delta}\left[C_L\sin(\alpha+\varphi) - C_D\cos(\alpha+\varphi)\right]\right\}\cdot r\mathrm{d}L \tag{4-83}$$

式中，n 为水轮机转轮叶片编号。机组轴系模型采用如下形式：

$$\begin{cases} m\ddot{x} + c_1\dot{x} + (k_1 + K_{exx})x + K_{exy}y \\ = me(\ddot{\varphi}^2\cos\varphi + \ddot{\varphi}\sin\varphi) + c_1 e\dot{\varphi}\sin\varphi - f_{ex} + F_{x\text{-rub}} + f_{nx} + f_x \\ m\ddot{y} + c_2\dot{y} + (k_2 + K_{eyy})y + K_{eyx}x \\ = me(\dot{\varphi}^2\sin\varphi - \ddot{\varphi}\cos\varphi) - c_2 e\dot{\varphi}\cos\varphi - f_{ey} + F_{y\text{-rub}} + f_{ny} + f_y \\ I_p\ddot{\varphi} + c_3\dot{\varphi} + (k_3 + K_{te})\varphi \\ = e(k_2 y\cos\varphi - k_1 x\sin\varphi) - M_e + M_t - M_F \end{cases} \tag{4-84}$$

式中，x 和 y 分别为发电机转子在 x 轴和 y 轴上的形心坐标；φ 为发电机转子的扭转角；m 为发电机转子质量；I_p 为发电机转子的动惯量；c_1 和 c_2 分别为发电机转子在 x 方向和 y 方向的阻尼系数；c_3 为发电机转子扭振阻尼系数；k_1 和 k_2 分别为发电机转子轴在 x 轴和 y 轴上的弯曲刚度；k_3 为轴扭转刚度；K_{exx}、K_{eyy}、K_{eyx} 和 K_{exy} 为水力发电机转子气隙中磁场能量弯曲电磁刚度；K_{te} 为水力发电机转子气隙中磁场能量扭转电磁刚度；e 为发电机转子质量偏心距；f_{ex} 和 f_{ey} 分别为 x 轴和 y 轴弯曲电磁荷载；$F_{x\text{-rub}}$ 和 $F_{y\text{-rub}}$ 分别为 x 轴和 y 轴摩擦力；f_x 和 f_y 分别为 x 轴和 y 轴上的油膜力；M_F 为摩擦点摩擦扭矩；M_e 为发电机扭转电磁负载；M_t 为水轮机

转轮力矩。该表达式是统一水轮机调节系统和水力发电机组轴系模型的重要桥梁。

令 x=x_{11}，y=y_{11}，v_{01}=φ，水力发电机组轴系模型式（4-84）可写为状态空间方程形式：

$$
\begin{cases}
\dot{x}_{11} = x_{12} \\
\dot{x}_{12} = \dfrac{1}{m}\Big[me\left(\ddot{\varphi}^2\cos\varphi + \ddot{\varphi}\sin\varphi\right) + c_1 e\dot{\varphi}\sin\varphi - f_{\text{ex}} + F_{x\text{-rub}} \\
\qquad - F_{x\text{f}} + f_{\text{nx}} + f_x - K_{\text{exy}} y_1 - \left(k_1 + K_{\text{exx}}\right) x_{11} - c_1 x_{12}\Big] \\
\dot{y}_{11} = y_{12} \\
\dot{y}_{12} = \dfrac{1}{m}\Big[me\left(\dot{\varphi}^2\sin\varphi - \ddot{\varphi}\cos\varphi\right) - c_2 e\dot{\varphi}\cos\varphi - f_{\text{ey}} + F_{y\text{-rub}} \\
\qquad - F_{y\text{f}} + f_{\text{ny}} + f_y - K_{\text{eyx}} y_1 - \left(k_2 + K_{\text{eyy}}\right) x_{11} - c_2 y_{12}\Big] \\
\dot{v}_{01} = v_{02} \\
\dot{v}_{02} = \dfrac{1}{I_{\text{P}}}\left[e\left(k_2 y_{11}\cos\varphi - k_1 x_1 \sin\varphi\right) - M_{\text{e}} + M_{\text{t}} - M_F - \left(k_3 + K_{\text{te}}\right)v_{01} - c_3 v_{02}\right]
\end{cases}
\tag{4-85}
$$

水轮机调节系统采用 Demello 等（1992）提出的非线性模型：

$$
\begin{cases}
\dot{x}_1 = x_2 \\
\dot{x}_2 = x_3 \\
\dot{x}_3 = -\dfrac{\pi^2}{T_{01}^2}x_2 + \dfrac{1}{Z_{01}T_{01}^3}\left(h_0 - fq^2 - h_{\text{t}}\right) \\
\dot{q} = -3\pi^2 x_2 + \dfrac{4}{Z_{01}T_{01}}\left(h_0 - fq^2 - h_{\text{t}}\right) \\
\dot{\delta} = \omega_{\text{r}}\left(\omega - \omega_0\right) \\
\dot{\omega} = \dfrac{1}{T_{\text{j}}}\left[P_{\text{m}} - P_{\text{G}} - D_{\text{t}}(\omega - 1)\right] \\
\dot{E}_q = -\dfrac{\omega_{\text{B}}}{T_{\text{d0}}}\dfrac{X_{d\Sigma}}{X_{d\Sigma}}E_q + \dfrac{\omega_{\text{B}}}{T_{d0}}\dfrac{X_{d\Sigma} - X_{d\Sigma}}{X_{d\Sigma}}U_{\text{s}}\cos\delta + \dfrac{\omega_{\text{B}}}{T_{\text{d0}}}E_{\text{f}} \\
\dot{y} = \dfrac{1}{T_{\text{y}}}\left(k_{\text{p}}(r - \omega) + k_{\text{i}}x_4 - k_{\text{d}}\dot{\omega} - y + y_0\right) \\
\dot{x}_4 = r_1 - \omega
\end{cases}
\tag{4-86}
$$

式中，x_1、x_2、x_3、x_4 为中间变量；q 为水轮机流量；T_{01} 为压力管道弹性时间常数，T_{01}=L/v，L 为压力管长度，v 为压力波速度；Z_{01} 为涌浪阻力系数，Z_{01}=$vQ_{\text{r}}/AgH_{\text{r}}$，$Q_{\text{r}}$ 为水轮机额定流量，H_{r} 为水轮机额定水头；h_0 为毛水头；f 为压力管的摩擦系数；h_{t} 为水轮机水头；ω_{r} 为发电机的额定角速度；ω 为发电机角速度；δ 为发电

机功角；T_{j} 为发电机惯性时间常数；P_{m} 为水轮机功率；P_{G} 为发电机电磁功率；D_{t} 为发电机阻尼系数；$X_{d\Sigma}$ 为 d 轴同步电抗；U_{s} 为母线电压；T_{d0} 为等效阻抗；E_{f} 为励磁控制器输出，T_{y} 为接力器反应时间常数；y_0 为空载开度；y 为导叶开度；k_{p}、k_{i} 和 k_{d} 分别为比例增益系数、积分增益系数和微分增益系数；r_1 为参考输入。

基于水力激励力的调节系统和轴系耦合模型为

$$
\begin{cases}
\left.\begin{aligned}
&\dot{x}_1 = x_2\\
&\dot{x}_2 = x_3\\
&\dot{x}_3 = -\frac{\pi^2}{T_{01}^2}x_2 + \frac{1}{Z_{01}T_{01}^3}\left(h_0 - fq^2 - h_{\mathrm{t}}\right)\\
&\dot{q} = -3\pi^2 x_2 + \frac{4}{Z_{01}T_{01}}\left(h_0 - fq^2 - h_{\mathrm{t}}\right)\\
&\dot{\delta} = \omega_{\mathrm{r}}\left(\omega - \omega_0\right)\\
&\dot{\omega} = \frac{1}{T_{\mathrm{j}}}\left[P_{\mathrm{m}} - P_{\mathrm{G}} - D_{\mathrm{t}}\left(\omega - \omega_0\right)\right]\\
&\dot{E}'_q = -\frac{\omega_{\mathrm{B}}}{T'_{\mathrm{d0}}}\frac{X_{d\Sigma}}{X'_{d\Sigma}}E'_q + \frac{\omega_{\mathrm{B}}}{T'_{\mathrm{d0}}}\frac{X_{d\Sigma} - X'_{d\Sigma}}{X'_{d\Sigma}}U_{\mathrm{s}}\cos\delta + \frac{\omega_{\mathrm{B}}}{T'_{\mathrm{d0}}}E_{\mathrm{f}}\\
&\dot{y} = \frac{1}{T_{\mathrm{y}}}\left[k_{\mathrm{p}}(r-\omega) + k_{\mathrm{i}}x_4 - k_{\mathrm{d}}\dot{\omega} - y + y_0\right]\\
&\dot{x}_4 = r_1 - \omega
\end{aligned}\right\}\text{水轮机调节系统}\\
\left.\begin{aligned}
&\dot{x}_{11} = x_{12}\\
&\dot{x}_{12} = \frac{1}{m}\Big[me\left(\ddot{\varphi}^2\cos\varphi + \ddot{\varphi}\sin\varphi\right) + c_1 e\dot{\varphi}\sin\varphi - f_{\mathrm{ex}} + F_{x\text{-rub}} - F_{x\mathrm{f}}\\
&\qquad + f_{\mathrm{n}x} + f_x - K_{\mathrm{e}xy}y_{11} - \left(k_1 + K_{\mathrm{e}xx}\right)x_{11} - c_1 x_{12}\Big]\\
&\dot{y}_{11} = y_{12}\\
&\dot{y}_{12} = \frac{1}{m}\Big[me\left(\dot{\varphi}^2\sin\varphi - \ddot{\varphi}\cos\varphi\right) - c_2 e\dot{\varphi}\cos\varphi - f_{\mathrm{e}y} + F_{y\text{-rub}} - F_{y\mathrm{f}}\\
&\qquad + f_{\mathrm{n}y} + f_y - K_{\mathrm{e}yx}y_{11} - \left(k_2 + K_{\mathrm{e}yy}\right)x_{11} - c_2 y_{12}\Big]\\
&\dot{v}_{01} = v_{02}\\
&\dot{v}_{02} = \frac{1}{I_P}\left[e\left(k_2 y_{11}\cos\varphi - k_1 x_{11}\sin\varphi\right) - M_{\mathrm{e}} + M_{\mathrm{t}} - M_F - \left(k_3 + K_{\mathrm{te}}\right)v_{01} - c_3 v_{02}\right]
\end{aligned}\right\}\text{机组轴系}
\end{cases}
\tag{4-87}
$$

4.2　考虑陀螺效应的水力发电机组轴系与水轮机调节系统耦合建模

4.2.1　考虑陀螺效应的水力发电机组轴系建模

图 4-12 为水力发电机组轴系结构示意图，O_1、O_2 分别为发电机转子及水轮机转轮的几何形心。

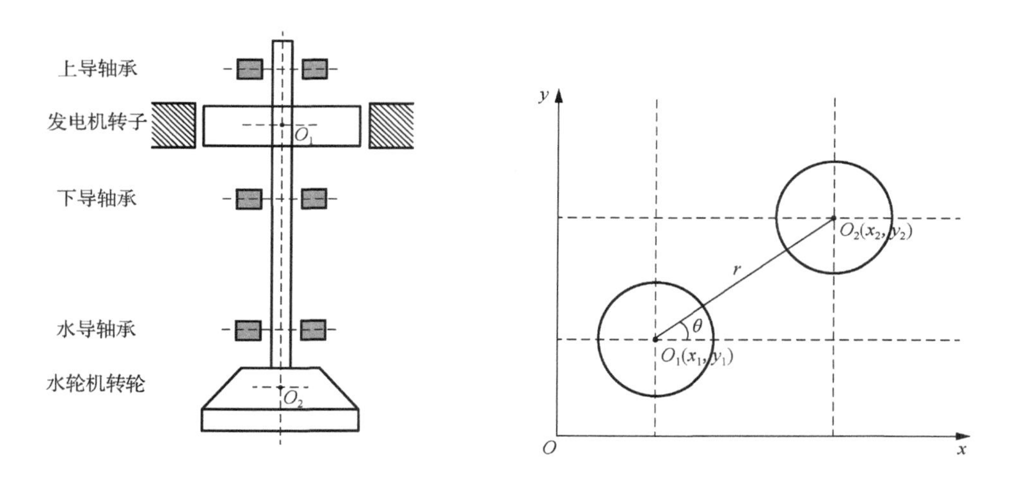

图 4-12　水力发电机组轴系结构示意图

设发电机转子形心坐标为（x_1, y_1），其质量偏心距为 e_1，发电机转子的质心坐标为（x_{01}, y_{01}），则 $x_{01} = x_1 + e_1 \cos\varphi$ ，$y_{01} = y_1 + e_1 \sin\varphi$ ；设水轮机转轮形心坐标为（x_2, y_2），其质量偏心距为 e_2，水轮机转轮的质心坐标为（x_{02}, y_{02}），则 $x_{02} = x_2 + e_2 \cos\varphi$ ，$y_{02} = y_2 + e_2 \sin\varphi$ 。φ 为发电机转子和水轮机转轮转过的角度，$\varphi=\omega t+\varphi_0$；$\omega$ 为机组角速度。发电机转子与水轮机转轮形心之间的关系如下：

$$
\begin{cases} x_2 = x_1 + r\cos\theta \\ y_2 = y_1 + r\sin\theta \end{cases} \tag{4-88}
$$

式中，$\theta=\omega t+\theta_0$，θ_0 为轴系初始角度。

考虑陀螺效应的水力发电机组总动能和势能可以表示为

$$
\left\{\begin{aligned}
E_{\mathrm{k}} &= \frac{1}{2}\Big\{\left(J_1 + m_1 e_1^2\right)\dot{\varphi}^2 + \left[J_2 + m_2\left(r^2 + e_2^2\right)\right]\dot{\theta}^2 \\
&\quad + m_1\left(\dot{x}_1^2 + \dot{y}_1^2 + e_1^2\dot{\varphi}^2 - 2\dot{x}_1 e_1\dot{\varphi}\sin\varphi + 2\dot{y}_1 e_1\dot{\varphi}\cos\varphi\right) \\
&\quad + m_2\Big[\dot{x}_1^2 + \dot{y}_1^2 + r^2\dot{\theta}^2 - 2\dot{x}_1 r\dot{\theta}\sin\theta + 2\dot{y}_1 r\dot{\theta}\cos\theta + e_2^2\dot{\varphi}^2 - 2\dot{x}_1 e_2\dot{\varphi}\sin\varphi \\
&\quad + 2re_2\dot{\theta}\dot{\varphi}\sin\theta\sin\varphi + 2\dot{y}_1 e_2\dot{\varphi}\cos\varphi + 2re_2\dot{\theta}\dot{\varphi}\cos\theta\cos\varphi\Big] \\
&\quad + J_p\left[\dot{\eta} + \dot{\eta}\left(\dot{\alpha}_x\alpha_y - \alpha_x\dot{\alpha}_y\right)\right] + J_d\left(\dot{\alpha}_x^2 + \dot{\alpha}_y^2\right)\Big\} \\
E_{\mathrm{p}} &= \frac{1}{2}\Big\{k_1\left(x_1^2 + y_1^2\right) + k_2\left[\left(\dot{x}_1 - r\omega\sin\theta\right)^2 + \left(\dot{y}_1 + r\omega\cos\theta\right)^2\right] \\
&\quad + 2\mu\left(x_1\alpha_x + y_1\alpha_y\right) + \delta\left(\alpha_x^2 + \alpha_y^2\right)\Big\}
\end{aligned}\right. \tag{4-89}
$$

式中，α_x、α_y 分别为 x 方向、y 方向的轴向偏移量。由式（4-89）可得系统的拉格朗日函数表达式为

$$
\begin{aligned}
L &= \frac{1}{2}m_1\left(\dot{x}_1^2 + \dot{y}_1^2 + e_1^2\dot{\varphi}^2 - 2\dot{x}_1 e_1\dot{\varphi}\sin\varphi + 2\dot{y}_1 e_1\dot{\varphi}\cos\varphi\right) \\
&\quad + \frac{1}{2}m_2\Big(\dot{x}_1^2 + \dot{y}_1^2 + r^2\dot{\theta}^2 - 2\dot{x}_1 r\dot{\theta}\sin\theta + 2\dot{y}_1 r\dot{\theta}\cos\theta + e_2^2\dot{\varphi}^2 - 2\dot{x}_1 e_2\dot{\varphi}\sin\varphi \\
&\quad + 2re_2\dot{\theta}\dot{\varphi}\sin\theta\sin\varphi + 2\dot{y}_1 e_2\dot{\varphi}\cos\varphi + 2re_2\dot{\theta}\dot{\varphi}\cos\theta\cos\varphi\Big) \\
&\quad + \frac{1}{2}\Big\{\left(J_1 + m_1 e_1^2\right)\dot{\varphi}^2 + \left[J_2 + m_2\left(r^2 + e_2^2\right)\right]\dot{\theta}^2\Big\} - \frac{1}{2}k_1(x_1^2 + y_1^2) \\
&\quad + \frac{1}{2}\Big\{J_p\left[\dot{\eta} + \dot{\eta}\left(\dot{\alpha}_x\alpha_y - \alpha_x\dot{\alpha}_y\right)\right] + J_d\left(\dot{\alpha}_x^2 + \dot{\alpha}_y^2\right)\Big\} - \frac{1}{2}\delta(\alpha_x^2 + \alpha_y^2) \\
&\quad - \frac{1}{2}k_2(\dot{x}_1^2 + \dot{y}_1^2 + 2x_1 r\cos\theta + 2y_1 r\sin\theta + r^2) - \mu(x_1\alpha_x + y_1\alpha_y)
\end{aligned} \tag{4-90}
$$

选取广义坐标为 $q = \{x_1, y_1, \alpha_x, \alpha_y\}$，作用在水力发电机组上的全部外力被记为 $F=\{\sum F_1, \sum F_2\}$。系统的拉格朗日方程可写为

$$
\frac{\mathrm{d}}{\mathrm{d}t}\left(\frac{\partial L}{\partial \dot{q}_i}\right) - \frac{\partial L}{\partial q_i} = \sum F_i \quad (i = 1,2,3,4) \tag{4-91}
$$

将式（4-90）代入（4-91），展开得到各变量对应的微分方程：

$$
\begin{cases}
(m_1+m_2)\ddot{x}_1+c\dot{x}_1+(k_1+k_2)x_1+\mu\alpha_x-[(m_1e_1+m_2e_2)\sin\varphi+m_2r\sin\theta]\dot{\omega} \\
-[(m_1e_1+m_2e_2)\cos\varphi+m_2r\cos\theta]\omega^2+k_2r\cos\theta=F_{x\text{-ump}}+F_{x\text{-oil}} \\
(m_1+m_2)\ddot{y}_1+c\dot{y}_1+(k_1+k_2)y_1+\mu\alpha_y+[(m_1e_1+m_2e_2)\cos\varphi+m_2r\cos\theta]\dot{\omega} \\
-[(m_1e_1+m_2e_2)\sin\varphi+m_2r\cos\theta]\omega^2+k_2r\sin\theta=F_{y\text{-ump}}+F_{y\text{-oil}} \\
J_d\ddot{\alpha}_x+c_\alpha\dot{\alpha}_x+J_p\omega\dot{\alpha}_y+\dfrac{1}{2}J_p\dot{\omega}\alpha_y+\mu x_1+\delta\alpha_x=0 \\
J_d\ddot{\alpha}_y+c_\alpha\dot{\alpha}_y-J_p\omega\dot{\alpha}_x-\dfrac{1}{2}J_p\dot{\omega}\alpha_x+\mu y_1+\delta\alpha_y=0
\end{cases}
\tag{4-92}
$$

式中，c_α 是扭转振动结构阻尼系数。将式（4-92）表示成状态方程的形式：

$$
\begin{cases}
\dot{x}_1=u_1 \\
\dot{y}_1=u_{11} \\
\dot{\alpha}_x=v_1 \\
\dot{\alpha}_y=v_{11} \\
\dot{u}_1=\dfrac{1}{(m_1+m_2)}\Big\{-c\dot{x}_1+\big[(m_1e_1+m_2e_2)\sin\varphi+m_2r\sin\theta\big]\dot{\omega} \\
\qquad+\big[(m_1e_1+m_2e_2)\cos\varphi+m_2r\cos\theta\big]\omega^2 \\
\qquad-(k_1+k_2)x_1-k_2r\cos\theta-\mu\alpha_x+F_{x\text{-ump}}+F_{x\text{-oil}}\Big\} \\
\dot{u}_{11}=\dfrac{1}{(m_1+m_2)}\Big\{-c\dot{y}_1-\big[(m_1e_1+m_2e_2)\cos\varphi+m_2r\cos\theta\big]\dot{\omega} \\
\qquad+\big[(m_1e_1+m_2e_2)\sin\varphi+m_2r\sin\theta\big]\omega^2 \\
\qquad-(k_1+k_2)y_1-k_2r\sin\theta+\mu\alpha_y+F_{y\text{-ump}}+F_{y\text{-oil}}\Big\} \\
\dot{v}_1=\dfrac{1}{J_d}\left\{-c_\alpha\dot{\alpha}_x-J_p\omega\dot{\alpha}_y-\dfrac{1}{2}J_p\dot{\omega}\alpha_y-\mu x_1-\delta\alpha_x\right\} \\
\dot{v}_{11}=\dfrac{1}{J_d}\left\{-c_\alpha\dot{\alpha}_y+J_p\omega\dot{\alpha}_x+\dfrac{1}{2}J_p\dot{\omega}\alpha_x-\mu y_1-\delta\alpha_y\right\}
\end{cases}
\tag{4-93}
$$

4.2.2　水力发电机组轴系与水轮机调节系统耦合数学模型

本小节基于复杂管系的水轮机调节系统数学模型和考虑陀螺效应的轴系数学模型，根据式（4-93）（张浩，2019；Xu et al.，2017），建立水轮机调节系统耦联轴系的动力学数学模型：

$$\frac{\mathrm{d}}{\mathrm{d}t}\left(\frac{\partial L}{\partial\dot{\varphi}}\right)-\frac{\partial L}{\partial\varphi}=M_{\mathrm{t}}-M_{\mathrm{g}}=(m_{\mathrm{t}}-m_{\mathrm{g}})M_{\mathrm{gB}}=A\dot{\omega}-B \tag{4-94}$$

式中，M_{t} 为水轮机转轮力矩；M_{g} 为发电机电磁力矩；m_{t} 为水轮机转轮力矩相对值；m_{g} 为发电机电磁力矩相对值；M_{gB} 为发电机额定力矩。将式（4-90）代入式（4-94）可得

$$\begin{aligned}
&\frac{\mathrm{d}}{\mathrm{d}t}\left(\frac{\partial L}{\partial\dot{\varphi}}\right)-\frac{\partial L}{\partial\varphi}\\
&=\Bigg\{J_1+J_2+2m_1e_1^2+2m_2e_2^2+2m_2r^2+2m_2e_2r\cos(\theta_0-\varphi_0)-\frac{1}{m_1+m_2}\\
&\quad\times\left[\left(m_1e_1+m_2e_2\right)\sin\varphi+m_2r\sin\theta\right]^2-\frac{1}{m_1+m_2}\left[\left(m_1e_1+m_2e_2\right)\cos\varphi+m_2r\cos\theta\right]^2\Bigg\}\dot{\omega}\\
&\quad-\frac{\left(m_1e_1+m_2e_2\right)\sin\varphi+m_2r\sin\theta}{m_1+m_2}\Big\{-c_1\dot{x}_1+\left[\left(m_1e_1+m_2e_2\right)\cos\varphi+m_2r\cos\theta\right]\omega^2\\
&\quad-\left(k_1+k_2\right)x_1-k_2r\cos\theta+F_{x\text{-ump}}+F_{x\text{-oil}}-\mu\alpha_x\Big\}\\
&\quad+\frac{\left(m_1e_1+m_2e_2\right)\cos\varphi+m_2r\cos\theta}{m_1+m_2}\Big\{-c_1\dot{y}_1+\left[\left(m_1e_1+m_2e_2\right)\sin\varphi+m_2r\sin\theta\right]\omega^2\\
&\quad-\left(k_1+k_2\right)y_1-k_2r\sin\theta+F_{y\text{-ump}}+F_{y\text{-oil}}-\mu\alpha_y\Big\}-k_2r\left(x_1\sin\theta-y_1\cos\theta\right)
\end{aligned} \tag{4-95}$$

根据式（4-95）可得式（4-94）中的 A 和 B 分别为

$$\begin{aligned}
A=&J_1+J_2+2\left(m_1e_1^2+m_2e_2^2\right)+2m_2r^2+2m_2e_2r\cos\left(\theta_0-\varphi_0\right)\\
&-\frac{1}{m_1+m_2}\left\{\left[\left(m_1e_1+m_2e_2\right)\sin\varphi+m_2r\sin\theta\right]^2+\left[\left(m_1e_1+m_2e_2\right)\cos\varphi+m_2r\cos\theta\right]^2\right\}
\end{aligned}$$

$$\begin{aligned}
B=&\frac{\left(m_1e_1+m_2e_2\right)\sin\varphi+m_2r\sin\theta}{m_1+m_2}\Big\{-c_1\dot{x}_1+\left[\left(m_1e_1+m_2e_2\right)\cos\varphi+m_2r\cos\theta\right]\omega^2\\
&-\left(k_1+k_2\right)x_1-k_2r\cos\theta+F_{x\text{-ump}}+F_{x\text{-oil}}-\mu\alpha_x\Big\}\\
&-\frac{\left(m_1e_1+m_2e_2\right)\cos\varphi+m_2r\cos\theta}{m_1+m_2}\Big\{-c_1\dot{y}_1+\left[\left(m_1e_1+m_2e_2\right)\sin\varphi+m_2r\sin\theta\right]\omega^2\\
&-\left(k_1+k_2\right)y_1-k_2r\sin\theta+F_{y\text{-ump}}+F_{y\text{-oil}}-\mu\alpha_y\Big\}+k_2r\left(x_1\sin\theta-y_1\cos\theta\right)
\end{aligned}$$

水轮机与发电机通过轴法兰固定连接，发电机角速度相对值和绝对值的关系可以假设为 $\omega=\omega_{\mathrm{B}}x$，即 $\dot{\omega}=\omega_{\mathrm{B}}\dot{x}$，$\omega_{\mathrm{B}}$ 为发电机额定角速度。

根据参考文献（凌代俭等，2007），发电机和发电机负载的动态特性可表示为

$$\dot{x}=\frac{1}{T_{\mathrm{ab}}}\left(m_{\mathrm{t}}-m_{\mathrm{g}}-e_{\mathrm{n}}n\right) \tag{4-96}$$

由式（4-96）和式（4-94）可以得

$$\dot{x}=\frac{B+M_{\mathrm{gB}}e_{\mathrm{n}}x}{A\omega_{\mathrm{B}}-T_{\mathrm{ab}}M_{\mathrm{gB}}} \tag{4-97}$$

根据以上所述，可得到水轮机调节系统耦联轴系的数学模型为

$$\begin{cases}
\dot{z}_1=z_2+b_1\left(e_{qxm}x+e_{qym}y\sqrt{z_1+1}+e_{qhm}\dfrac{z_1}{x+1}\right)\\
\dot{z}_2=-a_1z_1\\
\dot{z}_3=s-x\\
\dot{x}=\dfrac{B+M_{\mathrm{gB}}e_{\mathrm{n}}x}{A\omega_{\mathrm{B}}-T_{\mathrm{ab}}M_{\mathrm{gB}}}\\
\dot{y}=\dfrac{1}{T_{\mathrm{y}}}\left[k_{\mathrm{p}}(s-x)+k_{\mathrm{i}}z_3-k_{\mathrm{d}}\left(\dfrac{B+M_{\mathrm{gB}}e_{\mathrm{n}}x}{A\omega_{\mathrm{B}}-T_{\mathrm{ab}}M_{\mathrm{gB}}}\right)-y\right]\\
\dot{q}=e_{qxm}\dfrac{B+M_{\mathrm{gB}}e_{\mathrm{n}}x}{A\omega_{\mathrm{B}}-T_{\mathrm{ab}}M_{\mathrm{gB}}}+e_{qym}\left\{\dfrac{1}{T_{\mathrm{y}}}\left[k_{\mathrm{p}}(s-x)+k_{\mathrm{i}}z_3-k_{\mathrm{d}}\left(\dfrac{B+M_{\mathrm{gB}}e_{\mathrm{n}}x}{A\omega_{\mathrm{B}}-T_{\mathrm{ab}}M_{\mathrm{gB}}}\right)-y\right]\sqrt{z_1+1}\right.\\
\qquad\left.+\dfrac{x_2+b_1\left(e_{qxm}x+e_{qym}y\sqrt{z_1+1}+e_{qhm}\dfrac{z_1}{x+1}\right)}{2\sqrt{z_1+1}}y\right\}\\
\qquad+e_{qhm}\dfrac{z_2+b_1\left(e_{qxm}x+e_{qym}y\sqrt{z_1+1}+e_{qhm}\dfrac{z_1}{x+1}\right)}{x+1}-\dfrac{\dfrac{B+M_{\mathrm{gB}}e_{\mathrm{n}}x}{A\omega_{\mathrm{B}}-T_{\mathrm{ab}}M_{\mathrm{gB}}}}{(x+1)^2}z_1\\
\dot{x}_1=u_1\\
\dot{y}_1=u_{11}\\
\dot{\alpha}_x=v_1\\
\dot{\alpha}_y=v_{11}
\end{cases} \tag{4-98}$$

$$
\begin{cases}
\dot{u}_1 = \dfrac{1}{m_1+m_2}\left\{-(k_1+k_2)x_1 - c\dot{x}_1 + \left[(m_1e_1+m_2e_2)\sin\varphi + m_2r\sin\theta\right]\omega_{\mathrm{B}}\dfrac{B+M_{\mathrm{gB}}e_{\mathrm{n}}x}{A\omega_{\mathrm{B}}-T_{\mathrm{ab}}M_{\mathrm{gB}}}\right. \\
\qquad \left. + \left[(m_1e_1+m_2e_2)\cos\varphi + m_2r\cos\theta\right]\omega^2 - k_2r\cos\theta - Q\mu\alpha_x + F_{x\text{-ump}} + F_{x\text{-oil}}\right\} \\
\dot{u}_{11} = \dfrac{1}{m_1+m_2}\left\{-(k_1+k_2)y_1 - c\dot{y}_1 - \left[(m_1e_1+m_2e_2)\cos\varphi + m_2r\cos\theta\right]\omega_{\mathrm{B}}\dfrac{B+M_{\mathrm{gB}}e_{\mathrm{n}}x}{A\omega_{\mathrm{B}}-T_{\mathrm{ab}}M_{\mathrm{gB}}}\right. \\
\qquad \left. + \left[(m_1e_1+m_2e_2)\sin\varphi + m_2r\sin\theta\right]\omega^2 - k_2r\sin\theta - Q\mu\alpha_y + F_{y\text{-ump}} + F_{y\text{-oil}}\right\} \\
\dot{v}_1 = \dfrac{1}{J_d}\left\{-c_\alpha\dot{\alpha}_x - J_p\omega\dot{\alpha}_y - \dfrac{1}{2}J_p\omega_{\mathrm{B}}\dfrac{B+M_{\mathrm{gB}}e_{\mathrm{n}}x}{A\omega_{\mathrm{B}}-T_{\mathrm{ab}}M_{\mathrm{gB}}}\alpha_y - \mu x_1 - \delta\alpha_x\right\} \\
\dot{v}_{11} = \dfrac{1}{J_d}\left\{-c_\alpha\dot{\alpha}_y + J_p\omega\dot{\alpha}_x + \dfrac{1}{2}J_p\omega_{\mathrm{B}}\dfrac{B+M_{\mathrm{gB}}e_{\mathrm{n}}x}{A\omega_{\mathrm{B}}-T_{\mathrm{ab}}M_{\mathrm{gB}}}\alpha_x - \mu y_1 - \delta\alpha_y\right\} \\
\dot{\varphi} = \omega
\end{cases}
$$

式中，e_{qxm} 为水轮机流量对角速度的特性参数；e_{qym} 为水轮机流量对导叶开度的特性参数；e_{qhm} 为水轮机流量对水轮机水头的特性参数。

4.3　耦合系统的振动特性

水轮机调节系统与轴系相耦合的整体系统耦联关系复杂，且系统振动特性与稳定性均受到水力、机械和电磁等因素的综合影响。机械振源作为影响系统稳定性的重要因素，主要导致轴系异常振动的情况有质量不平衡、轴承刚度不足和轴向偏差等。基于此，本节通过建立水轮机调节系统耦联轴系数学模型，依次改变轴向偏差 r，研究考虑和不考虑陀螺效应两种情况下轴向偏差 r 对耦合系统的振动影响机理。表 4-2 为耦合系统基本参数。

表 4-2　耦合系统基本参数

参数	取值	单位	参数	取值	单位
m_1	5.5×10^3	kg	e_{qxm}	−0.8904	p.u.
m_2	4.5×10^3	kg	e_{qym}	0.3414	p.u.
k_1	7.5×10^8	N/m	e_{qhm}	0.7257	p.u.
k_2	7.5×10^8	N/m	T_{ab}	8	s

续表

参数	取值	单位	参数	取值	单位
e_1	0.5×10^{-3}	m	k_p	2.3	p.u.
e_2	0.5×10^{-3}	m	k_i	2.1	s^{-1}
c	2.5×10^{4}	N·s/m	k_d	4.6	s
c_α	2.1×10^{4}	N·s/m	e_n	0.4	p.u.
J_1	6.8×10^{6}	kg·m^2	ω_B	60	rad/s
J_2	4.2×10^{6}	kg·m^2	δ	6.8×10^{8}	N/m
J_p	15.3×10^{3}	kg·m^2	μ	6.0×10^{7}	N/m
J_d	7.5×10^{3}	kg·m^2	T_y	0.1	s
M_{gB}	7.0×10^{5}	N/m	T_{wp}	1	s
h_{w1}	0.5	s	T_{w1}	0.5	s

注：h_{w1} 为管道特性参数；T_y 为接力器反应时间常数；T_{wp} 为管道惯性时间常数；T_{w1} 为水锤惯性时间常数。

为进一步研究在机械振源影响下陀螺效应对耦合系统振动响应特性的影响，选取三个轴向偏差 r=0.0001m、r=0.0002m 和 r=0.0003m，利用 Matlab 平台进行仿真模拟。在数值仿真过程中需要注意，当式（4-98）中的 Q=0 时，发电机转子的横向和纵向振动响应为传统的不考虑陀螺效应的发电机转子振动响应；当 Q=1 时，表示考虑陀螺效应的发电机转子振动响应。下面将着重对比分析这三个轴向偏差下考虑陀螺效应与不考虑陀螺效应两种情况对发电机转子振动特性的影响，如图 4-13 所示。

由图 4-13 可以看出，考虑陀螺效应时，发电机转子在 x 方向和 y 方向上的振动幅值均比不考虑陀螺效应时 x 方向和 y 方向上的振动幅值大；在不考虑陀螺效应时，发电机转子在 x 方向和 y 方向上的振动幅值相等，当考虑陀螺效应时，发电机转子 x 方向的振动幅值均比 y 方向的振动幅值大。

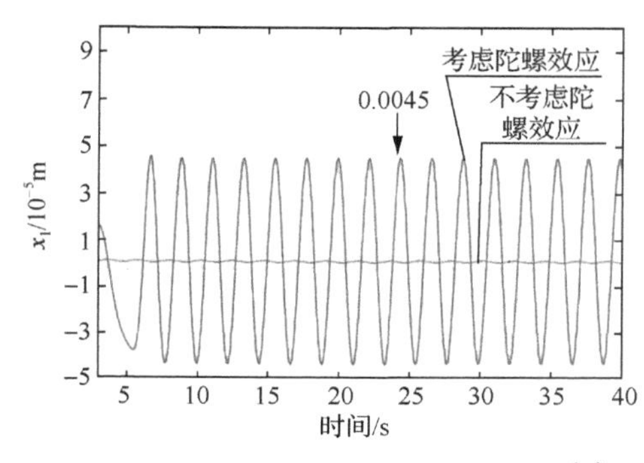

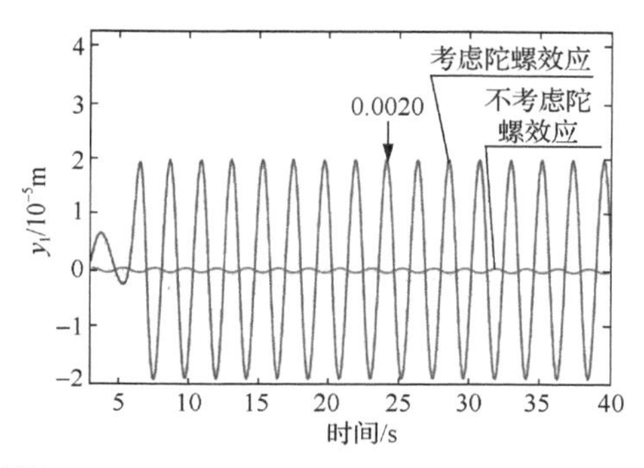

（a）r=0.0001m

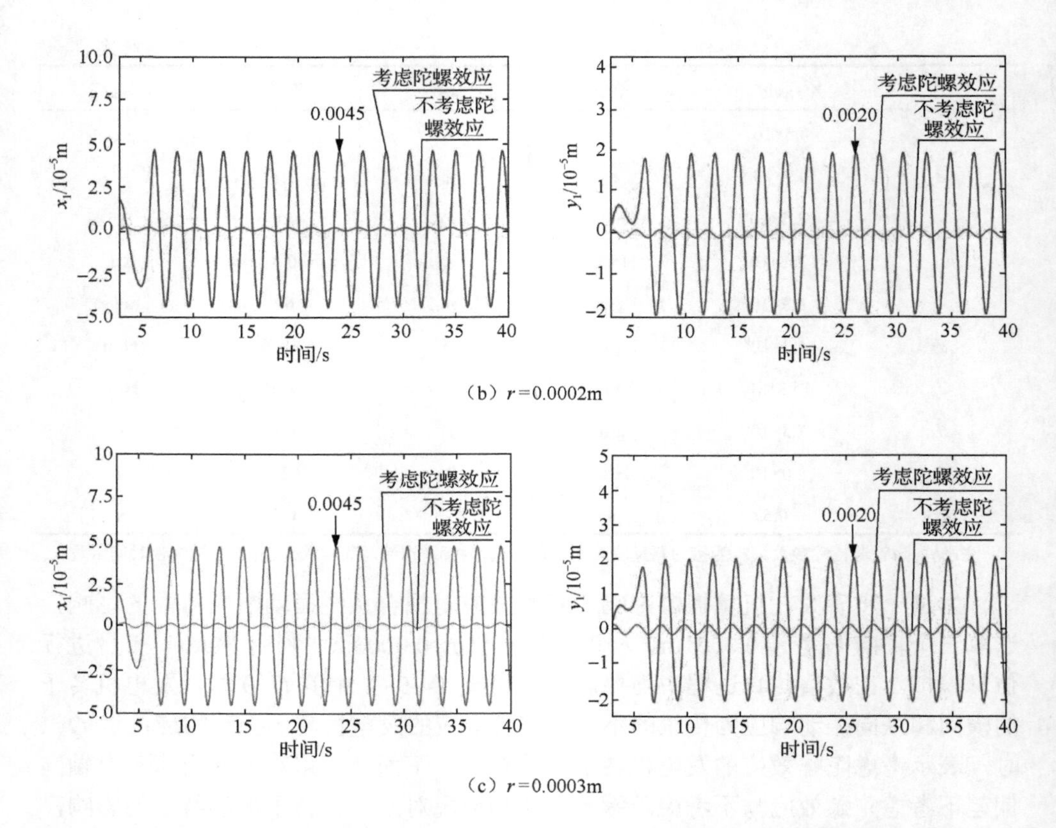

（b）$r=0.0002$m

（c）$r=0.0003$m

图 4-13　不同轴向偏差 r 下发电机转子在 x 方向和 y 方向的振动响应

由图 4-13（a）可知，当轴向偏差 r=0.0001m 时，考虑陀螺效应发电机转子在 x 方向和 y 方向上的振动幅值分别为 0.0045m 和 0.0020m；不考虑陀螺效应发电机转子在 x 方向和 y 方向上的振动幅值均为 0.00004m。由图 4-13（b）可知，当轴向偏差 r=0.0002m 时，考虑陀螺效应发电机转子在 x 方向和 y 方向上的振动幅值分别为 0.0045m 和 0.0020m；不考虑陀螺效应发电机转子在 x 方向和 y 方向上的振动幅值均为 0.00009m。由图 4-13（c）可知，当轴向偏差 r=0.0003m 时，考虑陀螺效应发电机转子在 x 方向和 y 方向上的振动幅值分别为 0.0045m 和 0.0020m；不考虑陀螺效应发电机转子在 x 方向和 y 方向上的振动幅值均为 0.00015m。对比以上三种轴向偏差下的发电机转子振动幅值可以发现，轴向偏差 r 从 0.0001m 逐渐增大到 0.0003m，对考虑陀螺效应情况下发电机转子在 x 方向和 y 方向上的振动响应几乎无影响；在不考虑陀螺效应的情况下，随着轴向偏差 r 的逐渐增大，发电机转子在 x 方向和 y 方向上的振动幅值均逐渐增大，从 r=0.0001m 时的

0.00004m 增大到 r=0.0003m 时的 0.00015m。综上所述，改变轴向偏差 r 对考虑陀螺效应时系统的振动响应特性没有影响，但是对不考虑陀螺效应时系统的振动特性会产生一定程度的影响。即在不考虑陀螺效应时，随着轴向偏差 r 的逐渐增大，系统的振动幅值逐渐增大。

4.4 本章小结

本章详细分析了水轮机调节系统与轴系耦合机制和参数传递关系，并提出以发电机角速度、水力不平衡力与水轮机动力矩、水力激励力为传递参数的三种耦合方法。

（1）以水轮机调节系统中发电机角速度与轴系动力学模型中转子形心偏移一阶导数值相等为传递参数，通过拉格朗日函数与轴系所受外力的函数关系建立耦合模型；

（2）从水流与转轮的受力关系出发，通过转轮单个叶片的总作用力和速度三角形关系，推导出 n 对叶片存在水力不平衡的水力不平衡力和水轮机动力矩解析表达式，并在轴系建模中考虑水力不平衡力和在调节系统建模中替换传统水轮机动力矩，以提出耦合模型；

（3）对转轮叶片所受水力激励沿叶片横截面进行积分，进一步改进水轮机动力矩和水力不平衡力表达式，从而提出以水力激励力、轮机动力矩和水力不平衡力为传递参数的耦合模型。

此外，建立了水轮机调节系统与考虑陀螺效应的轴系之间的耦合整体动力学数学模型。通过数值仿真试验，研究了考虑陀螺效应与不考虑陀螺效应两种情况下水力发电机组的振动响应情况，然后通过改变轴向偏差分析了在有无陀螺效应影响下机组轴向偏差对系统振动特性的影响。通过研究分析得出了以下主要结论：①对于耦合系统而言，考虑陀螺效应时机组的振动幅值比不考虑陀螺效应时的振动幅值大；②不考虑陀螺效应时，耦合系统发电机转子横向和纵向的振动幅值相等，考虑陀螺效应时，横向振动幅值均比纵向振动幅值大；③对于考虑陀螺效应的系统，增大轴向偏差对其振动特性几乎没有影响，对于不考虑陀螺效应的系统，随轴向偏差的逐渐增大系统的振动幅值逐渐增大。通过本章研究可以发现，陀螺效应和轴向偏差对系统的振动特性都有一定的影响。因此，在设计和安装过程中，应该综合考虑两种因素对系统振动的影响，以寻求整体最优。

参 考 文 献

蔡燕生, 2003. 水轮机调节[M]. 郑州: 黄河水利出版社.

常近时, 1991. 水力机械过渡过程[M]. 北京: 机械工业出版社.

荀东明，宋志强，郭鹏程，等，2015. 水轮发电机转子系统碰摩弯扭耦合振动分析[J]. 水力发电学报，34(12): 115-122.

凌代俭, 沈祖诒, 2007. 考虑饱和非线性环节的水轮机调节系统的分叉分析[J]. 水力发电学报, (6): 126-131.

徐永, 2012. 大型水轮发电机组轴系动力学建模与仿真分析[D]. 武汉: 华中科技大学.

张浩, 2019. 水力发电系统瞬态动力学建模与稳定性分析[D]. 杨凌: 西北农林科技大学.

张雷克, 2014. 水轮发电机组轴系非线性动力特性分析[D]. 大连: 大连理工大学.

郑源，汪宝罗，屈波, 2007. 混流式水轮机尾水管压力脉动研究综述[J]. 水力发电, 33(2): 66-69.

DEMELLO F P, KOESSLER R J, AGEE J, et al., 1992. Hydraulic turbine and turbine control models for system dynamic studies[J]. IEEE Transactions on Power Systems, 7(1): 167-179.

XU B, YAN D, CHEN D, et al., 2017. Sensitivity analysis of a Pelton hydropower station based on a novel approach of turbine torque[J]. Energy Conversion and Management, 148: 785-800.

第5章　水力发电系统参数不确定性分析

5.1　引　　言

水力发电系统的动力学模型参数众多，且包含多种运行工况，模型参数对不同工况下模型输出值在不同方面有不确定性的影响，从而导致运行结果出现较大差异。根据经验估量或人为观察优化得到的参数值无法保证其精度和结果可靠性，同时提高每个参数的精度也是一件非常耗资耗时且低效的事情，因此采用高效便捷的模型参数优化方法很有必要。敏感性分析通过设定模型参数在相应设计空间内的变动，来量化参数不确定性对模型响应输出影响程度。模型参数校正可将敏感性小的参数设定成固定值，仅校准对输出变量影响大的参数，从而有效地简化模型，提高模型校准精度并节约时间。敏感性分析包括局部敏感性分析和全局敏感性分析。局部敏感性分析是在其他参数固定不变情况下，研究单一参数不确定性对系统响应输出的影响（邢会敏等，2017）。全局敏感性分析是在多个参数同时发生变化时研究参数间相互作用对模型输出的影响。计算方法目前包括回归分析法、索博尔敏感性方法和扩展傅里叶幅度检验法（EFAST）等。模型参数不确定性原因可归结于建模过程中发生不确定性事件，敏感性分析的重点是参数的不确定性。研究参数不确定性分析方法对于目前探讨模型参数和输出量间的关系非常有效。因此，本章围绕耦合模型的参数不确定性问题，基于发电机角速度和水力不平衡力与水轮机动力矩耦合的统一模型，在稳态工况和过渡工况下进行参数不确定性分析。

5.2　数值仿真抽样方法

蒙特卡洛抽样方法又被称为计算机模拟方法，是工程应用中常用的数值模拟方法。其计算的基本原理是依据模型参数的随机样本空间概率分布，通过模拟物理试验方法，计算某一模型参数样本下某一时间的发生概率或平均值大小，并以此作为该事件发生的概率估算值。蒙特卡洛抽样方法的理论基础是概率论的大数定理，基本内容可用以下两个定理进行概述。

定理1：假设随机变量 $x_1, x_2, \cdots, x_n$ 相互独立，且具有相同的数学期望和方差，

$E(x_k)=\mu$，$D(x_k)=\sigma^2$。设前 n 个随机变量的算术平均值为$Y_n=\frac{1}{n}\sum_{k=1}^{n}x_k$，则对于任意正数$\varepsilon$有

$$\lim_{n\to\infty}P\{|Y_n-\mu|<\varepsilon\}=\lim_{n\to\infty}P\left\{\left|\frac{1}{n}\sum_{k=1}^{n}x_k-u\right|<\varepsilon\right\}=1 \tag{5-1}$$

从定理 1 可知，当 n 无限增加时，随机变量$x_1,x_2,\cdots,x_n$的算术平均值接近数学期望μ。

定理 2：假设 n_A 为 n 次独立重复试验中事件 A 发生的次数，P 是事件 A 在每次试验中发生的概率，则对于任意正数ε有

$$\begin{cases}\lim\limits_{n\to\infty}P\left\{\left|\frac{n_A}{n}-P\right|<\varepsilon\right\}=1\\ \lim\limits_{n\to\infty}P\left\{\left|\frac{n_A}{n}-P\right|\geqslant\varepsilon\right\}=0\end{cases} \tag{5-2}$$

由定理 2 可知，当次数 n 足够大时，事件 A 发生的频次 n_A/n 收敛于事件 A 发生的概率 P。在实际应用中，当模拟试验次数足够大时，可以用事件发生的频率代替事件发生的概率。

水力发电系统模型是一个高阶常微分方程组，模型有大量不确定性参数，使用蒙特卡洛抽样方法求解一个包含以不确定信息参数模型为基础的数值试验近似解，可具体分为三个重要步骤（傅旭东等，1996）。

（1）构造模型参数概率分布函数。水力发电系统模型复杂，参数众多，定义模型参数不确定性是正确描述和模拟机组系统模型输出结果的重要一步。

（2）确定模型参数抽样空间。蒙特卡洛抽样方法以大量重复性试验为基础进行概率估计，每次模拟计算均需要依据给定的参数值进行定量计算，其中给定的参数值是从概率参数空间中进行抽样得到的。按照概率论观点，该步骤是如何随机抽样产生具有已知概率分布函数密度的独立随机数。

（3）求解系统模型输出响应。对确定的概率参数空间进行抽样，利用龙格-库塔方法对建立的系统模型进行求解，获得样本响应，进而确定不确定性参数模型输出响应的均值、方差和概率分布。

5.3　敏感性分析方法

5.3.1　扩展傅里叶幅度检验法

在各参数组成的多维空间内选择合适的搜索函数 G_i。搜索函数与输出参数关系可表示为

$$\begin{cases} x_i(s) = G_i[\sin(\omega_i s)] \\ \pi(1-x_i^2)^{0.5} P_i G_i \dfrac{\mathrm{d}G_i(x_i)}{\mathrm{d}x_i} = 1 \end{cases} \tag{5-3}$$

式中，i 为不确定性输入参数个数，$i \in (i,n)$；s 为共同独立变量；ω_i 为输入参数 x_i 定义整数频率；P_i 为 x_i 概率密度函数。搜索函数 G_i 应满足：

$$\pi(1-x_i^2)^{0.5} P_i G_i \frac{\mathrm{d}G_i(x_i)}{\mathrm{d}x_i} = 1 \tag{5-4}$$

对式（5-3）进行积分和傅里叶变换可得

$$y = f(s) = \sum_{j=-\infty}^{j=+\infty} A_j \cos(js) + B_j \sin(js) \tag{5-5}$$

式中，$j \in \left\{-\dfrac{N_s-1}{2}, \cdots, -1, 0, 1, \cdots, \dfrac{N_s-1}{2}\right\}$，$N_s$ 为取样数；$A_j = \dfrac{1}{2\pi}\int_{-\pi}^{\pi} f(s)\cos(js)\mathrm{d}s$；$B_j = \dfrac{1}{2\pi}\int_{-\pi}^{\pi} f(s)\sin(js)\mathrm{d}s$。

傅里叶级数频谱曲线可表示为

$$\Lambda_j = A_j^2 + B_j^2 \tag{5-6}$$

则由输入参数 x_i 不确定性引起的模型输出响应方差为

$$V_i = 2\sum_{i=1}^{+\infty} \Lambda_i \omega_i \tag{5-7}$$

考虑到模型输出响应总方差由各参数及其相互作用求得，因此模型总方差可写为

$$V = \sum_i V_i + \sum_{i \neq j} V_{ij} + \sum_{i \neq j \neq k} V_{ijk} + \cdots + \sum_i V_{12\cdots n} \tag{5-8}$$

式中，V_{ij} 为参数 x_i 通过 x_j 作用耦合方差；V_{ijk} 为参数 x_i 通过 x_j 和 x_k 作用耦合方差；$V_{12\cdots n}$ 为参数 x_i 通过 $x_1, x_2, \cdots, x_n$ 作用耦合方差。利用归一化处理方式，参数 x_j 一阶敏感性指数 S_i 可表示为

$$S_i = \frac{V_i}{V} \tag{5-9}$$

参数 x_i 的总敏感性指数可表示为

$$S_{\mathrm{T}i} = \frac{V - V_{-1}}{V} \tag{5-10}$$

5.3.2 索博尔敏感性分析

索博尔敏感性方法是由索博尔于 1993 年提出的一种全局敏感性分析量化方法，基于蒙特卡洛抽样基数和模型分解方法，分析计算模型参数单独作用和相互作用对模型的输出敏感性。将模型函数 $f(x)$化简为单参数和参数间相互作用组合的各子函数之和，表示如下：

$$f(x_1,x_2,\cdots,x_k)=f_0+\sum_{i=1}^{k}f_i(x_i)+\sum_{1<i<j\leqslant k}f_{ij}(x_i,x_j)+\cdots+f_{1,2,\cdots,k}(x_1,x_2,\cdots,x_k) \tag{5-11}$$

式中，x_i（i=1,2,…,k）为函数 f（x）的自变量；函数 f_0 为常数；函数 f_i、f_{ij}、…、$f_{1,2,\cdots,k}$ 为函数 $f(x)$分解后的各项子函数，各项子函数满足：

$$\int_{\Omega^k}f_{1,2,\cdots,k}(x_1,x_2,\cdots,x_k)\mathrm{d}x_1\mathrm{d}x_2\cdots\mathrm{d}x_k=0 \tag{5-12}$$

式中，Ω^k 为自变量 x_i 定义域。式（5-12）可写为

$$\begin{cases}f_0=\int_{\Omega^k}f(x)\mathrm{d}x\\ f_i(x_i)=-f_0+\int_0^0\cdots\int_0^0 f(x)\mathrm{d}x_{\sim i}\\ f_i(x_i,x_j)=-f_0-f_i(x_i)-f_{ij}(x_{ij})+\int_0^0\cdots\int_0^0 f(x)\mathrm{d}x_{\sim ij}\end{cases} \tag{5-13}$$

式中，$x_{\sim i}$ 和 $x_{\sim ij}$ 分别为变量 x_i 和 x_j 以外的其他参数向量。基于以上方法，$f(x)$的总方差可写为

$$D_{\mathrm{T}}=\int_{\Omega^k}f^2(x)\mathrm{d}x-f_0^2 \tag{5-14}$$

通过计算 $f(x)$的每一子项，可得到偏方差公式为

$$D_{i_1,i_2,\cdots,i_k}=\int_0^1\cdots\int_0^1 f_{i_1,i_2,\cdots,i_k}^2\left(x_{i_1},x_{i_2},\cdots,x_{i_s}\right) \tag{5-15}$$

式中，$f_{i_1,i_2,\cdots,i_k}\left(x_1,x_2,\cdots,x_k\right)$可由函数 $f_i(x_i)$与函数 $f_{1,2,\cdots,s}$ 点乘运算得出；x_{i_s} 为函数自变量。基于式（5-14），灵敏度函数可写为

$$S_{i_1,i_2,\cdots,i_k}=\frac{D_{i_1,i_2,\cdots,i_k}}{D_{\mathrm{T}}} \tag{5-16}$$

式中，当 s=i 时，计算结果为变量 x_i 的一阶灵敏度系数，表示参数 x_i 对模型输出的主要影响；当 s=j 时，计算结果为变量 x_i 的二阶灵敏度系数，表示参数 x_i 与 x_j 两参数相互作用对模型输出的交叉影响。

5.4　基于发电机角速度耦合模型参数不确定性分析与模型验证

5.4.1　水轮机调节系统与水力发电机组轴系耦合模型参数不确定性分析与验证

水轮机调节系统与水力发电机组轴系耦合模型采用如下公式：

$$
\begin{cases}
\left.\begin{aligned}
&\dot{x}_1 = \frac{24}{h_{\mathrm{w}}T_{\mathrm{r}}^3}\left[1 - f_p x_3^2 - \frac{x_3^2}{(y+1)^2}\right] \\
&\dot{x}_2 = x_1 - \frac{24x_3}{T_{\mathrm{r}}^2} \\
&\dot{x}_3 = x_2 + \frac{3}{h_{\mathrm{w}}T_{\mathrm{r}}}\left[1 - f_p x_3^2 - \frac{x_3^2}{(y+1)^2}\right] \\
&\dot{h} = -2x_3\left(x_2 + \frac{3h}{h_{\mathrm{w}}T_{\mathrm{r}}}\right)\left[\frac{1}{(y+1)^2 + f_p} + 2ax_3^2\frac{u - y + y_0}{bT_{\mathrm{y}}(y+1)^3}\right]
\end{aligned}\right\}\text{水力系统} \\
\left.\begin{aligned}
&\dot{x}_4 = s - x \\
&\dot{y} = \frac{1}{T_{\mathrm{y}}}(u - y + y_0)
\end{aligned}\right\}\text{机械系统} \\
\left.\begin{aligned}
&\dot{x}_{11} = u_1 \\
&\dot{y}_{11} = u_{11} \\
&\dot{u}_1 = \frac{1}{m_1 + m_2}\{-(k_1 + k_2)x_{11}\left[(m_1e_1 + m_2e_2)\sin(z) + m_2r\sin(zz)\right]\omega_{\mathrm{B}}M \\
&\quad + \left[(m_1e_1 + m_2e_2)\cos(z) + m_2r\cos(zz)\right]\omega^2 - k_2r\cos(zz) + F_{\mathrm{dx}} \\
&\quad + F_{x\text{-ump}} + F_x - F_{x\mathrm{f}}\} \\
&\dot{u}_{11} = \frac{1}{m_1 + m_2}\{-(k_1 + k_2)y_{11}\left[(m_1e_1 + m_2e_2)\cos(z) + m_2r\cos(zz)\right]\omega_{\mathrm{B}}M \\
&\quad + \left[(m_1e_1 + m_2e_2)\sin(z) + m_2r\sin(zz)\right]\omega^2 - k_2r\sin(zz) + F_{\mathrm{dy}} \\
&\quad + F_{y\text{-ump}} + F_y - F_{y\mathrm{f}}\} \\
&\dot{z} = \omega
\end{aligned}\right\}\text{机电系统}
\end{cases}
\tag{5-17}
$$

耦合模型参数不确定性定义见表 5-1，发电机转子形心偏移全局敏感性分析结果见图 5-1。不同仿真模型和物理试验计算得出的发电机转子形心偏移对比见表 5-2。其中，X 和 Y 为考虑耦合系统的模型振动偏移量。X-Z 和 Y-Z 为根据 Zeng 等（2014）

提出的动力学模型得到的振动偏移量；*X*-X 和 *Y*-X 为根据许贝贝等（2015）提出模型得到的振动偏移量；*X*-T 和 *Y*-T 为从纳子峡水电站监控系统中提取出的振动偏移量。

表 5-1　水力发电机组轴系耦合模型参数不确定性定义

参数定义	符号	取值	单位	平均值	方差	分布类型
发电机转子质量	m_1	1.5×10^4	kg	1.5×10^4	10^6	正态分布
水轮机转轮质量	m_2	1.1×10^4	kg	1.1×10^4	10^6	正态分布
上导轴承刚度	k_1	8.5×10^7	N/m	8.5×10^7	10^{12}	正态分布
水导轴承刚度	k_2	6.5×10^7	N/m	6.5×10^7	10^{12}	正态分布
发电机转子质量偏心	e_1	0.0005	m	0.0005	10^{-6}	正态分布
水轮机转轮质量偏心	e_2	0.0005	m	0.0005	10^{-6}	正态分布
接力器反应时间常数	T_y	0.2	s	0.2	10^{-3}	正态分布
转轴阻尼系数	c	6.5×10^4	N·s/m	6.5×10^4	10^6	正态分布
发电机转子惯性矩	J_1	7.9×10^6	kg·m^2	7.9×10^6	10^{11}	正态分布
水轮机转轮惯性矩	J_2	3.5×10^6	kg·m^2	3.5×10^6	10^4	正态分布
发电机转子初始相角	θ_0	1	rad	1	0.01	正态分布
水轮机转轮初始相角	φ_0	0.65	rad	0.65	0.003	正态分布
发电机转子惯性时间常数	T_{ab}	0.85	s	0.85	0.004	正态分布
输入信号	s	1.5	—	1.5	0.003	正态分布
发电机转速额定值	ω_B	48.24	rad/s	48.24	3	正态分布
发电机额定力矩	M_{gB}	7.497×10^5	N·m	7.497×10^5	10^8	正态分布
励磁电流	i_j	1000	A	1000	10^4	正态分布
比例增益系数	k_p	5	s	5	0.6	正态分布
积分增益系数	k_i	3	s	3	10^{-7}	正态分布
微分增益系数	k_d	4	s	4	1	正态分布
发电机转子阻尼系数	D_t	0.5	—	0.5	0.003	正态分布
压力引水管道惯性时间常数	h_w	0.64	—	0.64	0.003	正态分布
水击波惯性时间常数	T_r	2.178	s	2.178	0.06	正态分布
导叶开度初始值	y_0	196.8	mm	196.8	9×10^{-5}	正态分布
限幅环节	a	0.02	—	0.02	10^{-5}	正态分布
不对中量	r	10^{-6}	m	10^{-6}	10^{-6}	正态分布

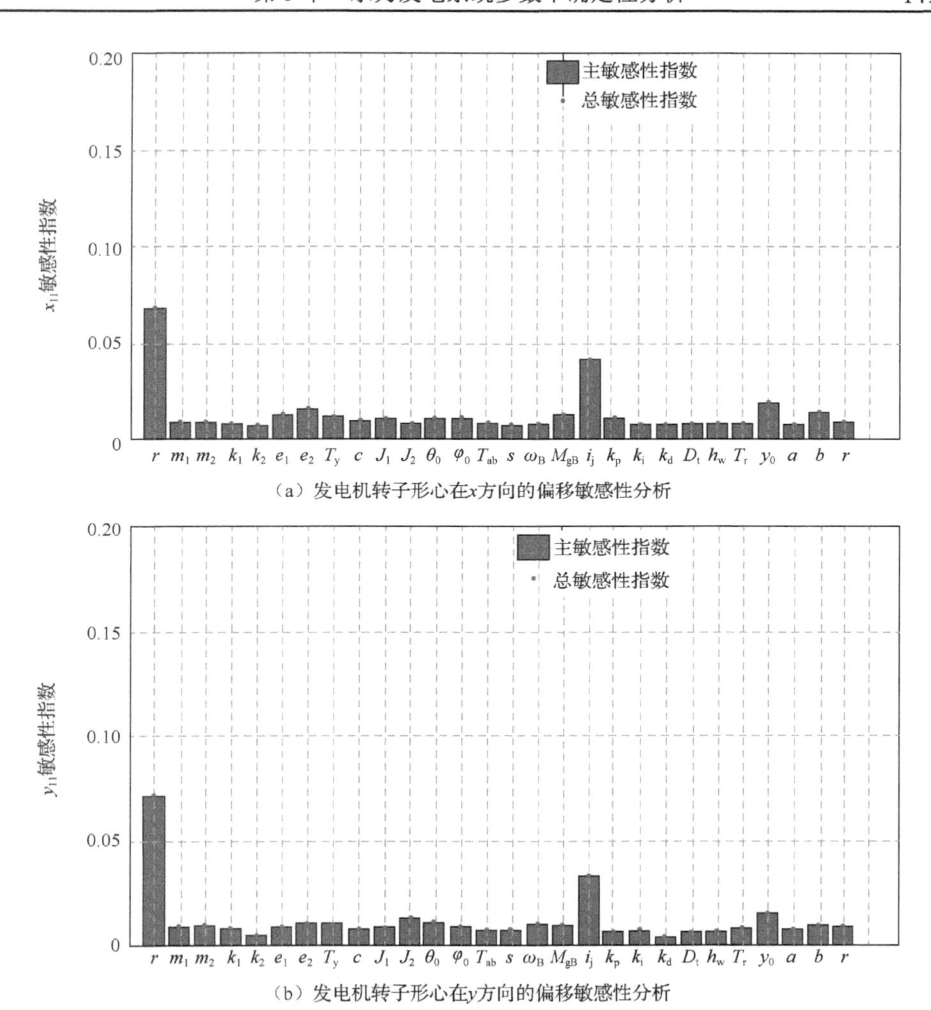

（a）发电机转子形心在x方向的偏移敏感性分析

（b）发电机转子形心在y方向的偏移敏感性分析

图 5-1　发电机转子形心偏移全局敏感性分析结果

置信区间（0.05%，0.95%）

表 5-2　发电机转子形心偏移物理试验与仿真模型结果对比

P_m/MW	X/μm	Y/μm	X-Z/μm	Y-Z/μm	X-X/μm	X-X/μm	X-T/μm	Y-T/μm
29.27	123	197	191	403			184	233
29.20	123	197	191	403			183	234
25.31	123	197	191	403			172	213
23.79	123	197	191	403	294	272	185	240
23.67	123	197	191	403			184	238
17.65	123	197	191	403			184	239
12.20	123	197	191	403			177	225
11.50	123	197	191	403			178	230

观察图 5-1 可知，不对中量和励磁电流对轴偏移影响程度明显大于其他参数，模型参数敏感性指数排序为 $r>i_j>J_2>e_2>T_y>\omega_B>\theta_0>b>m_2>M_{gB}>f>\varphi_0>e_1>J_1>m_1>T_r>T_{ab}>k_1>c>a>s$。将表 5-2 中 X-T 和 Y-T 结果与 X、Y、X-Z 和 Y-Z 结果进行比较可知，当机组在稳定工况下运行时，水轮机流量对转子形心偏移影响很小，即忽略了水轮机转轮内水流和转轮间某些相互作用力，导致数值结果不准确。

5.4.2　不对中量对系统模型状态变量动态演化过程的影响

仿真不对中量对水轮机水头（h）、水轮机流量（q）、导叶开度（y）、发电机转速（x）和转子形心偏移量（x_{11} 和 y_{11}）（均为相对值）的影响，结果如图 5-2 所示。

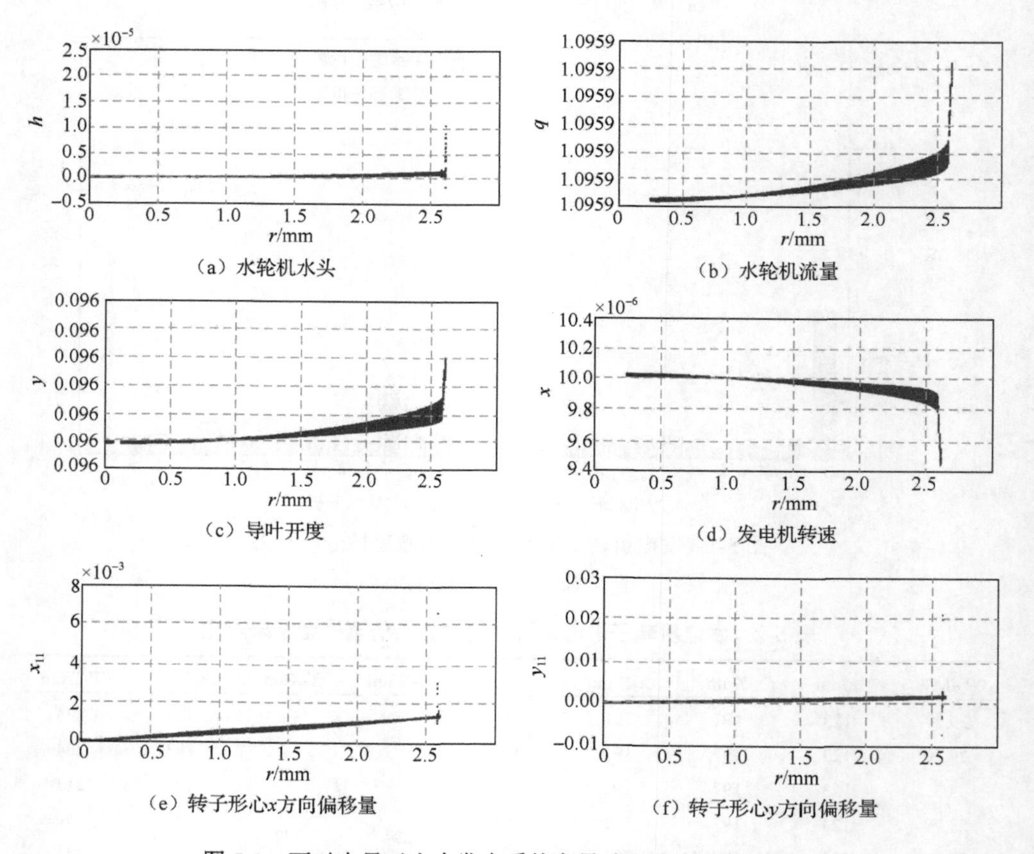

图 5-2　不对中量对水力发电系统变量动态演化过程的影响

水轮机流量 q 和导叶开度 y 分别在 10^{-4} 和 10^{-3} 尺度下进行规律性变化趋势量化，纵轴数值在该尺度下不体现差别由图 5-2 可以看出，随联轴器不对中量的增加，水力参数（水轮机水头和水轮机流量）、电气参数（发电机转速）和机械参数（导叶开度和转子形心偏移量）具有相似的动态演化过程。具体来说，当不对中量小于 1.0mm 时，水力参数和机械参数会影响系统的振荡形式，并且随不对中量 r 的增加，振幅相应增加。需要注意的是，发电机转子形心在 x 和 y 方向偏移量大于其他动态变量。对于电气参数，发电机转速 x 幅值逐渐减小。根据以上分析可知，在不对中量小于 1mm 的范围内，轴系振动对水力参数、机械参数和电气参数的动态演化过程影响很小。当不对中量在 1～2.573mm 变化时，水力发电系统动态参数变化规律分为两种类型。第一种类型是水轮机流量 q、导叶开度 y 和发电机转速 x 的变化率随着不对中量 r 的增加而增加；第二种类型是水轮机水头 h 和发电机转子形心偏移量基本保持不变。当不对中量大于 2.573mm 时，随着不对中量增加，转子形心偏移量迅速增大，进而完全失去控制，相应的水力参数和电气参数偏差值也迅速增大进而完全失控。将图 5-2（a）～（d）与（e）～（f）进行比较，可以得出水力参数和电气参数动态变化过程要落后于轴系振动状态，这一结论无法从单独的轴系模型获得。

5.4.3　发电机转子形心晃动幅度和不对中量的关系

图 5-3 为不对中量 r 为 1mm 时的发电机转子形心轨迹。从图 5-3 可以看出，当不对中量 r 为 1mm 时，最大晃动幅度 r_m 为 0.8070mm，定义为发电机转子质心与轴心之间的最大距离。根据 5.4.2 小节分析可知，不对中量 r 较小时，发电机转子振动状态对水轮机流量 q、水轮机水头 h 和导叶开度 y 的影响可以忽略不计。不对中量与发电机转子形心最大晃动幅度的关系如表 5-3 和图 5-4 所示。

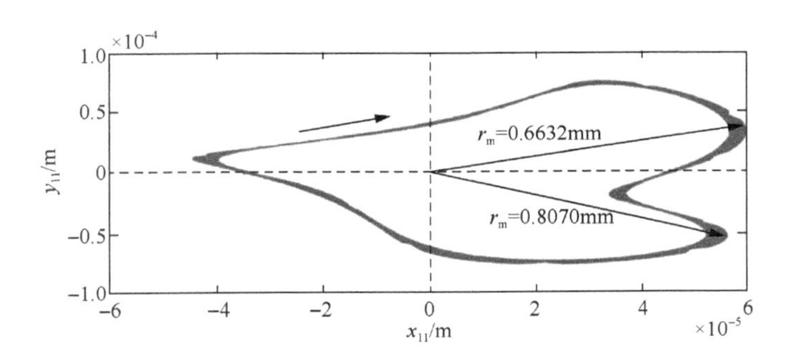

图 5-3　不对中量为 1mm 时发电机转子形心轨迹

表 5-3 不对中量与最大晃动幅度的关系

不对中量 r/mm	最大晃动幅度 r_m/μm	不对中量 r/mm	最大晃动幅度 r_m/μm
0.001	83.87	0.120	29.57
0.005	80.37	0.150	53.85
0.010	76.00	0.200	97.35
0.030	58.69	0.500	364
0.050	42.00	1.000	807
0.080	20.37	1.500	1200
0.090	17.03	2.000	1700
0.100	18.00	2.500	2200

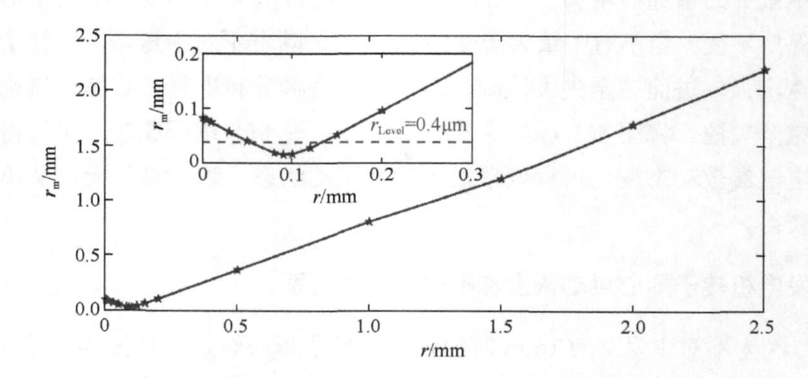

图 5-4 不对中量和发电机转子形心最大晃动幅度的关系

从图 5-4 可以看出，最大晃动幅度和不对中量 r 之间的关系分为两种。一种是当 r<0.09mm 时，最大晃动幅度随不对中量增加呈线性减小的趋势。另一种也是线性关系，最大晃动幅度随不对中量增加而增加。综上，给出旋转机械中联轴器未对准失效判据与维修建议，见表 5-4。

表 5-4 旋转机械中联轴器未对准失效判据与维修建议

最大晃动幅度	状态评估	维修建议
≤25μm	优	在故障诊断中无须考虑不对中对轴系振动的影响
25～40μm	良	在故障诊断中无须考虑不对中对轴系振动的影响
40～55μm	中	建议重新调整不对中量
≥55μm	差	必须重新调整不对中量

5.5　相继甩负荷工况下水力发电系统模型参数不确定性分析

5.5.1　全局敏感性分析

水力发电系统过渡过程模型中的引水管道模型采用特征线法（Riasi et al., 2017）。学界已经建立多种水力发电系统过渡过程的瞬态响应模型，但尚未考虑模型参数不确定性对过渡过程系统动态响应的影响。本小节重点研究三个并联水力发电机组参数不确定性对过渡过程的影响。全局敏感性分析主要研究模型输入参数对输出结果的影响，为保证已建立模型输出结果的准确性提供依据。相继甩负荷工况下水力发电系统模型参数不确定性定义如表 5-5 所示。

表 5-5　相继甩负荷工况下水力发电系统模型参数不确定性定义

模型参数	物理意义	单位	均值	方差	概率分布类型
WHS_1	引水隧洞水击波速	m/s	994.2	100	正态分布
WHS_2	调压井前段压力钢管水击波速	m/s	994.2	100	正态分布
WHS_3	调压井后段压力引水钢管水击波速	m/s	1370.8	500	正态分布
WHS_4	倾斜段压力引水钢管水击波速	m/s	1370.8	500	正态分布
WHS_5	机组 1 前段管道水击波速	m/s	1370.8	500	正态分布
WHS_6	机组 2 前段管道水击波速	m/s	1370.8	500	正态分布
WHS_7	机组 3 前段管道水击波速	m/s	1370.8	500	正态分布
Q_0	压力管道初始流量	m^3/s	207.03	50	正态分布
aef_T	引水隧洞倾斜角度	(°)	0.6366	0.05	正态分布
aef_P	调压井前段压力钢管倾斜角度	(°)	40.041	5	正态分布
aef_{Pb}	倾斜段压力钢管倾斜角度	(°)	0.2	0.002	正态分布
fai	水力损失系数	—	0.7	0.02	正态分布
DST	调压井直径	m	13	0.6	正态分布
TL	引水隧洞长度	m	975.84	100	正态分布
DT	引水隧洞直径	m	6.5	0.1	正态分布
STL	调压井高度	m	3.3	0.04	正态分布
STBL	调压井后段压力钢管长度	m	40	3	正态分布
SPL	倾斜段压力钢管长度	m	184.8	60	正态分布

续表

模型参数	物理意义	单位	均值	方差	概率分布类型
SDP	倾斜段压力钢管直径	m	5	0.2	正态分布
SPBL	倾斜段后压力钢管 1 长度	m	101.01	60	正态分布
SPBD	倾斜段后压力钢管 1 直径	m	5	0.2	正态分布
$PipeL_1$	机组 1 前段管道长度	m	13.41	2	正态分布
$PipeL_2$	机组 2 前段管道长度	m	10.82	1	正态分布
$PipeL_3$	机组 3 前段管道长度	m	16.83	2	正态分布
$PipeD_1$	机组 1 前段管道直径	m	2.8	0.2	正态分布
$PipeD_2$	机组 2 前段管道直径	m	2.8	0.2	正态分布
$PipeD_3$	机组 3 前段管道直径	m	2.8	0.2	正态分布
DSLD	调压井阻抗孔直径	m	3.3	0.05	正态分布
STQ_0	调压井初始流量	m^3/s	0	0.01	正态分布

相继甩负荷工况下三个并联机组水轮机入口处水头的全局敏感性分析结果如图 5-5 所示。观察图 5-5 可知，有 8 个参数的主要影响指标明显高于其他参数，分别为 WHS_1、WHS_4、TL、DT、SDP、PBD_2、$PipeD_3$ 和 DSLD，这些参数与主敏感性指数和总敏感性指数相对应。主要影响指标和相互影响指标对应的参数相同，其影响程度排序为 TL>WHS_1>DSLD>PBD_2>DT>WHS_4>$PipeD_3$>SDP。其中，主要影响指标指单个不确定参数对系统输出的影响，相互影响指标指多参数交互作用对系统输出结果的影响。

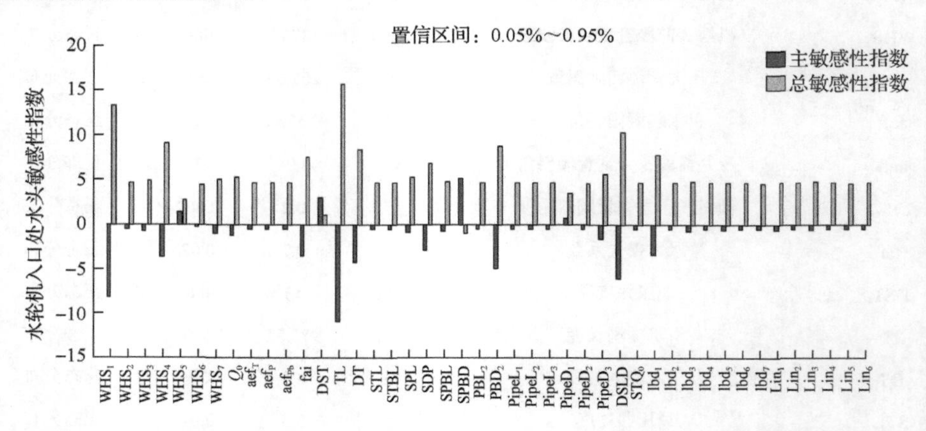

图 5-5 相继甩负荷过程下三个并联机组水轮机入口处水头的全局敏感性分析结果

PBL_2-倾斜段后压力钢管 2 长度；PDB_2-倾斜段后压力钢管 2 直径；

lbd_1～lbd_7-管道水头沿程损失系数；Lin_1～Lin_6-局部水头损失系数

5.5.2　模型验证

本小节利用石头峡水电站进行的多次相继甩负荷测试数据，对建立的数学模型进行验证（程永光等，2004）。石头峡水电站水力系统由三个岔管和一个长压力管组成，在相继甩负荷过程中，三台水轮机入口处水压的仿真结果如图 5-6 所示。观察图 5-6 可知，在相继甩负荷过程中，导叶突然关闭造成水轮机入口处水锤压力突然增加。

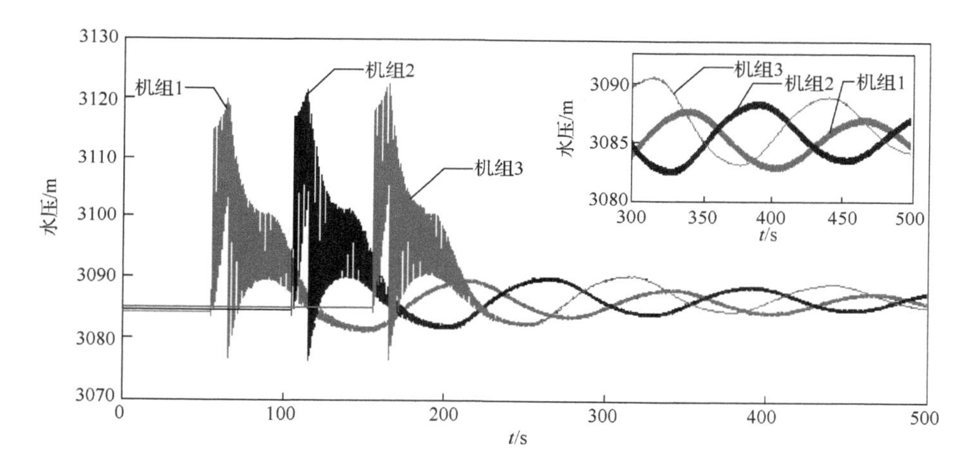

图 5-6　相继甩负荷过程三台水轮机入口处水压仿真结果

在相继甩负荷过程中，水锤压力和波动周期仿真结果如表 5-6 所示。观察表 5-6 可知，对于机组 1，水轮机进口处的水压从 3084m 增加到 3119.78m，水锤压力为 35.78m。机组 2 和机组 3 的水锤压力分别为 36.93m 和 37.69m，接近机组 1。在此过程中，三台机组的水锤波动周期为 132.4s。

表 5-6　相继甩负荷工况下三台水轮机入口处水锤压力和波动周期仿真结果

机组编号	水锤压力/m	平均值/m	波动周期/s	平均波动周期/s
机组 1	35.78		132.4	
机组 2	36.93	36.80	132.4	132.4
机组 3	37.69		132.4	

在相继甩负荷工况下，调压井水压波动情况如图 5-7 所示。相继甩负荷过程下调压井内水压平均值和波动周期分别为 11.57m 和 130s。

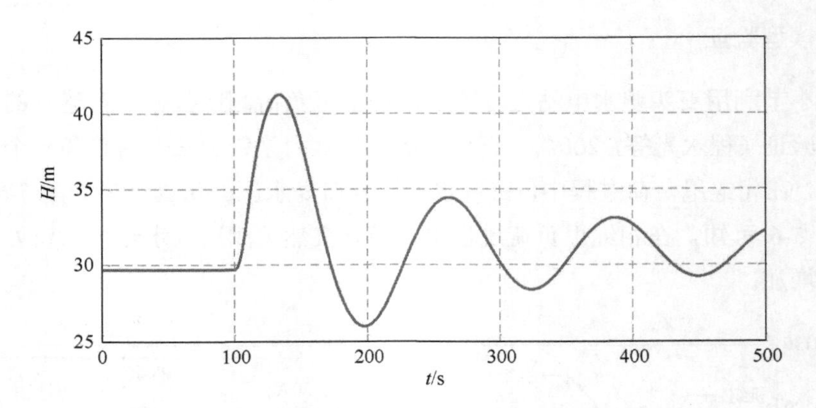

图 5-7　相继甩负荷工况下调压井水压波动情况

表 5-7 为相继甩负荷工况下调压井水压变化现场试验结果，模型试验获得的调压井水压变化的平均值为 11.86m，涌浪平均波动周期为 134.23s。选取同样工况进行数值仿真，得到调压井水压变化为 11.57m，与模型试验相对误差 2.53%，波动周期平均值为 130s，与模型试验的相对误差为 3.15%。

表 5-7　相继甩负荷工况下调压井水压变化现场试验结果

编号	调压井水压变化/m	波动周期/s
1	11.80	134.67
2	11.87	133.73
3	11.90	134.26
4	11.83	134.67
5	11.80	134.32
6	11.94	133.73
平均值	11.86	134.23

表 5-8 为石头峡水电站相继甩负荷过程中测量的水压波动。从表 5-8 可知，调压井水压波动试验值平均为 35.92m，波动周期为 134.81s。与模拟结果相比，调压井水压波动和波动周期模拟误差均小于 3%。

表 5-8　相继甩负荷工况下三台水轮机入口前段水压变化现场试验结果

编号	水压波动/m			水压波动平均值/m	波动周期/s			波动周期平均值/s
	1#	2#	3#		1#	2#	3#	
1	36.58	35.61	36.51	36.23	136.01	135.31	135.31	135.54
2	38.06	36.23	38.53	37.61	133.32	133.32	133.32	133.32
3	32.99	32.49	32.94	32.81	135.19	135.25	135.19	135.21
4	32.89	29.20	30.79	30.96	134.73	134.73	134.67	134.71
5	42.05	40.52	41.67	41.41	134.73	134.43	134.61	134.59
6	37.22	35.12	37.20	36.51	135.49	135.49	135.43	135.47
平均值	36.63	34.84	36.27	35.92	134.91	134.75	134.75	134.81

根据以上分析，所建模型与模型实测数据相差较小，可以得出结论：该模型在相继甩负荷工况下模拟多机并联水力参数暂态特性方面是准确的。

5.5.3　相继甩负荷对管道压力的影响

在水力发电机组过渡过程中，有压引水管道中常发生水击现象。图 5-8 为基于建立模型模拟电站突甩负荷时管道末端的压力变化。管道中水锤压力最大值总是出现在阀门末端附近，水击波除了在管道进口、阀门等处发生反射外，在分岔段、变径段也会发生反射，造成分岔管处水流条件复杂，受力条件较差。分岔管一般靠近厂房，其安全性十分重要。因此，除了需要计算管道末端压力外，还要计算分岔管处压力变化。

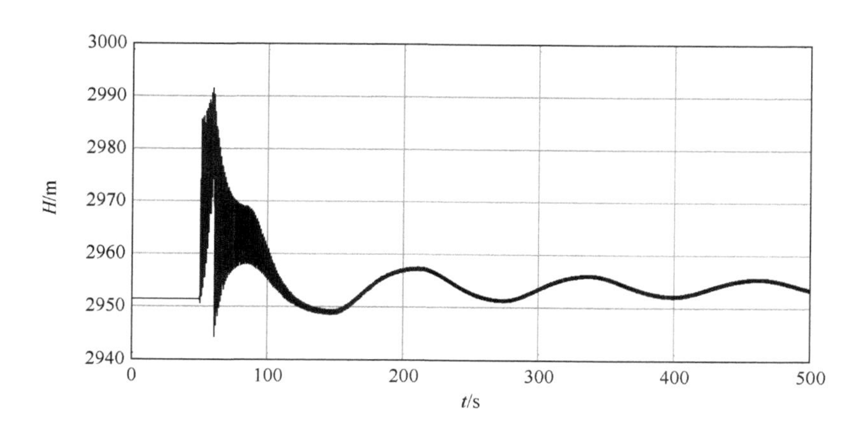

图 5-8　电站突甩负荷管道末端压力变化

水锤压力的计算与计算断面初始流速和初始水头有关，初始流速由初始流量决定，初始水头由上游水位决定。以直接水击为例：

$$H=\left(Z-Z_{\mathrm{a}}-\sum\alpha Q^{2}\right)+\frac{a}{gA}(Q_{0}-Q_{t}) \tag{5-18}$$

式中，Z 为调压室水位；Z_{a} 为机组安装高程；α 为机组上游侧水力损失系数；Q 为机组上游各管道流量；a 为水击波速；g 为重力加速度；A 为管道断面面积；Q_0 为机组初始流量；Q_t 为 t 时段末机组流量。各管道流量一般与水轮机初始流量呈倍数关系。$\left(Z-Z_{\mathrm{a}}-\sum\alpha Q^{2}\right)$ 为初始水头，若调压室水位 Z 一定，管道流量 Q 与初始水头成反比；若 t 时段末机组流量 Q_t 一定，机组初始流量 Q_0 与水锤压力成正比。水锤压力的大小取决于 $f(Q)=\frac{a}{gA}Q_{0}-\sum\alpha Q^{2}$ 的大小。若机组初始流量 Q_0 和 t 时段末机组流量 Q_t 一定，调压室初始水位与水锤压力成正比。对间接水击进行分析，可得到类似结论。因此，若拟定的叠加工况能使调压室水位升高或机组流量增大，则可得较大管道动水压力。

选取叠加工况为多台水轮机同时甩负荷、余一台水轮机延时甩负荷，所有机组采用两段式导叶关闭方案，整个甩负荷过程持续 25s。以连接两个机组的引水系统为例，其压力最大值敏感性分析结果如图 5-9 所示。符号 $H_{1\max}$、$H_{2\max}$ 和 $H_{\mathrm{x}\max}$ 定义为水轮机出口处机组 1 管道末端压力最大值、机组 2 管道末端压力最大值和分岔点压力最大值。

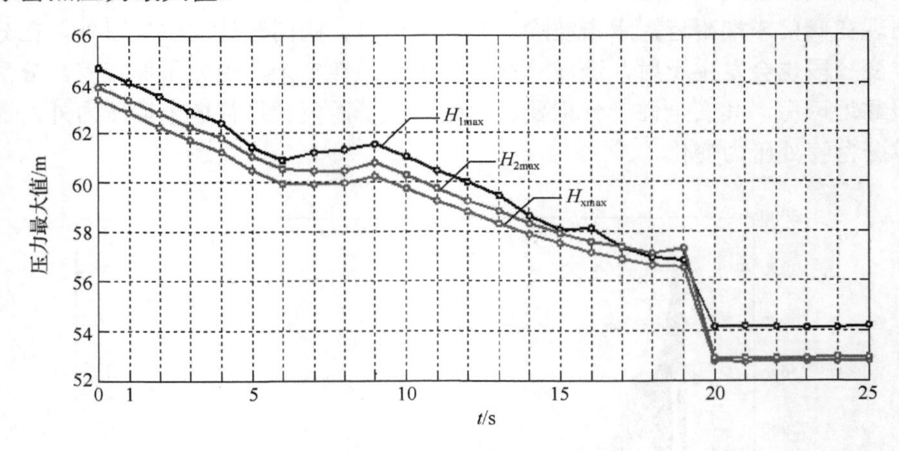

图 5-9　单管双机引水系统压力最大值敏感性分析结果

该引水系统压力最大值敏感性分析如表 5-9 所示。由图 5-9 和表 5-9 可得结论如下。①在同时甩负荷常规工况下，机组 1 入口处最大压力为 64.678m，机组 2 入口处最大压力为 63.888m，分岔点最大压力为 63.364m。②甩负荷间隔时间不大于 6s 时，间隔时间越长水锤压力越小。这是因为在相继甩负荷工况下，虽然后甩机组支管道的初始流量增大，但整个主管道中流量变化梯度有所减小，主管道长度远远大于支管道，流量变化对管道压力的影响也远大于支管道。③甩负荷间隔时间在 6～9s 时，管道末端及分岔点压力随甩负荷间隔时间增加而有所上升，上升幅度较小，推测是因为先甩机组导叶关闭后，过流量迅速减小，造成机组上游水压增加，下游水压降低，后甩机组的甩负荷初始水头压差增大，水锤压力上升。当初始水头压差增大产生的水锤压力上升值与水流变化梯度减缓产生的水锤压力下降值的差值，大于上一间隔时间对应的差值时，水锤压力不降反升。④甩负荷间隔时间在 9～18s 时，甩负荷间隔时间越长，水锤压力越小。⑤甩负荷间隔时间在 18～19s 时，机组 2 管道末端和分岔点压力略有上升。⑥甩负荷间隔时间大于 19s 时，管道末端和分岔点压力迅速下降，随间隔时间增大，上下轻微浮动，基本不产生变化。这是因为甩负荷间隔时间过长，已大于导叶关闭时间，先甩机组导叶关闭引起的水击波已基本衰减，且不会再因导叶关闭产生新的水击波，后甩机组受先甩机组影响较小，类似于甩部分负荷，管道压力降低且最大值随间隔时间变化较小。

表 5-9　单管双机引水发电系统管道压力最大值敏感性分析

间隔时间/s	机组 1 管道末端压力最大值/m	机组 2 管道末端压力最大值/m	分岔点压力最大值/m
0	64.678	63.888	63.364
1	64.088	63.328	62.809
2	63.503	62.783	62.235
3	62.891	62.228	61.719
4	62.396	61.805	61.223
5	61.427	61.065	60.489
6	60.887	60.546	59.948
7	61.205	60.467	59.901
8	61.303	60.464	59.980
9	61.550	60.784	60.221
10	61.012	60.296	59.730
11	60.468	59.756	59.231
12	59.994	59.216	58.806
13	59.449	58.842	58.309
14	58.642	58.327	57.897
15	58.054	57.912	57.529
16	58.108	57.568	57.136
17	57.348	57.383	56.903
18	56.947	57.126	56.642

续表

间隔时间/s	机组 1 管道末端压力最大值/m	机组 2 管道末端压力最大值/m	分岔点压力最大值/m
19	56.842	57.318	56.535
20	54.157	52.903	52.794
21	54.169	52.903	52.769
22	54.161	52.904	52.811
23	54.113	52.894	52.789
24	54.114	52.947	52.783
25	54.224	52.918	52.803

为了整体分析相继甩负荷对管道压力的影响，将单管双机、一管三机和一管四机机组各工况下后甩负荷机组管道末端压力最大值占同时甩负荷机组管道末端压力最大值的比例作为压力相对值，进行综合比较，如图 5-10 所示。

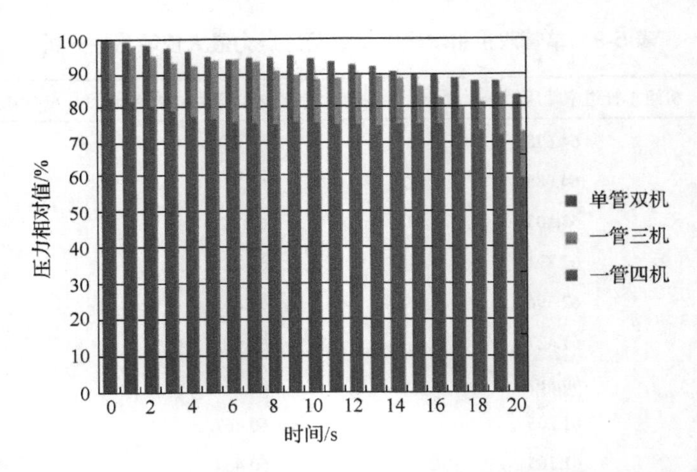

图 5-10　单管双机、一管三机和一管四机机组管道末端压力相对值（见彩图）

当甩负荷间隔时间在 20s 之内，即先甩机组导叶还未完全关闭时，同一水力单元的机组数目越多，受相继甩负荷的影响越大，后甩机组管道末端压力相对值越小，管道压力得到的改善也就越多。这是由于同一水力单元的机组数目越多，先甩机组甩负荷后，主管道流量减少比例越多，主管道流量减少，管道压力随之下降，管道各断面压力均可得到较大缓解。

5.5.4　相继甩负荷对调压室涌浪的影响

对于压力引水道长的水电站，负荷变化会造成水轮机入口处水锤压力增大。为有效减小水锤压力，在工程实践中常在压力水道上设置调压室。水电站过渡过程中调压室内会产生水位波动现象，如图5-11所示。调压室水位波动与压力管道水击波都属于非恒定流，但两者却有较大区别。调压室内水位波动变化较缓慢，周期长，衰减慢，且数值不高；压力管道中的水击波周期短，衰减快，数值较大。在常规工况下，调压室水位在到达最高点或最低点之前，水锤压力已大大衰减甚至消失，两者不会同时出现最大值，水击对调压室涌浪的影响较小。在叠加工况下，两种波动很容易产生叠加，相继甩负荷产生的后果是调压室水位变化向不利方向发展，即最高涌浪更高，最低涌浪更低。

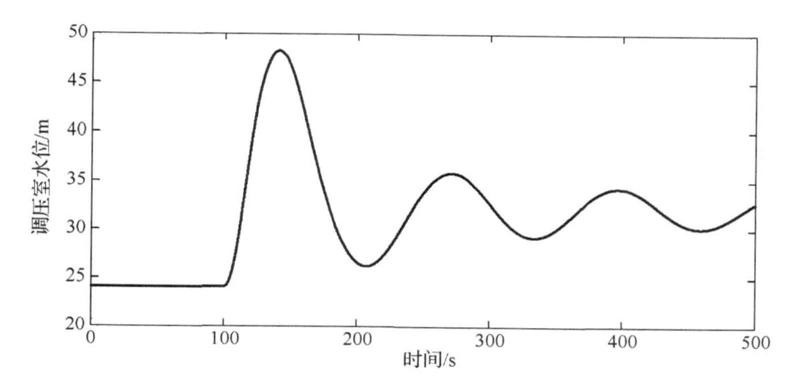

图5-11　电站突甩负荷时调压室水位变化

机组导叶关闭，系统内的能量应守恒，忽略系统中的旋转机械能及水头损失，水体能量在管道中水流动能与调压室水位势能之间来回转换，管道中的初始动能越大，转换成的势能也更大。最不利叠加时刻应是初始工况和叠加工况下调压室水位曲线与引水洞中流速曲线的切点相切时刻（程永光等，2004）。两条曲线相切应满足条件：

$$\frac{\mathrm{d}z}{\mathrm{d}v}=\frac{(fv-Q_0)(L/Fg)}{-z-\alpha|v|v-\beta|(v-Q_0/f)|(v-Q_0/f)}=\frac{fv(L/Fg)}{-z-\alpha|v|v-\beta|v|v} \tag{5-19}$$

化简得

$$z=-\alpha|v|v-\beta v\left\{|v|-\frac{f}{Q_0}\left[|v|v-|(v-Q_0/f)|(v-Q_0/f)\right]\right\} \tag{5-20}$$

式中，z为以水库水位为基准的调压室水位；v为引水洞中的流速；F为调压室断面面积；g为重力加速度；f为引水洞断面面积；Q_0为机组流量；L为引水洞长度；α为引水洞的水头损失系数；β为调压室阻抗损失系数。

叠加工况为1号水轮机先甩负荷、2号水轮机在不同时刻叠加甩负荷。相继甩负荷下调压室涌浪最大值的敏感性分析结果如表5-10和图5-12所示。

表 5-10　单管双机引水发电系统调压室涌浪最大值敏感性分析

间隔时间/s	调压室涌浪最大值/m	间隔时间/s	调压室涌浪最大值/m	间隔时间/s	调压室涌浪最大值/m
0	13.936	9	14.069	18	14.065
1	13.937	10	14.087	19	14.031
2	13.946	11	14.103	20	13.987
3	13.956	12	14.114	21	13.932
4	13.972	13	14.122	22	13.867
5	13.989	14	14.124	23	13.791
6	14.009	15	14.119	24	13.705
7	14.029	16	14.109	25	13.607
8	14.049	17	14.092		

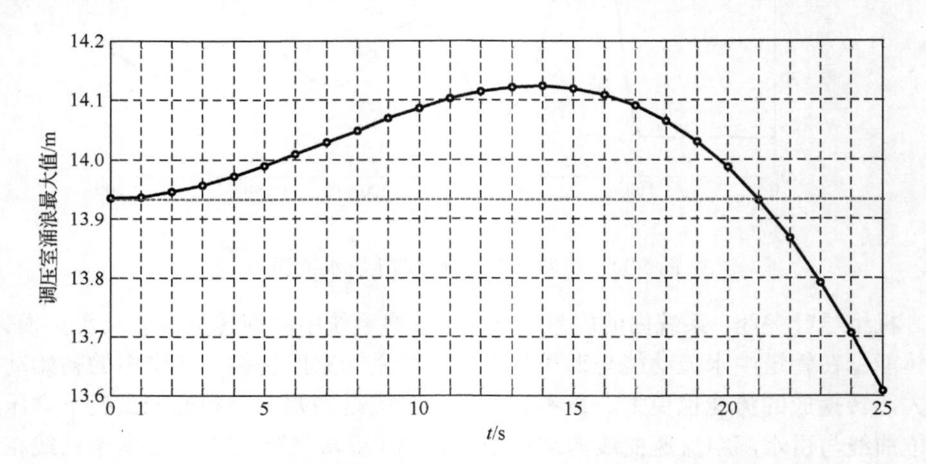

图 5-12　单管双机引水发电系统调压室涌浪最大值敏感性分析

从表 5-10 和图 5-12 可得，在相继甩负荷工况下，当甩负荷间隔时间在 0～14s 时，调压室涌浪最大值随甩负荷间隔时间增大而增大；当甩负荷间隔时间在 14～25s 时，调压室涌浪最大值随甩负荷间隔时间增大而减小；当甩负荷间隔时间在 0～20s 时，相继甩负荷工况下的调压室涌浪最大值大于同时甩负荷工况下的调压室涌浪最大值；当甩负荷间隔时间在 21～25s 时，相继甩负荷工况下的调压室涌浪最大值小于同时甩负荷工况下的调压室涌浪最大值。甩负荷间隔时间为 14s 时，调压室涌浪最大值达到极大值 14.124m。《水电站调压室设计规范》（NB/T 35021—2014）规定：调压室最高涌波水位以上的安全超高在设计工况下不宜小于 1.0m，在校核工况下不宜小于 0.5m。因此，这个升高值在安全范围内，在所选工况下，调压室水位到达最低点或最高点之前，水击波已大大衰减甚至消失，水击对调压室涌浪影响较小。

为综合分析不同布置形式的水电站相继甩负荷对调压室涌浪的影响，将不同布置形式水电站各工况下调压室涌浪最大值与同时甩负荷工况下涌浪最大值之比作为调压室涌浪相对值，进行综合比较，结果如图 5-13 所示。

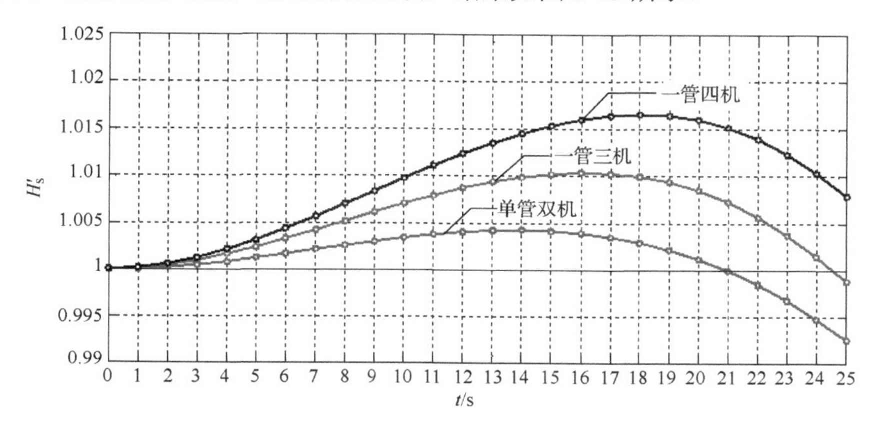

图 5-13　不同布置形式引水发电系统的调压室涌浪分析

由图 5-13 可知，在相继甩负荷工况下，调压室涌浪的相对值随间隔时间的增加先增大后减小。当甩负荷间隔时间较短时，先甩机组导叶关闭引起的水击波衰减少，后甩机组的水击波与先甩机组的水击波叠加后较大。由于间隔时间较小，水击波衰减时间较短、衰减较快，当水击波传递到调压室时，已有较多衰减，因此调压室涌浪虽有增加，但增加较少较缓。随甩负荷间隔时间增大，虽然先甩机组水击波衰减增多，但水击波衰减时间也加长，传递至调压室时衰减较少。此时，水击波的衰减速度成为影响调压室涌浪相对值的主要因素，随着甩负荷间隔时间的增加，调压室涌浪相对值有所增加且增加较快。甩负荷间隔时间继续增大，先甩机组的水击波衰减增加，叠加后的水击波减小。虽然随着间隔时间增加，水击波衰减速度下降，但由于初始水击波的减小，传递到调压室底部的水击波仍较小，对调压室涌浪的影响也减小。随着甩负荷间隔时间的增加，调压室涌浪相对值虽有所增加但增加变慢，在 t_1 时达到极值。甩负荷间隔时间继续增大，初始水击波成为影响调压室涌浪最大值的主要因素。由于先甩机组水击波衰减过多，调压室涌浪最大值虽然仍比同时甩负荷工况下要大，但已开始随间隔时间增加而逐渐减小。甩负荷间隔时间大于 t_2 时，由于先甩机组导叶关闭引起的水击波已基本衰减消失，此时相继甩负荷接近于甩部分负荷，调压室涌浪最大值小于同时甩负荷工况下的涌浪最大值。

5.5.5　相继甩负荷对转速波动的影响

相继甩负荷对先甩机组、后甩机组转速的影响差别较大，尤其是后甩机组转速随甩负荷间隔时间变化较复杂。为了分析相继甩负荷对后甩机组转速的影响，对单管双机、一管三机和一管四机三个不同布置形式的水电站，将各工况下后甩机组转速最大值与同时甩负荷工况下转速最大值的比值作为后甩机组转速相对值，记作n'_A。对后甩负荷机组转速进行敏感性分析，结果如表 5-11 和图 5-14 所示。

表 5-11　后甩负荷机组转速敏感性分析

间隔时间/s	单管双机 n'_A	一管三机 n'_A	一管四机 n'_A	间隔时间/s	单管双机 n'_A	一管三机 n'_A	一管四机 n'_A
0	1.00	1.00	1.00	13	1.01	1.02	1.07
1	1.01	1.03	1.08	14	1.01	1.03	1.09
2	1.01	1.04	1.11	15	1.01	1.04	1.10
3	1.01	1.05	1.09	16	1.02	1.04	1.10
4	1.01	1.06	1.05	17	1.02	1.05	1.10
5	1.02	1.07	1.04	18	1.02	1.05	1.08
6	1.02	1.06	1.05	19	1.02	1.05	1.08
7	1.02	1.05	1.08	20	1.02	1.05	1.08
8	1.02	1.05	1.11	21	1.01	1.04	1.06
9	1.02	1.05	1.12	22	1.01	1.03	1.05
10	1.02	1.05	1.11	23	1.01	1.03	1.06
11	1.02	1.05	1.10	24	1.01	1.02	1.06
12	1.01	1.03	1.06	25	1.01	1.02	1.07

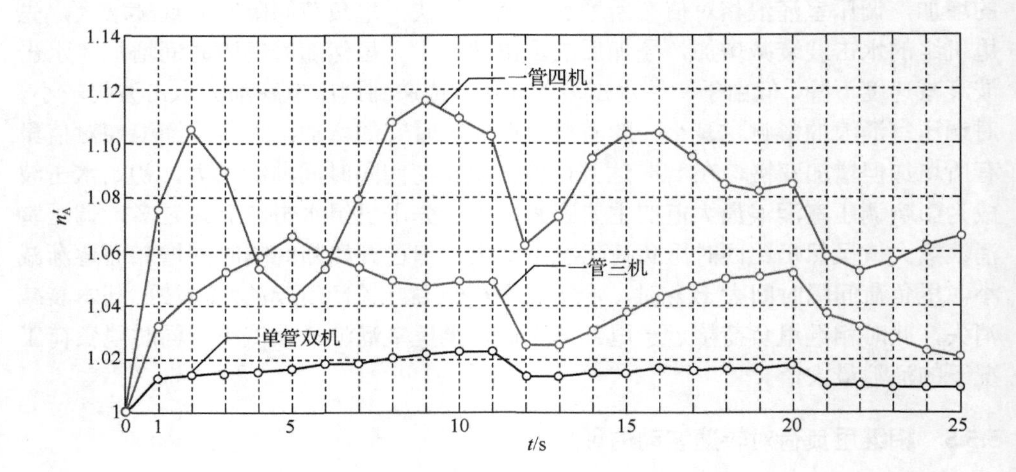

图 5-14　后甩负荷机组转速敏感性分析

从表 5-11 和图 5-14 可知，在相继甩负荷工况下，单管双机后甩机组 n'_A 最大值出现在第 11s，相比于同时甩负荷工况上升 2.22%；一管三机后甩机组 n'_A 最大值出现在第 5s，相比于同时甩负荷工况上升 6.50%；一管四机后甩机组 n'_A 最大值出现在第 9s，相比同时甩负荷工况上升 11.59%。后甩机组在相继甩负荷工况下的 n'_A 大于同时甩负荷工况下的转速最大值，随着甩负荷间隔时间增加，后甩机组 n'_A 呈现波动趋势，但始终大于同时甩负荷工况下的 n'_A。先甩机组导叶关闭使机组上游压力上升，下游压力下降，后甩机组上下游水头差增大，且先甩机组导叶关闭后，由于主管道较长，水流存在迟滞现象，流量重新分配，流向后甩机组支管道水流增多，后甩机组过流量增加，因此后甩机组转速增加。

由于管道中的动水压力是波动的，后甩机组开始甩负荷后，岔管处结点压力的大小关系是不确定的。若后甩机组岔管结点压力大于先甩机组岔管结点压力，部分流量流回先甩机组，后甩机组的过流量减小，上下游水头差相对较小，转速上升值较小；若后甩机组岔管结点压力小于先甩机组岔管结点压力，水流继续涌向后甩机组，后甩机组上下游水头差、过流量都较大，转速上升值也较大。需要说明的是，先甩机组导叶关闭后水流会涌向后甩机组，后甩机组初始流量大大增加，无论是上述哪种情况，在相继甩负荷工况下的后甩机组过流量总是大于同时甩负荷下的过流量，即后甩机组在相继甩负荷工况下的转速最大值始终大于同时甩负荷工况下的转速最大值。

间隔时间在 1～3s 和 7～25s 时，同一水力单元的机组数目越多，同一间隔时间对应的机组 n'_A 越大。这是因为先甩负荷机组越多，流向后甩机组的水流就越多，造成的上下游水头差也就越大，后甩机组上下游水头差和过流量都较大，n'_A 也就越大。间隔时间在 4～6s 时，一管三机水电站的后甩机组 n'_A 最大，单管双机水电站的后甩机组 n'_A 最小。在这个区间内，一管三机水电站的后甩机组在叠加甩负荷时，后甩机组岔管结点压力小于先甩机组岔管结点压力，水流从先甩机组涌向后甩机组，后甩机组过流量及上下游水头差都较大，机组 n'_A 较大。一管四机水电站的后甩机组在叠加甩负荷时，后甩机组岔管结点压力大于先甩机组岔管结点压力，部分水流从后甩机组涌向先甩机组，后甩机组过流量及上下游水头差都较小，机组转速上升值较小。

在 20s 之后叠加甩负荷，由于先甩机组导叶已经结束关闭，先甩机组导叶关闭引起的水击波动也已大大衰减，涌向后甩机组流量减小，上下游水头差变化较小，后甩机组转速最大值有所下降，随甩负荷间隔时间增大变化很小。间隔时间大于导叶关闭时间时，转速最大值变化很小，同一水力单元的机组数目越多，同一间隔时间对应的机组转速最大值越大。

5.6 本章小结

本章以水轮机调节系统中发电机角速度与水力发电机组转子形心偏移一阶导数为耦合界面参数，实现了调速器控制与轴系振动相互作用的模型统一；选择经典调节系统模型和轴系模型，对比探究统一模型模拟精度。结果表明，发电机转子形心偏移不受流量变化的影响，即工况变化时转子形心偏移保持不变，且轴系固有频率基本保持不变。可见，发电机角速度耦合的水力发电系统在不同工况下相互作用关系极不明显，且在形心偏移上模拟精度较差。同时，探究了系统在相继甩负荷工况下参数敏感性对一管多机系统水力参数和机组转速动态特性的影响，这为后续不同工作条件下水力发电系统发电可靠性评估奠定了模型基础。

参 考 文 献

程永光，陈鉴治，杨建东，2004. 水电站调压室涌浪最不利叠加时刻的研究[J]. 水利学报，35(7): 109-113.

傅旭东，赵善锐，1996. 用蒙特卡洛(Monte-Carlo)方法计算岩土工程的可靠度指标[J]. 西南交通大学学报，9(2): 164-168.

邢会敏，相诗尧，徐新刚，等，2017. 基于EFAST方法的AquaCrop作物模型参数全局敏感性分析[J]. 中国农业科学，50(1): 64-76.

许贝贝，崔晨风，2015. 大坝自动化监测数据粗差处理方法研究[J]. 测绘地理信息，40(2): 59-61.

RIASI A, TAZRAEI P, 2017. Numerical analysis of the hydraulic transient response in the presence of surge tanks and relief valves[J]. Renewable Energy, 107: 138-146.

ZENG Y, ZHANG L, GUO Y , et al., 2014. The generalized Hamiltonian model for the shafting transient analysis of the hydro turbine generating sets[J]. Nonlinear Dynamics, 76(4): 1921-1933.

第6章　水风光互补发电系统发电可靠性分析

6.1　引　　言

为弥补风光等间歇性随机可再生能源的波动性，水力发电机组将面临更加频繁过渡过程和非最优工况区运行带来的轴系振动问题，这给发电可靠性带来巨大挑战（Pérez-Díaz et al.，2014）。某实验室以 IEEE RTS-96 测试电网为例，对强风电注入多能源电网可能发生的严重后果进行模拟，结果表明强风注入下的电力系统明显导致输电线路过载并严重影响发电可靠性，造成经济损失（Schiel et al.，2017）。在以往的研究中，水风互补发电系统的稳定性和调节性研究取得了较大进展。例如，Jurasz 等（2018）优化了西里西亚地区大规模互补太阳能、风能与抽水蓄能联合发电的电网相关成本。Huang 等（2019）提出了风能-太阳能-抽水蓄能混合发电系统的概率模型，研究联合调度发电问题。Karhinen 等（2019）评估了不同风电比例下抽水蓄能发电的长期盈利能力。Salimi 等（2019）建立了以降低市场成本为目标的线性风力-抽水蓄能发电模型。Foley 等（2015）优化了风能-抽水蓄能发电的组合，以进一步研究系统总成本和温室气体效应。这些方法主要侧重于最优调度和经济评估，而忽略了秒级尺度下水力发电机组的动态特性和发电可靠性。鉴于此，Pali 等（2018）提出了一种适用于农村地区的小型风能与抽水蓄能调节技术，该技术适用于有井的农村地区。Endegnanew 等（2013）研究了受风力波动影响的抽水蓄能控制器调节质量。上述成果初步探索了水力发电机组发电可靠性的定量描述，但缺少系统性的综合指标评价体系。

可靠性指在要求时间和规定条件下系统完成预定功能的概率，即可靠度概率，用 P_r 表示。系统不能完成预定功能的概率为失效概率 P_f。可靠和失效属于两个互不相容事件，因此可靠度概率和失效概率是互补的，即$P_f+P_r=1$。失效概率和可靠度概率一样，均可用来描述系统的可靠性问题。根据随机变量的统计特征和结构的极限状态方程来计算结构的失效概率，是分析可靠度问题的核心（卢晶，2007）。失效概率和可靠度概率一般是通过功能函数 Z 来表示的，$Z>0$ 为可靠，$Z<0$ 为失效。因为功能函数比较复杂，而且需要基本随机变量的联合概率密度函数（这个函数很难得到），所以选择比较简单、易计算的方式来近似求解，即通过可靠度指标来计算，可靠度指标用 β 来表示：

$$
\begin{cases}
\beta = \dfrac{\mu_z}{\sigma_z} \\
Z = R - S
\end{cases}
\tag{6-1}
$$

式中，R 为结构抗力的随机变量；S 为荷载效应的随机变量；μ_z 为系统收益；σ_z 为基准收益。

在一阶可靠度计算方法中，需要知道验算点位置。验算点就是极限状态面上到坐标原点 O 位置最近的一点，记为 u^*，这段最近的距离就是可靠度指标 β，其表达式可写为

$$
\beta = \sqrt{u^{*\mathrm{T}} u^*} \tag{6-2}
$$

从原始变量空间到标准正态空间，即把可靠度指标的求解问题转化为约束优化问题，验算点的值就是优化算法的解（赵明，2015），即

$$
\beta = \min \sqrt{u^{\mathrm{T}} u} \ \text{s.t.}\ g(u) = 0 \tag{6-3}
$$

这种传统方法并不是最简单易解的表达式。根据可靠度指标几何意义，认为原始变量空间（X 空间）内以均值点为中心原点的 1-σ（膨胀因子）椭圆或超椭球体不断扩展，当其与极限状态面相切时，长短轴增加的倍数就是可靠度指标。此时，求解原始变量空间，不需要再转化为标准正态空间。这时，可靠度指标定义为

$$
\begin{cases}
\beta = \min\limits_{g(x)\leqslant 0} \sqrt{\left[\dfrac{x_i - \mu_i^N}{\sigma_i^N}\right]^{\mathrm{T}} [R]^{-1} \left[\dfrac{x_i - \mu_i^N}{\sigma_i^N}\right]} = \min\limits_{g(x)\leqslant 0} \sqrt{[n]^{\mathrm{T}} [R]^{-1} [n]} \\
n_i = \varPhi^{-1}\left[F(x_i)\right]
\end{cases}
\tag{6-4}
$$

式中，R 为相关矩阵；μ_i^N 和 σ_i^N 分别为非正态分布随机变量 x_i 的等效正态分布平均值和标准差；n 为相关等效标准正态分布向量；$\varPhi^{-1}\left[F(x_i)\right]$ 为标准正态分布的累计概率分布反函数。根据可靠度指标，可得失效概率为

$$
P_{\mathrm{f}} \cong 1 - \varPhi(\beta) \tag{6-5}
$$

一阶可靠度法用线性化平面代替原极限状态函数，而忽略曲面的凹凸性，二阶可靠度法考虑凹凸性以提高可靠度函数计算精度（梁斌，2015）。功能函数可表示为（傅方煜等，2014）

$$
\tilde{g}(u) \approx \alpha^{\mathrm{T}} (u - u^*) + \frac{1}{2} (u - u^*)^{\mathrm{T}} B (u - u^*) \tag{6-6}
$$

式中，α 为验算点处的方向向量；B 为缩减的 n 维黑塞矩阵，表达式可写为

$$\begin{cases} \alpha = \dfrac{\nabla \tilde{g}\left(u^*\right)}{\left|\nabla \tilde{g}\left(u^*\right)\right|} \\ B = \dfrac{\nabla^2 \tilde{g}\left(u^*\right)}{\left|\nabla \tilde{g}\left(u^*\right)\right|} \end{cases} \tag{6-7}$$

6.2　混合水电/光伏/风电微电网系统建模与参数不确定性分析

6.2.1　混合水电/光伏/风电微电网系统建模

水力发电系统采用式（4-87）的模型，风光发电系统采用参考文献（PIRC，2014）的数学模型。混合风光电力系统并网的电压和电流波形图及电压、电流总谐波失真值如图 6-1～图 6-3 所示。电压源系统的总谐波失真值（THD）为 1.09%，电流源的 THD 为 3.74%，与 IEEE 1547 标准相比非常好。根据可再生能源并网的标准值，THD 小于 15%是可以接受的。

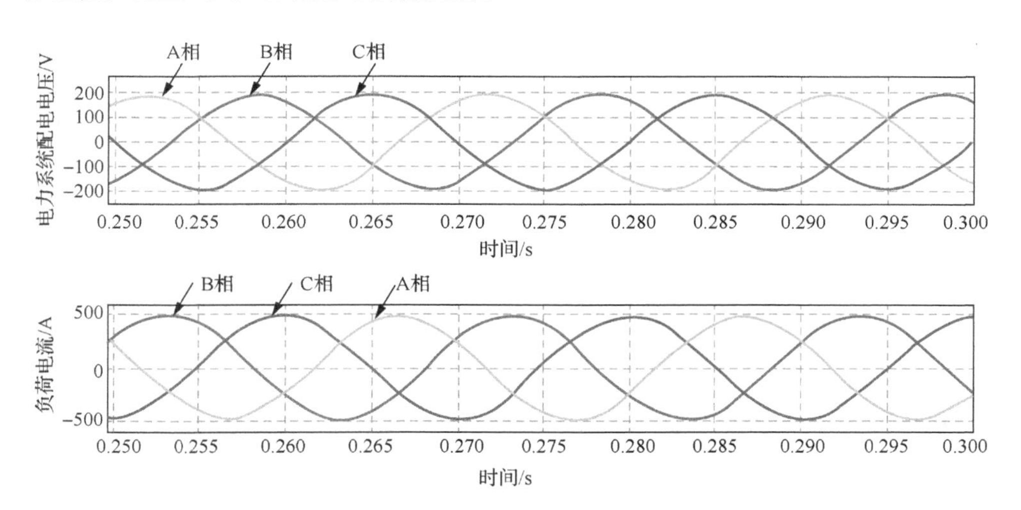

图 6-1　混合水电/光伏/风电微电网集成系统电压和电流波形图

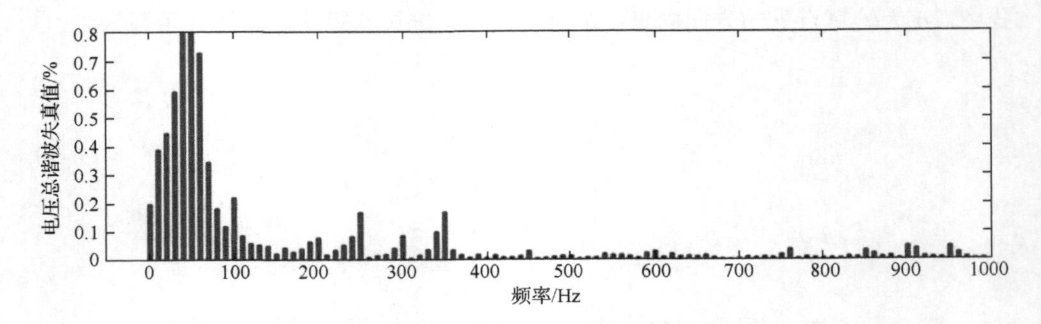

图 6-2　并网电压总谐波失真值

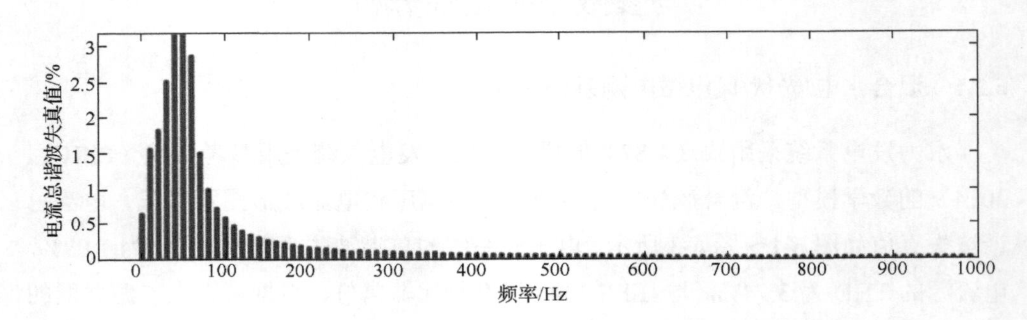

图 6-3　并网电流总谐波失真值

6.2.2　参数不确定性对水力发电系统发电可靠性的影响

混合水电/光伏/风电微电网由水电、风能、太阳能、变压器、转换器和三相负载组成。首先，分析参数不确定性对水力发电机组发电可靠性的影响，包括发电机角速度、发电机转子形心在 x 方向和 y 方向偏移、发电机功角。其次，分析参数不确定性对发电机转速、发电机转子形心在 x 方向和 y 方向偏移、发电机转子扭转角的相互作用贡献。最后，用数值仿真研究稳态和故障条件下水力发电系统的动态特性，并验证提出模型的正确性。在整个统一模型［式（4-87)］上使用不确定性分析方法，目的是将参数分为对系统输出不确定性重要和不重要的参数，使用扩展傅里叶方法进行全局敏感性分析。表 6-1 定义了水力发电系统模型参数，水力发电机组轴系和水轮机调节系统模型中参数的平均值依据我国纳子峡水电站设计值进行定义。模型输出包括发电机角速度 ω、发电机转子在 x 方向和 y 方向上的形心偏移 x_{11} 和 y_{11}、发电机转子功角，随机抽样方法选择蒙特卡洛抽样方法。EFAST 要求采样时间大于不确定参数的数量乘以 65 个仿真时间。因此，采样次数被定义为一万次。图 6-4 为混合水电/光伏/风电微电网模型的参数不确定性分析结果。

表 6-1　水力发电系统模型参数

参数序号	参数符号	物理意义	单位	平均值	方差	分布形式
1	U_s	母线电压	V	1	10^{-3}	正态分布
2	X_d	d 轴同步电抗	Ω	1.07	10^{-3}	正态分布
3	X_{d1}	d 轴暂态电抗	Ω	0.34	10^{-4}	正态分布
4	X_q	q 轴同步电抗	Ω	0.66	10^{-4}	正态分布
5	X_{q1}	q 轴暂态电抗	Ω	0.78	10^{-4}	正态分布
6	X_L	传输线电抗	Ω	0.3375	10^{-4}	正态分布
7	T_{d0}	发电机时间常数	N·m	6.4	10^{-4}	正态分布
8	θ_0	初始相角	rad	0	10^{-4}	正态分布
9	X_{ad}	d 轴电枢反应电抗	Ω	0.97	10^{-3}	正态分布
10	X_f	励磁绕组电抗	Ω	1.29	10^{-3}	正态分布
11	ω_{rated}	额定角速度	rad/s	314	1	正态分布
12	D	压力引水管道直径	m	5	10^{-1}	正态分布
13	D_t	发电机阻尼系数	—	0.2	10^{-4}	正态分布
14	T_j	发电机惯性时间常数	s	0.5	10^{-4}	正态分布
15	E_{q1}	暂态电压	V	1.4823	10^{-2}	正态分布
16	E_{ft}	励磁控制器输出	V	2.1847	10^{-2}	正态分布
17	R	参考输入	—	0.1	10^{-4}	正态分布
18	k_p	比例增益系数	s	0.05	10^{-5}	正态分布
19	k_i	积分增益系数	s	2	10^{-2}	正态分布
20	k_d	微分增益系数	s	0.2	10^{-4}	正态分布
21	W_{ave3}	管段 3 水击波传播速度	m/s	1100	10^{2}	正态分布
22	W_{ave2}	管段 2 水击波传播速度	m/s	1100	10^{2}	正态分布
23	b_p	变差系数	—	0.04	10^{-5}	正态分布
24	K_Z	控制信号位移放大系数	—	1	10^{-3}	正态分布
25	y_0	导叶开度初始值	p.u.	0.95	10^{-3}	正态分布
26	q_r	额定水轮机流量	m^3/s	1	10^{-3}	正态分布
27	q_{nl}	空载水轮机流量	m^3/s	0.15	10^{-4}	正态分布
28	L_{0t}	压力引水隧洞长度	m	517	5	正态分布
29	L_{01}	压力钢管 1 长度	m	50	1	正态分布
30	L_{02}	压力钢管 2 长度	m	30	10	正态分布
31	D_{0t}	共用压力引水管道直径	m	4.6	10	正态分布
32	D_{01}	压力钢管 1 直径	m	2.2	10^{-2}	正态分布
33	D_{02}	压力钢管 1 直径	m	2.2	10^{-2}	正态分布
34	Q_r	水轮机额定流量	m^3/s	53.5	1	正态分布

续表

参数序号	参数符号	物理意义	单位	平均值	方差	分布形式
35	H_r	水轮机额定水头	m	312	10	正态分布
36	W_{ave1}	压力引水隧洞水击波速	m³/s	900	10^2	正态分布
37	T_y	接力器反应时间常数	s	0.5	10^{-3}	正态分布
38	ω_0	初始角速度	rad/s	1	10^{-3}	正态分布
39	P_{m0}	初始水轮机功率	p.u.	0.5	10^{-4}	正态分布
40	h_{t0}	毛水头	p.u.	1.02	10^{-3}	正态分布
41	T_{j2}	水轮机转轮惯性时间常数	s	0.8	10^{-3}	正态分布
42	e	发电机转子质量偏心距	m	0.8×10^{-3}	10^{-8}	正态分布
43	m	发电机转子质量	kg	3.8×10^5	10^8	正态分布
44	c_1	转子在 x 方向等效结构阻尼系数	N·s/m	7.64×10^8	10^{14}	正态分布
45	c_3	转子在 y 方向等效结构阻尼系数	N·s/m	2.4×10^5	10^8	正态分布
46	k_1	x 方向弯曲刚度	N/m	7.08×10^8	10^{18}	正态分布
47	k_3	y 方向弯曲刚度	N/m	6.76×10^{10}	10^{18}	正态分布
48	I_p	发电机转子动惯量	kg·m²	7.9×10^7	10^{12}	正态分布
49	R	转轮叶片半径	m	3.8	10^{-2}	正态分布
50	g_0	发电机定转子间隙	m	10^{-3}	10^{-8}	正态分布
51	k_r	发电机定子径向刚度	N/m	2×10^8	10^{14}	正态分布
52	f_0	摩擦系数	N·s/m	0.3	10^{-4}	正态分布
53	c_0	轴阻尼系数	N·s/m	6.5×10^5	10^9	正态分布
54	a_0	速度 V 与叶片 p 轴之间的角度	rad	0.6	10^{-4}	正态分布
55	p_p	流道入口直径与出口直径比值	—	0.5	10^{-4}	正态分布
56	h_g	导叶相对高度	p.u.	0.26	10^{-4}	正态分布
57	s_1	水轮机叶片排挤系数	—	1	10^{-3}	正态分布
58	d_1	转轮直径	m	3.2	0.1	正态分布
59	k_2	轴在 y 轴上的弯曲刚度	N/m	6.62×10^8	10^{18}	正态分布
60	p	极对数	—	3	0.1	正态分布
61	A_0	发电机转子均匀磁隙	m	$4\pi\times10^{-10}$	10^{-20}	正态分布
62	F_{jm}	定子磁势基波幅度	A	2×10^4	10^6	正态分布
63	F_{sm}	转子磁势基波幅度	A	2×10^4	10^6	正态分布
64	L	转轮叶片高度	m	2.1	10^{-2}	正态分布
65	δ_1	叶片元素 1 负载角	rad	$\pi/6$	10^{-3}	正态分布
66	δ_2	叶片元素 2 负载角	rad	$\pi/7$	10^{-4}	正态分布
67	$P_{m\text{-}rated}$	水轮机额定功率	kW	2.9×10^4	10^{16}	正态分布

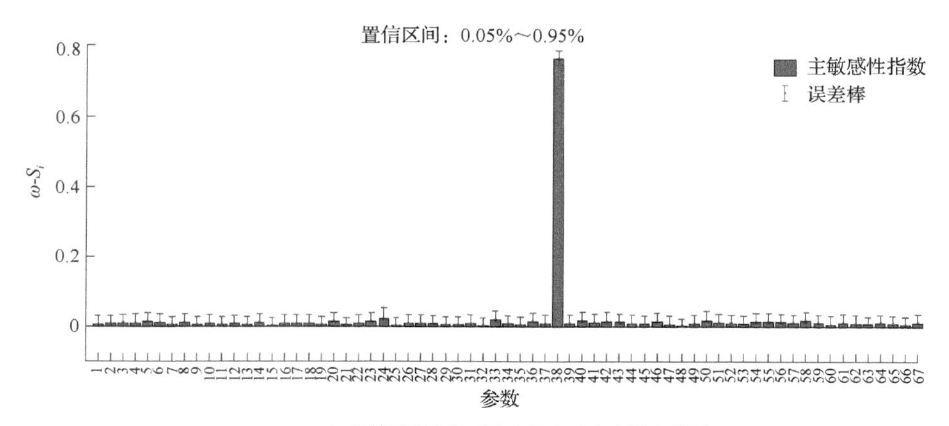

（a）参数不确定性对发电机角速度主影响结果

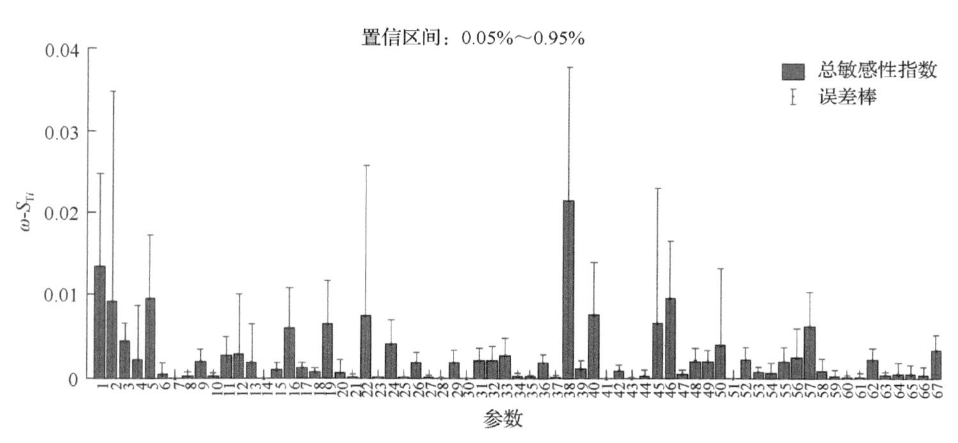

（b）参数不确定性对发电机角速度总影响结果

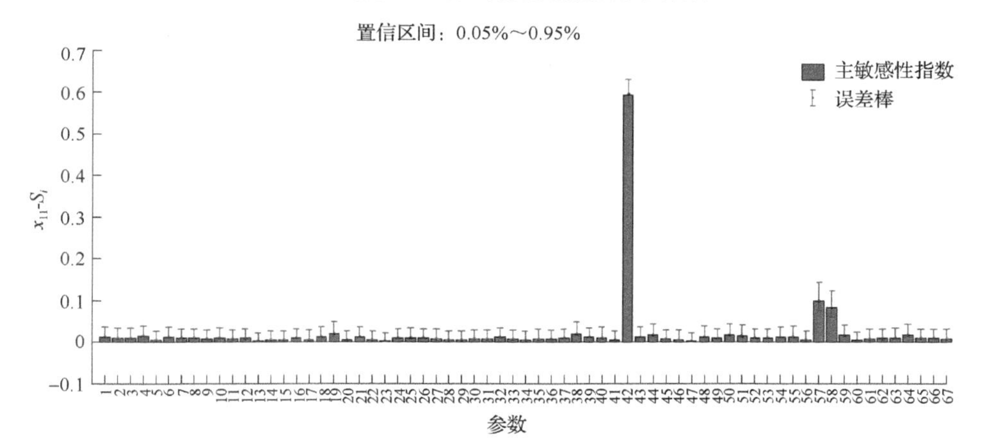

（c）参数不确定性对发电机转子形心在x方向偏移主影响结果

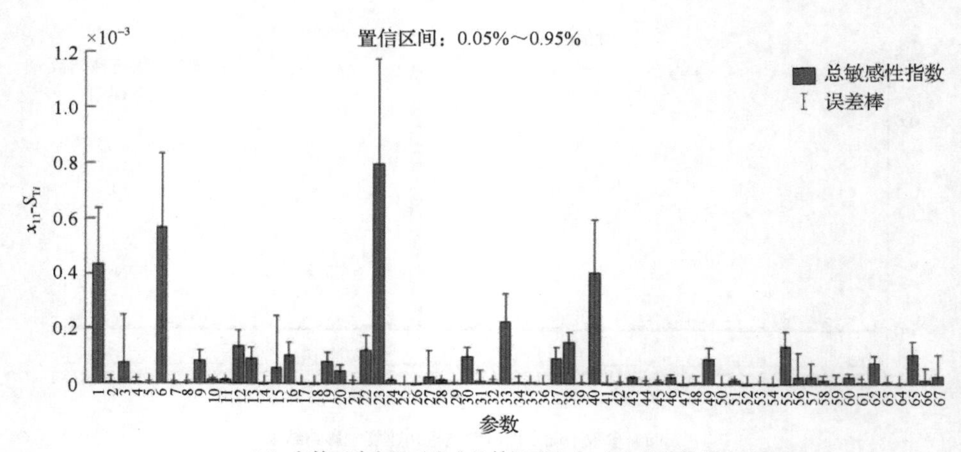

（d）参数不确定性对发电机转子形心在x方向偏移总影响结果

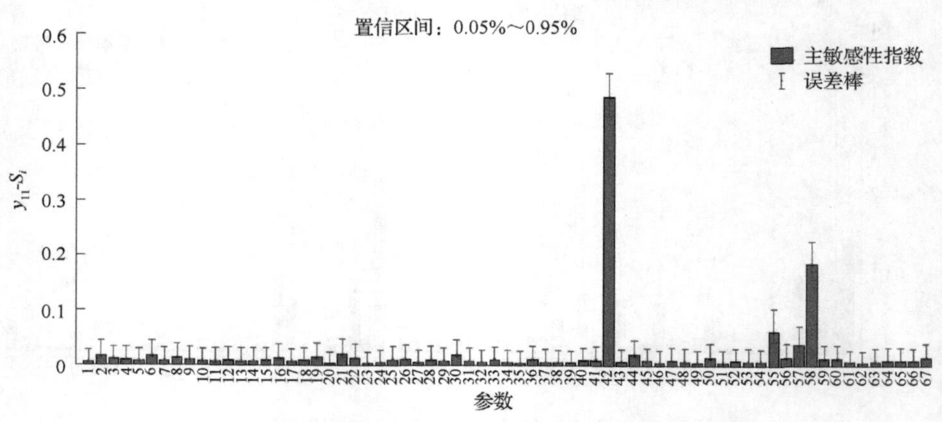

（e）参数不确定性对发电机转子形心在y方向偏移主影响结果

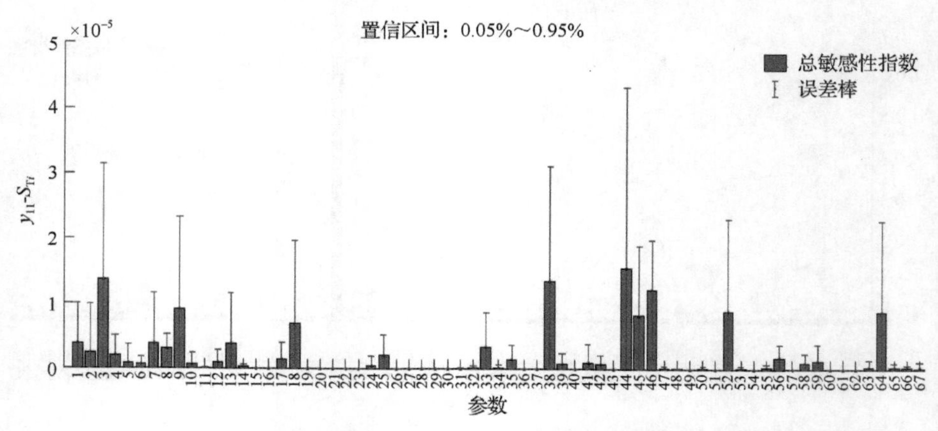

（f）参数不确定性对发电机转子形心在y方向偏移总影响结果

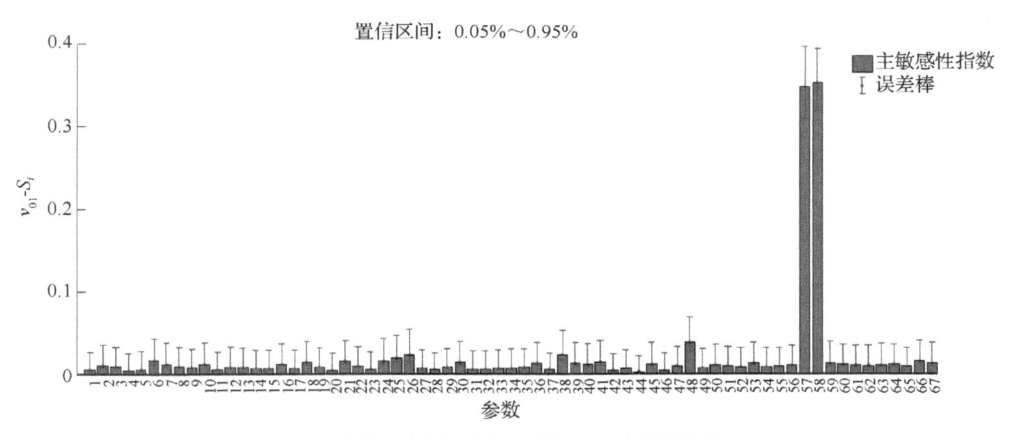

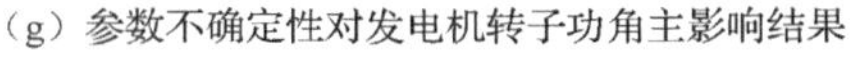
（g）参数不确定性对发电机转子功角主影响结果

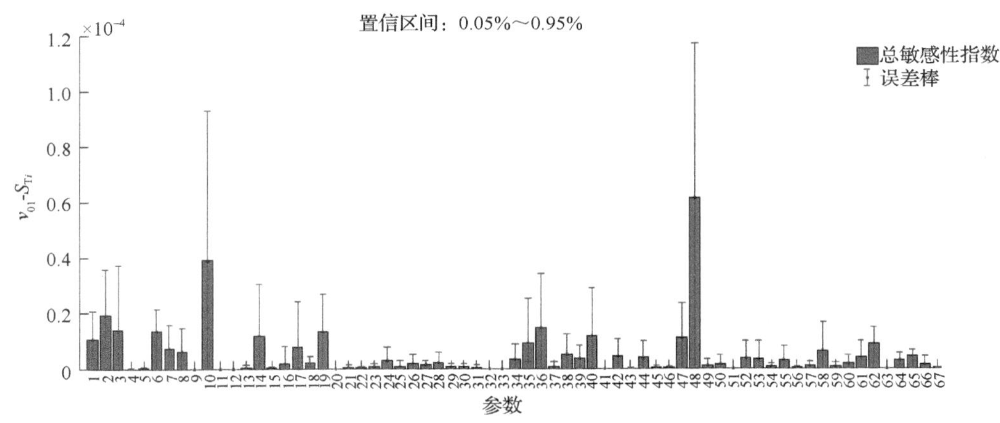

（h）参数不确定性对发电机转子功角总影响结果

图 6-4　混合水电/光伏/风电微电网模型的参数不确定性分析结果

如图 6-4（a）所示，选择发电机角速度作为模型输出时，发电机初始角速度（数字 38）的主要作用明显大于其他模型参数的作用，它对发电机角速度的不确定性贡献占模型中所有参数贡献的 76.6%，这意味着发电机初始角速度直接决定了发电机角速度的输出精度。除发电机初始角速度外，参数的主敏感性指数为 0.0047～0.0219，这意味着这些参数相互作用的敏感性相对较强。总敏感性指数前十位的不确定性参数是初始发电机转速（0.0215）、母线电压（0.0134）、x 方向弯曲刚度（0.0096）、q 轴暂态电抗（0.0095）、d 轴同步电抗（0.0092）、毛水头（0.0075）、管段 2 水击波传播速度（0.0074）、转子在 y 方向等效结构阻尼系数（0.0066）、积分增益系数（0.0064）和水轮机叶片排挤系数（0.0062）[图 6-4（b）]。其他不确定性参数的总敏感性指数小于 0.003。该结果意味着前十个参数可以通过与其他参数交互来间接影响发电机转速的仿真结果，更重要的是，不确定性参数来自水轮机调节系统和水力发电机组轴系模型，这表明提出一个考虑水轮机调节系统与水力发电机组轴系振动的统一模型是非常有必要的。

如图 6-4（c）所示，选择发电机转子形心在 x 方向偏移 x_{11} 作为模型输出时，主敏感性指数排名前三的参数是发电机转子的质量偏心距（0.595）、水轮机叶片排挤系数（0.0993）和转轮直径（0.0831）。其他参数的主敏感性指数小于 0.02，这意味着这些参数之间相互作用的敏感性相对较小且独立，且所有不确定性参数都来自水力发电机组轴系模型。从图 6-4（d）可以看出，总敏感性指数排名前四的参数为变差系数（0.0008）、传输线电抗（0.00057）、母线电压（0.00043）和毛水头（0.0004）。这四个参数全部来自水轮机调节系统模型，表明水轮机调节系统的这些参数可以通过与其他参数交互作用来间接影响水力发电机组轴系模型的振动状态。

当选择发电机转子形心在 y 方向偏移 y_{11} 作为模型输出时［图 6-4（e）、（f）］，主敏感性指数的前三个参数是发电机转子的质量偏心距（0.488）、水轮机转轮直径（0.186）和流道入口直径与出口直径比值（0.0064）。总敏感性指数的前四个参数为 x 轴对转子的结构阻尼系数、d 轴暂态电抗、初始发电机转速和 x 方向弯曲刚度。

选择发电机转子功角作为模型输出时，主敏感性指数的前两个参数为水轮机转轮直径（0.3635）和水轮机叶片排泄系数（0.3480）［图 6-4（g）］。总敏感性指数的前两个为发电机转子转动惯量和励磁绕组电抗［图 6-4（h）］。显然，轴振动不仅受水力发电机组轴系的参数影响，还受到水轮机调节系统的影响。

6.2.3 水力发电系统参数间相互作用对并网可靠性影响

分析水力发电系统对并入混合水电/光伏/风电微电网的参数相互作用贡献，旨在进一步量化参数不确定性对发电机速度的相互作用影响。参数单独贡献率总和与参数间相互作用贡献率总和对发电机速度影响如表 6-2 所示，单参数贡献率和前 14 个参数间相互作用对发电机速度贡献率分别见表 6-3 和表 6-4。

表 6-2 参数单独贡献率总和与参数间相互作用贡献率总和对发电机速度影响

物理意义	占比/%
参数单独贡献率总和	92
参数间相互作用贡献率总和	8

表 6-3　单参数贡献率

物理意义	占比/%
q 轴暂态电抗	2
管段 2 水击波传播速度	1
控制信号位移放大系数	2
压力钢管 1 直径	2
初始角速度	1
毛水头	2
发电机转子质量偏心距	1
x 方向弯曲刚度	79
发电机定转子间隙	1
摩擦系数	1
流道入口直径与出口直径比值	1
导叶相对高度	2
水轮机叶片排挤系数	2
转轮直径	2
水轮机额定功率	1

表 6-4　参数间相互作用贡献率

物理意义	占比/%
管段 2 水击波传播速度	8
控制信号位移放大系数	9
压力钢管 1 直径	10
初始角速度	6
毛水头	6
发电机转子质量偏心距	6
x 方向弯曲刚度	7
发电机定转子间隙	7
摩擦系数	8
流道入口直径与出口直径比值	5
导叶相对高度	8
水轮机叶片排挤系数	3
转轮直径	4
水轮机额定功率	5

通过分析表 6-3 中系统模型前 14 个敏感性参数的交互作用，发现发电机速度的决定因素远大于参数间交互作用，这些参数之间相互作用弱得多，这表明参数对统一模型的耦合作用较弱。具有此优势的这种模型有助于满足振动响应和发电机速度的建模精度。发电机转子质量偏心距、x 方向弯曲刚度、发电机定转子间隙、摩擦系数、流道入口直径与出口直径比值、导叶相对高度、水轮机叶片排挤系数和转轮直径来自水力发电机组轴系模型，轴系模型振动输出参数间相互作用对发电机转速有一定影响。换句话说，尽管统一模型参数耦合作用相对较弱，但机组轴系模型对发电机速度的相互作用不容忽视。

6.2.4　水力发电系统轴系模型验证

对于水轮机调节系统模型，Xu 等（2018）已进行了验证。水力发电机组轴系模型验证是通过转子试验平台进行的（符向前等，2015）。该平台包括转子测试台、信号采集系统和数据处理软件。转子测试台通过电动机驱动质量盘在轴承约束下与转子轴一起旋转。转子旋转速度由激光传感器测量，轴的 x 位移和 y 位移由电磁传感器测量，位移传感器测量装置放置在质量盘上，该质量盘用于测量旋转轴的 x 位移和 y 位移。采集频率为 1000Hz，采集时间为 7.2s，转子转速为 1000r/min，不对中量为 1mm。发电机转子形心偏移和振动频率的物理试验结果如图 6-5 所示，数值仿真试验结果如图 6-6 所示。在该仿真中，设置了未对准故障，时间步长为 0.001s。图 6-6 清楚地示出了相同的未对准现象及 x 轴和 y 轴的位移，故障频率主要由工频即 50Hz 控制。对比可知，提出模型计算的固有频率与试验结果非常接近，验证了本书提出的水力发电机组轴系模型的正确性。

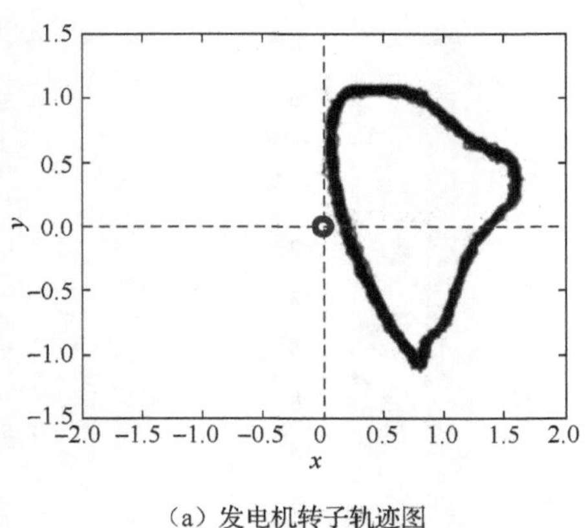

（a）发电机转子轨迹图

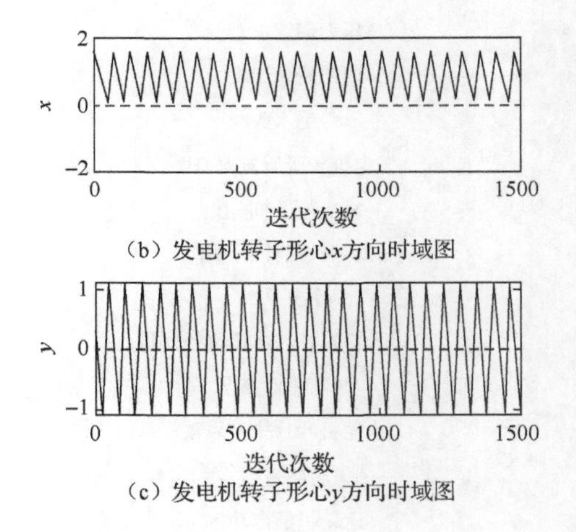

（b）发电机转子形心x方向时域图

（c）发电机转子形心y方向时域图

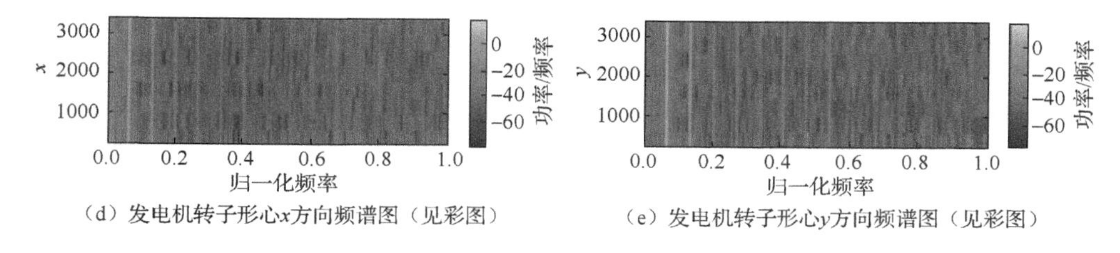

（d）发电机转子形心x方向频谱图（见彩图）　（e）发电机转子形心y方向频谱图（见彩图）

图 6-5　发电机转子形心偏移和振动频率物理试验结果

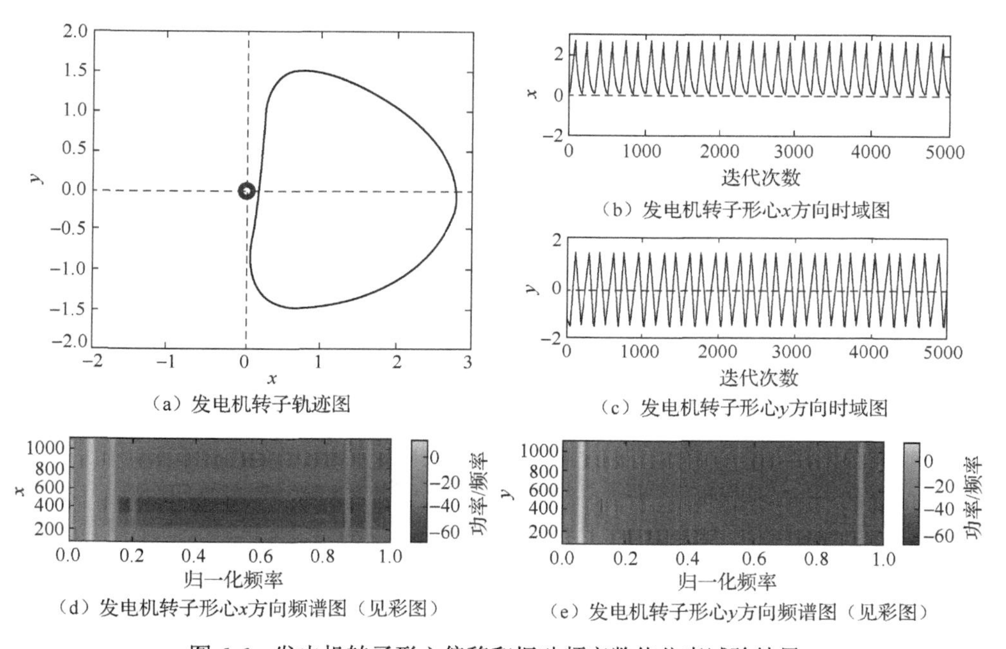

（a）发电机转子轨迹图

（b）发电机转子形心x方向时域图

（c）发电机转子形心y方向时域图

（d）发电机转子形心x方向频谱图（见彩图）　（e）发电机转子形心y方向频谱图（见彩图）

图 6-6　发电机转子形心偏移和振动频率数值仿真试验结果

6.3　水风互补发电系统发电可靠性分析

基于 Matlab/Simulink 平台建立一个水风互补发电系统，框图如图 6-7 所示。风力发电部分由双馈感应发电机（doubly fed induction generator，DFIG）、变速器、整流器、变速箱等组成，水力发电系统由水轮机、发电机等组成，这两个部分通过变压器与 25kV 电网相连。

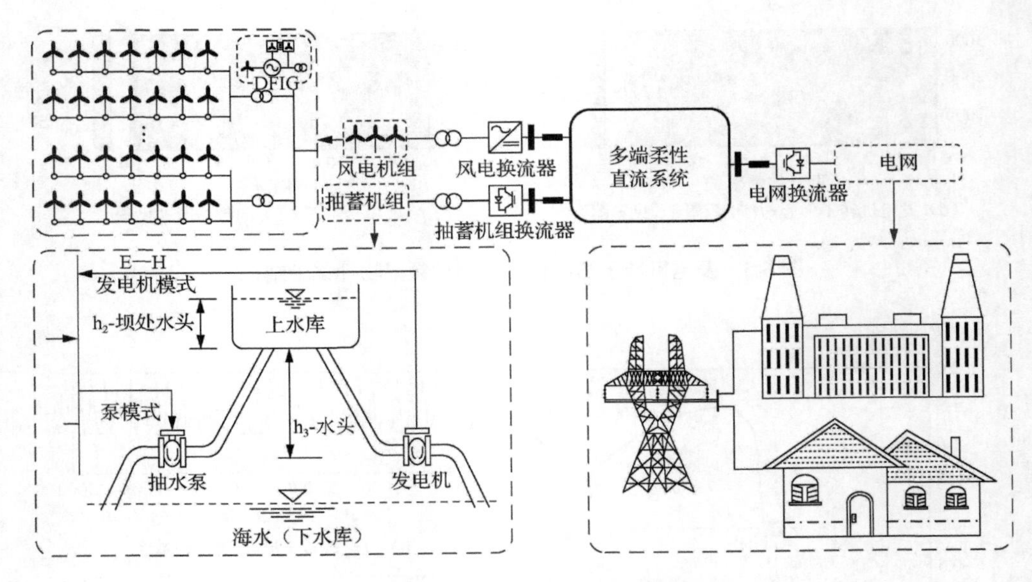

图 6-7　水风互补发电系统框图

6.3.1　风力发电系统风速模型场景

为研究水风互补发电系统的动态特性，采用高斯函数、方波函数和正弦函数分别模拟随机风、梯度风和阵风的变化，不同风力整定值如表 6-5 所示。

表 6-5　混合动力发电系统的 3 种风力整定值

风力整定值	描述
随机风（高斯函数）	R1：频率 1.0Hz，风速均值 15m/s，标准差 1.5
	R2：频率 1.0Hz，风速均值 15m/s，标准差 1.5
	R3：频率 1.0Hz，风速均值 15m/s，标准差 0.5
	R4：频率 0.5Hz，风速均值 20m/s，标准差 0.5
梯度风（方波函数）	G1：频率 0.05Hz，风速初始幅值 13m/s，最终幅值 25m/s
	G2：频率 0.05Hz，风速初始幅值 15m/s，最终幅值 20m/s
	G3：频率 0.1Hz，风速初始幅值 15m/s，最终幅值 20m/s
阵风（正弦函数）	S1：频率 0.1Hz，风速幅值 5m/s，偏移 15m/s
	S2：频率 0.05Hz，风速幅值 5m/s，偏移 15m/s
	S3：频率 0.1Hz，风速幅值 8m/s，偏移 15m/s

根据随机风的频率、风速均值和标准差特征，选取随机风四个时间序列数据，

分用 R1、R2、R3 和 R4 表示。选取梯度风（G1、G2、G3）和阵风（S1、S2、S3）三个时间序列。这十组功率整定仿真时间为 50s，风速变化规律如图 6-8 所示。

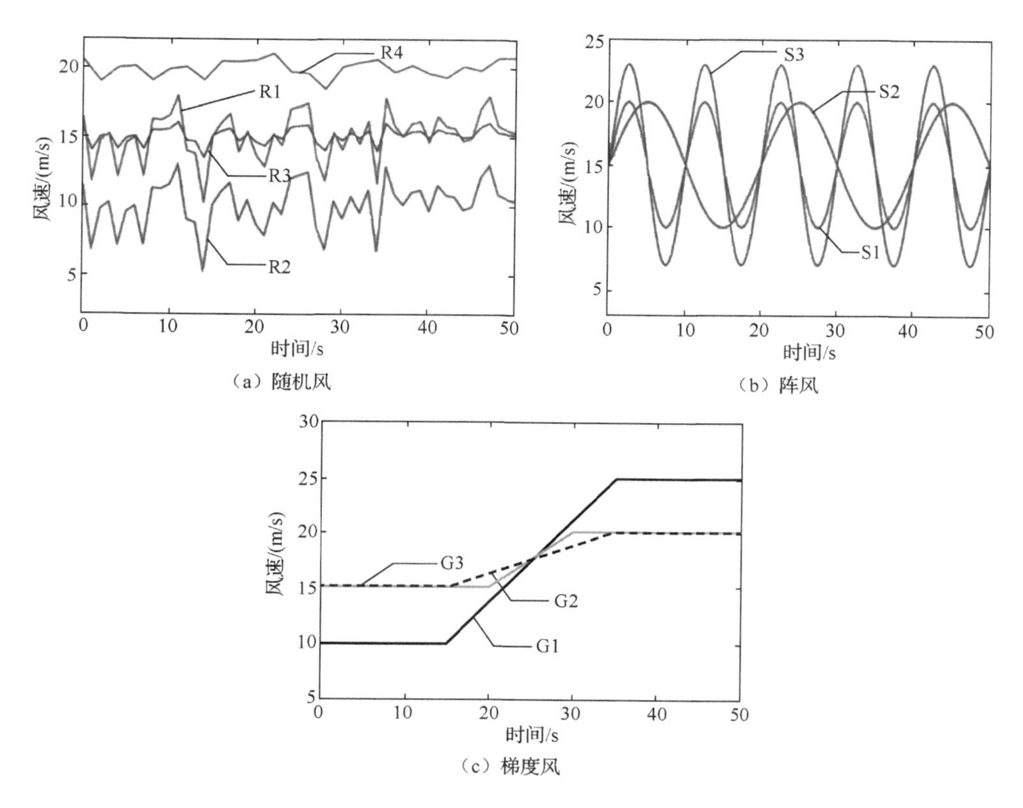

图 6-8　随机风、阵风和梯度风风速变化规律

6.3.2　水风互补发电系统互补特性分析

研究水风互补发电系统互补特性，目的是减少弃风现象并最大程度地提高风电并网比例。在工程实践中，水力发电机组通常承担调峰调频调压的任务，从而利用其良好的互补性来平衡间歇性风电注入引起电网的波动。因此，本小节将着重研究不同能源之间的协调运行机制。

图 6-9 为随机风扰动下功率响应与水力发电机组功率调节的互补特性。在 R1 情况下，水力发电机组输出功率很难及时达到风电功率变化引起的功率缺省值，导致其导叶开度频繁切换。在 R2 情况下，水力发电机组输出功率完全不能达到风电功率变化引起的功率缺省值，这种情况下水力发电机组调节能力达到上下限。对于 R3 和 R4，在整个瞬态过程中水力发电机组输出功率曲线几乎与风电功率变

化引起的功率缺省值响应曲线相吻合，这意味着水力发电机组在该风速特征下具有出色的互补特性，可以应对风力扰动。通过与 R1 和 R2 相比，可以将这一结果归因于较低的风速标准差。

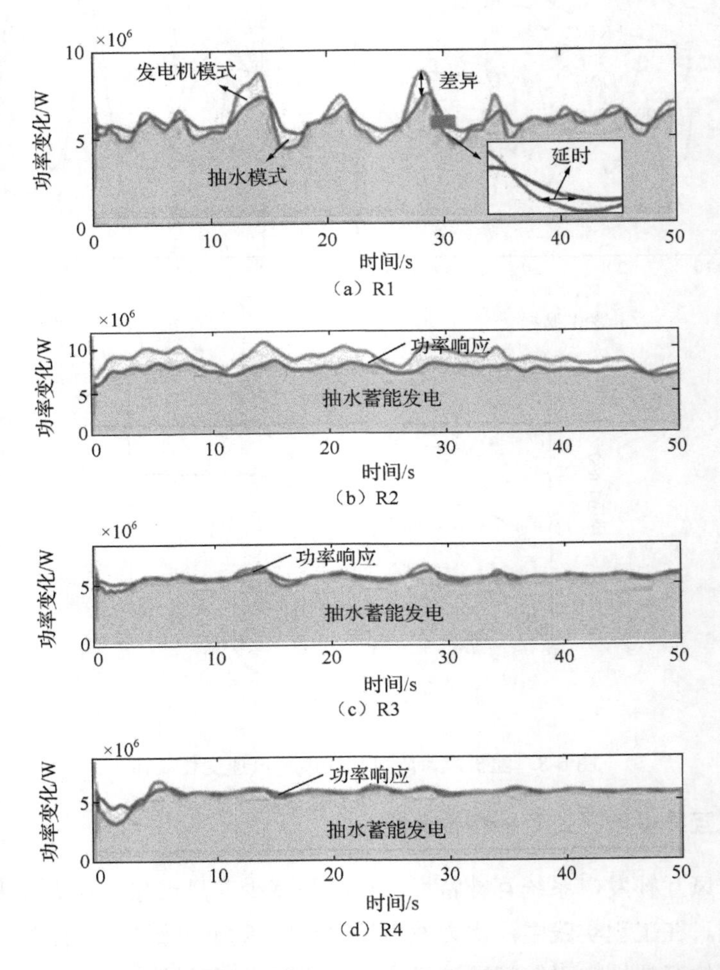

图 6-9　随机风扰动下功率响应与水力发电机组功率调节的互补特性

图 6-10 为随机风对水力发电机组导叶开度和频率的影响。观察图 6-10 可以发现，R3 和 R4 与 R1 和 R2 相比，机组具有更好的互补特性。换句话说，R3 和 R4 导叶开度和频率最大波动与 R1 和 R2 相比要小得多。以导叶开度为例，R2>R1>R3>R4；以 20s 后的频率为例，R1>R2>R3>R4。综上可得，在相对较高的平均风速和较低的风速标准差下，水力发电系统具有可靠的互补性能。

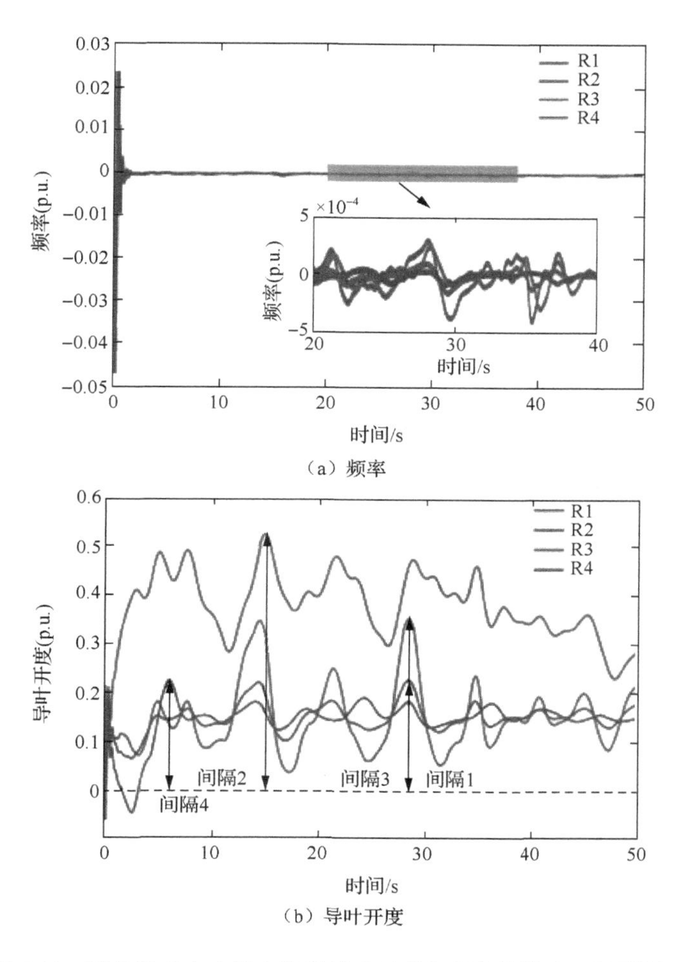

（a）频率

（b）导叶开度

图 6-10　随机风对水力发电机组导叶开度和频率的影响（见彩图）

表 6-6 为四种风电整定值情况下水风互补结果。随机风 R2 导叶开度（0.5295）、功率延迟（>10s）、响应差（2.72×10^6W）均最大；R1 指标基本居中，R3 和 R4 的指标值较小。因此，R3 和 R4 的互补性优于 R1 和 R2，这与图 6-9 和图 6-10 分析结果一致。此外，梯度风 G1 三个指标略高于 G2 和 G3，但这三个风的整体互补等级均较高。阵风 S1、S2 和 S3 的互补等级分别为差、中等和差，表明三项指标数值较大。上述分析表明相对有益的风电整定是梯度风，过大的阵风可能会严重危害系统的稳定性。

表 6-6　四种风电整定值情况下水风互补结果

风力	类型	导叶开度（p.u.）	功率延时/s	响应差/W	互补性等级
随机风（高斯函数）	R1	0.3582	2.215	1.52×10^6	中等
	R2	0.5295	>10	2.72×10^6	差
	R3	0.2273	1.295	5.50×10^5	好
	R4	0.2253	0.965	7.18×10^5	好
梯度风（方波函数）	G1	0.1902	2.04	2.78×10^5	中等
	G2	0.1684	1.42	1.30×10^5	好
	G3	0.1836	1.71	2.18×10^5	好
阵风（三角函数）	S1	0.4214	1.62	1.67×10^6	差
	S2	0.3352	1.37	1.11×10^6	中等
	S3	0.6310	1.65	3.11×10^6	差

6.3.3　水风互补发电系统发电可靠性评估指标

水力发电机组在动态调整输出功率以弥补风速变化引起的功率变化时，水轮机调节系统在调峰调频中起着至关重要的作用。为了保证水力发电机组在非最优工况区的发电可靠性，评价水力发电机组的动态性能指标显得尤为重要。本小节提出七个动态性能指标来评估水力发电机组的发电可靠性，包括调节时间、调节最小值、调节最大值、超调量、欠调量、峰值和峰值时间。

对于特定扰动下的欠阻尼系统，其闭环极点为

$$s_{1,2}=-\sigma\pm j\omega_{\rm d} \tag{6-8}$$

式中，$\omega_{\rm d}$为阻尼振荡频率，$\omega_{\rm d}=(1-\zeta^2)^{1/2}$，阻尼比$\zeta=\dfrac{1}{2\sqrt{T_{\rm m}K}}$，$K$和$T_{\rm m}$分别为开环增益和时间常数；$\sigma$为衰减系数，$\sigma=\zeta\omega_{\rm n}$，$\omega_{\rm n}$为自然振荡频率且等于$\sqrt{K/T_{\rm m}}$。

当输入信号为$R(s)=1/s$，输出信号$C(s)$为

$$C(s)=\frac{\omega_{\rm n}^2}{s(s^2+2\zeta\omega_{\rm n}s+\omega_{\rm n}^2)} \tag{6-9}$$

对式（6-9）进行拉普拉斯逆变换，输出信号扰动响应为

$$c(t)=1-\frac{1}{\sqrt{1-\zeta^2}}{\rm e}^{-\zeta\omega_{\rm n}t\sin(\omega_{\rm d}t+\beta)},\quad t\geqslant0 \tag{6-10}$$

式中，$\beta = \arctan(\sqrt{1-\zeta^2}/\zeta)$。一般来说，式（6-10）可以近似化为只与 ω_{n} 和 t 相关，即

$$c(t) = 1 - \frac{1}{\sqrt{1-\zeta^2}} \mathrm{e}^{-\zeta\omega_{\mathrm{n}} t} \tag{6-11}$$

调节时间被定义为系统响应达到稳定值 $c(\infty)$2%的时间。因此，如果以 2%为调节时间标准，可以得到

$$c(t_{\mathrm{s}}) = 1 - \frac{1}{\sqrt{1-\zeta^2}} \mathrm{e}^{-\zeta\omega_{\mathrm{n}} t_{\mathrm{s}}} = 0.98 \tag{6-12}$$

由此可求得调节时间 t_{s} 为

$$t_{\mathrm{s}} = -\frac{\ln\left(0.02\sqrt{1-\zeta^2}\right)}{\zeta\omega_{\mathrm{n}}} \tag{6-13}$$

对于欠阻尼系统（$0 \leqslant \zeta \leqslant 0.9$），$3.9 \leqslant \ln\left(0.02\sqrt{1-\zeta^2}\right) \leqslant 4.7$。因此，调节时间 t_{s} 近似公式为

$$t_{\mathrm{s}} \cong \frac{4}{\zeta\omega_{\mathrm{n}}} \cong 4\tau \tag{6-14}$$

式中，τ 为无阻尼自然振荡衰减时间。

调节最大值和调节最小值是指调节过程中系统响应的最大值和最小值。峰值时间是指最大超调点的时间。式（6-10）对时间 t 求导数可得

$$\zeta\omega_{\mathrm{n}} \mathrm{e}^{-\zeta\omega_{\mathrm{n}} t_{\mathrm{p}}} \sin(\omega_{\mathrm{d}} t_{\mathrm{p}} + \beta) - \omega_{\mathrm{d}} \mathrm{e}^{-\zeta\omega_{\mathrm{n}} t_{\mathrm{p}}} \cos(\omega_{\mathrm{d}} t_{\mathrm{p}} + \beta) = 0 \tag{6-15}$$

根据式（6-15），可得

$$\tan(\omega_{\mathrm{d}} t_{\mathrm{p}} + \beta) = \frac{\sqrt{1-\zeta^2}}{\zeta} \tag{6-16}$$

假设 $\omega_{\mathrm{d}} t_{\mathrm{p}} = \pi$，峰值时间 t_{p} 最终可以化简为

$$t_{\mathrm{p}} = \frac{\pi}{\omega_{\mathrm{d}}} \tag{6-17}$$

超调量表示超过稳定值 $c(\infty)$的最大偏差，通常以百分数的形式表示。超调量

仅与阻尼比ζ有关，而与自然振荡频率ω_n无关。根据超调量的定义，峰值时间的最大输出可以表示为

$$c(t_p)=1-\frac{1}{\sqrt{1-\zeta^2}}\omega_d e^{-\pi\zeta/\sqrt{1-\zeta^2}}\sin(\pi+\beta) \tag{6-18}$$

由于式（6-18）满足条件$\sin(\pi+\beta)=-\sqrt{1-\zeta^2}$，因此可以表示为

$$c(t_p)=1+e^{-\pi\zeta/\sqrt{1-\zeta^2}} \tag{6-19}$$

如果$c(\infty)=1$，峰值时间t_p最终可以表示为

$$t_p=e^{-\pi\zeta/\sqrt{1-\zeta^2}}\times 100\% \tag{6-20}$$

欠调量是指系统响应偏差第二大的值，以百分数形式表示，计算方法与超调量类似。

6.3.4　水风互补发电系统水力发电机组发电可靠性评估

本小节从水力发电系统中选取导叶开度、输出功率和频率三个参数进行性能分析。导叶开度和输出功率代表发电机的机械特性，频率代表发电机的电气特性，评估结果如表 6-7 所示。

表 6-7　风电影响下抽水蓄能发电系统调节性能评估

参数	风力	类型	调节时间	调节最大值	调节最小值	超调量	欠调量	峰值	峰值时间
导叶开度	随机风（高斯函数）	R1	49.6659	0.0346	0.3583	67.7000	0	0.3583	28.486
		R2	49.7234	0.2309	0.5279	85.9000	0	0.5297	14.986
		R3	49.7229	0.1003	0.2274	2.9300	0	0.2274	28.4862
		R4	49.8384	0.1221	0.1895	2.7700	0	0.1895	24.3463
	梯度风（方波函数）	G1	41.3694	0.1149	0.1593	3.6412	0	0.1593	37.1664
		G2	48.1374	0.1383	0.1579	2.4896	0	0.1579	37.5064
		G3	41.4474	0.1251	0.1624	5.4593	0	0.1624	32.5463
	阵风（正弦函数）	S1	49.9709	0.0227	0.4131	54.9000	0	0.4131	17.8446
		S2	49.5394	0.0374	0.3355	48.4000	0	0.3355	16.5061
		S3	49.9379	−0.0148	0.5807	26.9000	0.32269	0.5807	28.5859

续表

参数	风力	类型	调节时间	调节最大值	调节最小值	超调量	欠调量	峰值	峰值时间
输出功率	随机风（高斯函数）	R1	49.6229	0.8658	1.2453	16.3000	0	1.2453	28.6667
		R2	49.7214	1.0951	1.4374	24.3000	0	1.4374	15.5465
		R3	49.6874	0.9428	1.0907	5.9738	0	1.0907	28.5863
		R4	49.8204	0.9681	1.0458	4.7977	0	1.0458	24.4263
	梯度风（方波函数）	G1	42.6579	0.9595	1.0109	0.6599	0	1.0109	37.3064
		G2	48.1569	0.9861	1.0093	0.4593	0	1.0093	37.5864
		G3	41.4064	0.9714	1.0147	0.9974	0	1.0147	32.6263
	阵风（正弦函数）	S1	49.9674	0.8543	1.3017	12.1000	0	1.3017	18.3059
		S2	49.6744	0.8712	1.2145	11.7000	0	1.2145	16.8261
		S3	49.9309	0.8009	1.4977	6.2672	0	1.4977	29.1063
频率	随机风（高斯函数）	R1	49.9894	-5.00×10^{-4}	3.26×10^{-4}	2910	4620	5.00×10^{-4}	16.0363
		R2	49.9904	-3.02×10^{-4}	2.76×10^{-4}	1310	1540	3.02×10^{-4}	36.1161
		R3	49.9979	-2.00×10^{-4}	1.40×10^{-4}	3050	4500	2.00×10^{-4}	15.4763
		R4	49.9989	-1.22×10^{-4}	7.67×10^{-5}	1620	2740	1.22×10^{-4}	15.3963
	梯度风（方波函数）	G1	49.9994	-5.94×10^{-5}	5.15×10^{-5}	1320	1230	5.94×10^{-5}	17.1164
		G2	49.9994	-5.31×10^{-5}	5.48×10^{-5}	1190	1330	5.48×10^{-5}	10.5263
		G3	49.9994	-5.31×10^{-5}	5.48×10^{-5}	1130	1270	5.48×10^{-5}	10.5263
	阵风（正弦函数）	S1	49.9894	-5.00×10^{-4}	3.48×10^{-4}	91.8	133	5.00×10^{-4}	10.8563
		S2	49.9979	-2.17×10^{-4}	1.21×10^{-4}	552	1160	2.17×10^{-4}	19.5963
		S3	49.9874	-6.95×10^{-4}	4.88×10^{-4}	204	208	7.14×10^{-4}	11.3962

由表 6-7 可知，导叶开度和机组输出功率的性能规律相似。与 R1 和 R3 相比，系统导叶开度对 R2 的响应更快到达峰值时间，约为 15.0s，而三者调节时间近似相同，约为 49.7s。同时，在三个随机风中，R2 调节最小值、调节最大值、超调量和峰值最大，这说明 R2 对动态调节性能响应快、波动大。对于梯度风，G3 的峰值时间比 G1 和 G2 短。由此可知，在 G3 的影响下，抽水蓄能发电系统的动态稳定性响应最快，说明该系统在这种情况下具有显著的稳定性。此外，不同阵风调节时间和调节最小值两个指标值接近。因此，很难从目前的结果来判断不同阵风的调节性能。随机风（R1、R2、R3）和阵风（S1、S2、S3）的调节时间超过 49s，梯度风 G1、G3 的调节时间约为 41s，梯度风 G2 的稳定时间约

为 48s。同时，与梯度风相比，随机风和阵风的系统响应在峰值时间达到的峰值较大，说明水力发电机组在梯度风 G1、G2、G3 作用下动态稳定性较好。

从频率上看，随机风 R2 的峰值时间无疑大于 R1 和 R3，大于 36s。由此可知，水力发电机组对风力发电系统的动态调节性能具有快速响应能力。此外，三种类型风电整定下的超调量和欠调量都非常大，最终频率非常小（3.74×10^{-6}）。

6.4 水风互补混合发电系统的电能质量研究

6.4.1 电力系统的电能质量标准

电能质量的普遍意义是指优质供电，目前人们对电能质量的技术含义认识还存在差异。对于电力用户，电能质量指用户在用电过程中，可以确保电力不会受到扰动，一般用电压、频率和波形等指标进行衡量；对于电力设备制造企业，电能质量是指生产的电气设备要求的电气特性（韩智海，2013）；对于电力生产企业，电能质量指企业提供的电能各项指标达到国家电网运行规范和技术标准的要求，为电力用户提供安全、可靠的电能，有时电力企业会把电能质量简单地看成电压偏差与频率偏差的合格率（朱桂萍等，2002）。

可靠的电能质量需要保证电网频率稳定，电网中电能失衡会引起电网频率变化。当电力系统中的供电量小于用电量时，发电机减速会使电网频率降低；相反地，当供电量大于用电量时，系统中的发电机增速会使电网频率升高（刘吉臻等，2015）。因此，电力系统有功功率直接影响频率的变化（周忠成，2018）。并入电网的风力发电系统有功功率输出是随机波动的，如果不能及时得到补偿，就会引起电网中的电能失衡，给电网的安全与稳定运行带来风险。

本小节根据电力企业的标准，从供电功率、频率、电压三个方面研究水风互补发电系统的电能质量。根据《风电场接入电力系统技术规定 第一部分：陆上风电》（GB/T 19963.1—2021），并网风电场有功功率变化应当满足电力系统安全稳定运行的要求。正常运行情况下风电场有功功率允许变化范围如表 6-8 所示。

表 6-8　正常运行情况下风电场有功功率允许变化范围

风电装机容量/MW	10min 有功功率最大限值/MW	1min 有功功率最大限值/MW
<30	10	3
30～150	装机容量/3	装机容量/10
>150	50	15

对于频率的标准，《电能质量 电力系统频率偏差》(GB/T 15945—2008) 规定：电力系统标准频率为50Hz，正常运行条件下频率偏差不超过±0.2Hz，当系统容量较小时不超过±0.5Hz。为了保证电力系统的稳定，在实际运行中，全国各大电力系统运行时频率偏差都保持在±0.1Hz。由此可见，电力系统对频率的稳定要求极为严格。

对于电压的标准，《电能质量 供电电压偏差》(GB/T 12325—2008) 规定：35kV及以上电力系统中，电压正、负偏差的绝对值之和不超过额定电压的10%；20kV及以下电力系统中，电压偏差为额定电压的±7%；220V小容量电力系统中，电压偏差为额定电压的-10%～+7%。

6.4.2 不同水风容量配比下互补发电系统的电能质量

为了研究不同水风容量配比对互补发电系统电能质量的影响，保持水电容量为额定容量60MW不变，改变风电并网容量。由于每台风机的容量很小，只有1.5MW，通过改变并网风机的台数来改变风电并网容量，并假设并网没有功率损耗，即多台风机并网的总容量等于所有风机单台容量之和。使接入系统中的风机台数分别为20台（20×1.5MW=30MW）、30台（30×1.5MW=45MW）、40台（40×1.5MW=60MW），对应的水风容量配比分别为60∶30、60∶45、60∶60。

在300s组合风速下，分别在以上三种水风容量配比下进行仿真，得到不同水风容量配比下风电、水电和互补发电系统的有功功率和电压，分别如图6-11和图6-12所示。

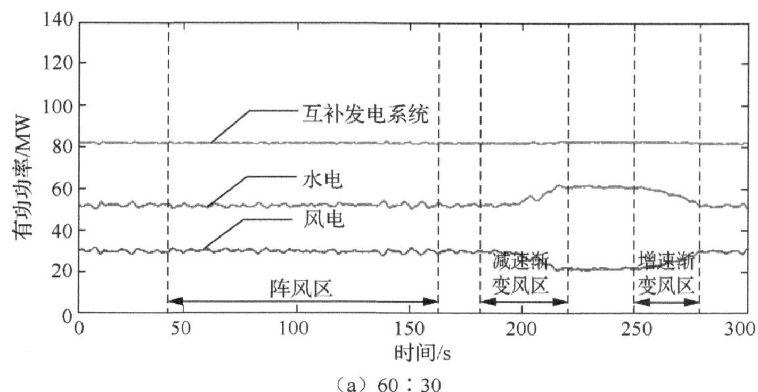

(a) 60∶30

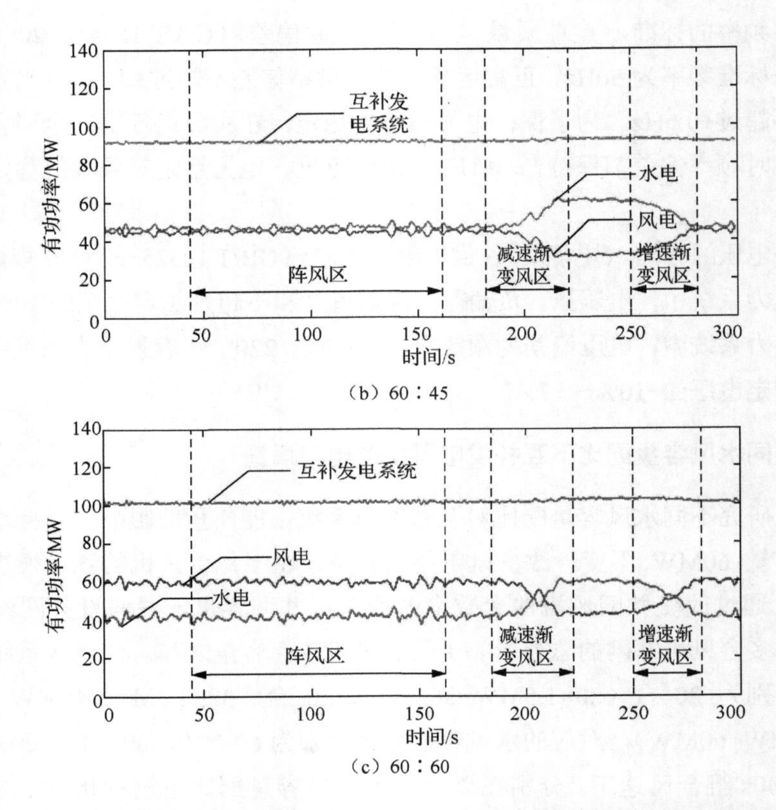

（b）60：45

（c）60：60

图 6-11　不同水风容量配比下风电、水电和互补发电系统的有功功率

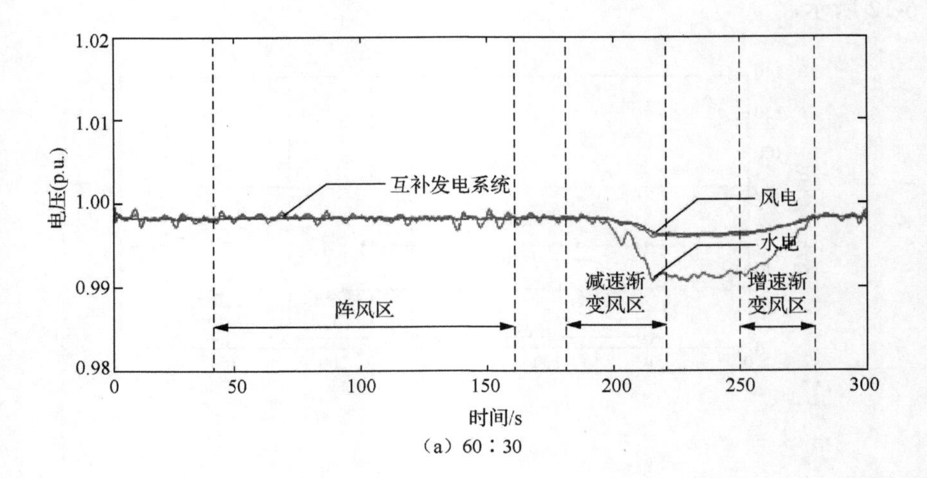

（a）60：30

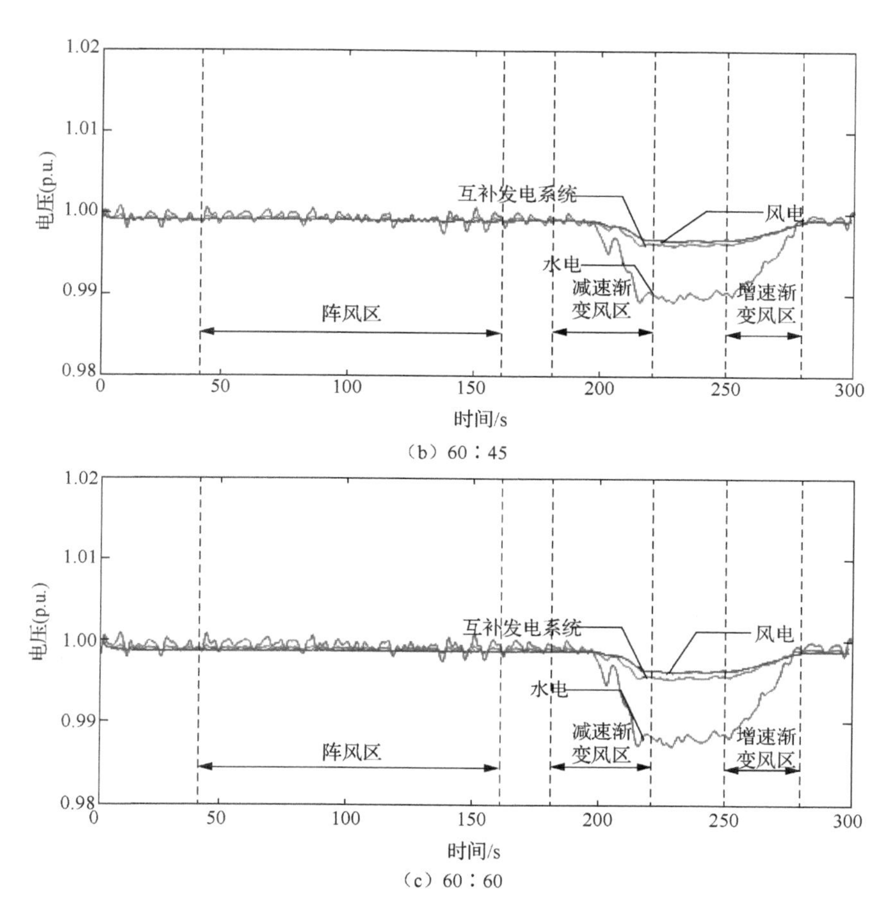

（b）60∶45

（c）60∶60

图 6-12　不同水风容量配比下风电、水电和互补发电系统的电压

从图 6-11 可以看出，水力发电系统功率补偿后，互补发电系统功率波动整体较小，且随着风力发电系统容量的增加，风电自身功率波动幅值增大，水电补偿功率波动幅值相应增大，互补发电系统的功率波动也增大。水风容量配比从 60∶30 变成 60∶45 时，互补发电系统功率波动增加不明显；由 60∶45 变成 60∶60 时，风电并入系统容量较大，互补发电系统功率波动明显增大。水电为了能够满足功率互补需求，需按要求运行在低负荷区，如图 6-11（c）所示，在 0～180s 内，水电有功功率在 40MW 左右波动，为水电容量的 66.7%左右。此时，水力发电系统稳定性较差，互补发电系统功率波动较大，互补效果下降，说明水风互补发电系统配比的设定要充分考虑水电在低负荷运行区的互补效果与稳定性问题。

从图 6-12 可以看出，水力发电系统补偿后，互补发电系统电压波动幅值整体较小。随着风力发电系统容量的增加，风电自身电压波动幅值略有增加，但变化不大，水力发电系统电压波动幅值增大明显，互补发电系统的电压波动增大，增大幅值不明显。同时，在 180～280s，三种配比下水力发电系统的电压波动都比较大，低于额定电压，且随着水风容量配比的增大而明显增大。这是因为风电出现大量功率缺额，水电进行有功功率补偿，此时无功功率相对较弱而无法维持稳定的电压。因此，互补发电系统中水电在进行有功功率补偿的同时要考虑无功功率平衡，从而保证系统电压的稳定。

为了更加明确水风容量配比对电能质量的影响，定量评价水风互补发电系统电能质量的波动特性，采用有功功率变化、有功功率相对变化、频率变化、频率相对变化、电压变化、电压相对变化这六个指标分别进行评估。

有功功率变化定义为一定时间间隔 Δt 内有功功率最大值与最小值之差，计算式为

$$\Delta P = \max\left\{P\left(t-\Delta t,t\right)\right\} - \min\left\{P\left(t-\Delta t,t\right)\right\} \tag{6-21}$$

式中，Δt 为时间间隔；ΔP 为 Δt 内有功功率变化；P 为 t 时刻有功功率。

将 ΔP 标幺化后得到有功功率相对变化，计算式为

$$\Delta P^* = \frac{\Delta P}{P_\mathrm{r}} \tag{6-22}$$

式中，P_r 为与 P 对应的额定容量。

频率变化定义为一定时间间隔 Δt 内频率最大值与最小值之差，计算式为

$$\Delta f = \max\left\{f\left(t-\Delta t,t\right)\right\} - \min\left\{f\left(t-\Delta t,t\right)\right\} \tag{6-23}$$

式中，Δt 为时间间隔；Δf 为 Δt 内频率变化；f 为 t 时刻频率。

频率相对变化定义为 Δf 与频率允许偏差的比值，取±0.1Hz 为频率允许偏差。频率相对变化计算式为

$$\Delta f' = \frac{\Delta f}{\Delta f_\mathrm{b}} \tag{6-24}$$

式中，$\Delta f'$ 为与 Δf 对应的频率相对变化；Δf_b 为频率允许偏差，±0.1Hz。

电压变化定义为一定时间间隔 Δt 内电压标幺值最大值与最小值之差，计算式为

$$\Delta U = \max\left\{U\left(t-\Delta t,t\right)\right\} - \min\left\{U\left(t-\Delta t,t\right)\right\} \tag{6-25}$$

式中，Δt 为时间间隔；ΔU 为 Δt 内电压标幺值变化；U 为 t 时刻的电压标幺值。

电压相对变化定义为ΔU与电压允许偏差的比值，取 10%为电压允许偏差。电压相对变化计算式为

$$\Delta U' = \frac{\Delta U}{\Delta U_{\mathrm{b}}} \tag{6-26}$$

式中，ΔU_{b}为电压允许偏差，10%；$\Delta U'$为与ΔU对应的电压相对变化。

根据以上指标，分别在 60∶15、60∶30、60∶45、60∶60、60∶75 这五种配比下进行仿真，不同配比下风电、水电和互补发电系统的电能质量指标如表 6-9 所示。

表 6-9　不同水风容量配比下风电、水电和互补发电系统的电能质量指标

指标		水风容量配比				
		60∶15	60∶30	60∶45	60∶60	60∶75
ΔP / 10^{-6}MW	风电	5.46	10.93	16.39	21.86	27.32
	水电	5.75	11.68	17.73	23.89	30.49
	互补发电系统	0.93	1.77	2.41	3.37	4.81
ΔP^{*} / %	风电	36.43	36.43	36.43	36.43	36.43
	水电	9.58	19.46	29.55	39.81	50.82
	互补发电系统	1.33	2.21	2.68	3.37	4.37
Δf / 10^{-4}Hz	风电	15.00	18.00	20.00	23.00	25.00
	水电	5.80	12.00	19.00	27.00	42.00
	互补发电系统	2.24	3.62	5.49	7.67	12.00
$\Delta f'$ / %	风电	0.075	0.090	0.100	0.115	0.125
	水电	0.029	0.060	0.095	0.135	0.210
	互补发电系统	0.011	0.018	0.027	0.038	0.060
ΔU / 10^{-2}(p.u.)	风电	0.13	0.21	0.27	0.28	0.26
	水电	0.47	0.87	1.18	1.39	1.56
	互补发电系统	0.16	0.28	0.37	0.41	0.44
$\Delta U'$ / %	风电	1.3	2.1	2.7	2.8	2.6
	水电	4.7	8.7	11.8	13.9	15.6
	互补发电系统	1.6	2.8	3.7	4.1	4.4

从表 6-9 可以看出，水电装机容量不变，随着风电容量比例增加，各指标变化情况如下。①有功功率变化 ΔP：风电、水电和互补发电系统的有功功率变化均增大，其中风电和水电有功功率变化明显增大，互补发电系统变化较小。②有功功率相对变化 ΔP^*：风电有功功率相对变化保持不变，水电有功功率相对变化明显增大，互补发电系统略有增大，但变化始终较小。值得注意的是，前三种配比水电有功功率相对变化小于风电，后两种配比水电有功功率相对变化超过风电。当水风容量配比为 75∶60 时，水电有功功率相对变化达到 50.82%。③频率变化 Δf：风电、水电和互补发电系统的频率变化均逐渐增大，水电频率变化增大最明显。④频率相对变化 $\Delta f'$：风电、水电和互补发电系统的频率相对变化均逐渐增大，水电频率相对变化增大最明显。值得注意的是，前三种配比水电频率变化与频率相对变化小于风电，后两种配比水电频率变化与频率相对变化均超过风电。⑤电压变化 ΔU：风电、水电和互补发电系统的电压变化均逐渐增大，其中水电电压变化始终最大。⑥电压相对变化 $\Delta U'$：风电、水电和互补发电系统的电压相对变化均逐渐增大，其中水电电压相对变化始终最大，风电电压相对变化最小。总结可知，各指标均随着风电容量比例的增大而增大，但增大幅值不同；在前三种配比下，水电的有功功率相对变化、频率变化和频率相对变化均小于风电，后两种配比下这三个指标大于风电。说明当水风容量配比增大到 60∶60 后，水电的调节能力不足，水电自身的稳定性较差。

6.5　本 章 小 结

本章首先讨论了基于水力激励力耦合的系统模型参数不确定性和模型正确性验证，提出了评估水力发电系统发电可靠性的七个指标，即调节时间、调节最小值、调节最大值、超调量、欠调量、峰值和峰值时间；其次，通过设计不同可再生能源占比、不同风速干扰等场景，研究了水风互补发电系统调节性能等动态特征；最后，针对电力系统电能质量标准制定电能质量指标，定量评价了不同水风容量配比对互补发电系统有功功率、频率和电压的影响。

（1）以水力激励力、水力不平衡力和水轮机动力矩为耦合界面参数，基于实验室轴系振动试验测量不对中故障下轴心轨迹和振动频率，与所建模型对比，发现机组固有频率模拟误差小于 3%。可见，水力激励力、水力不平衡力和水轮机动力矩耦合的系统模型在模拟不对中故障时表现出较好的模拟精度。

（2）从水电站参数设计角度对机组模型参数进行随机不确定性定义，并选择发电机角速度和发电机转子形心偏移为调节系统和轴系系统模型输出值，从而得到机组在稳定运行工况和过渡工况下模型单参数敏感性排序和参数间相互作用的敏感性排序，进而确立水力发电系统发电可靠性场景设计原则。

（3）水力发电系统调节能力对随机风低标准差极为敏感，对阵风属性指标（风速频率、幅值和偏移）的调节敏感性较弱。此外，快速响应（以调节时间和峰值时间表示）与稳定响应（以调节最小值、调节最大值、超调量、欠调量和峰值表示）之间的主导因素评价比较复杂。

（4）随着风电容量比例增加，风电、水电和互补发电系统的功率、频率和电压波动幅值增加。经过水电的补偿，互补发电系统的电能质量得到改善，发电系统配比设定需要充分考虑水电在低负荷运行区的互补效果与稳定性问题。

参考文献

符向前，徐浩，贾梧桐，2015. 水轮发电机组故障诊断模拟教学实验台的设计与开发[J]. 教育教学论坛，(25): 277-278.

傅方煜，郑小瑶，吕庆，等, 2014. 基于响应面法的边坡稳定二阶可靠度分析[J]. 岩土力学, 35(12): 3460-3466.

韩智海, 2013. 分布式光伏并网发电系统接入配电网电能质量分析[D]. 济南：山东大学.

梁斌, 2015. 隧道围岩与支护结构稳定可靠性分析方法研究[D]. 长沙：湖南大学.

刘吉臻，曾德良，田亮，等，2015. 新能源电力消纳与燃煤电厂弹性运行控制策略[J]. 中国电机工程学报，35(21): 5385-5394.

卢晶, 2007. 刚架结构系统可靠性研究[D]. 哈尔滨：哈尔滨工程大学.

赵明, 2015. 隧道工程的可靠性分析方法与应用[D]. 焦作：河南理工大学.

周忠成, 2018. 新能源接入对电网电能质量的影响分析[J]. 电子世界, 2018(3): 81, 83.

朱桂萍，王树民, 2002. 电能质量控制技术综述[J]. 电力系统自动化, (19): 28-31, 40.

ENDEGNANEW A G, FARAHMAND H, HUERTAS-HERNANDO D, 2013. Frequency quality in the nordic power system: Wind variability, hydro power pump storage and usage of HVDC links[J]. Energy Procedia, 35(1): 62-68.

FOLEY A M, LEAHY P G, LI K, et al., 2015. A long-term analysis of pumped hydro storage to firm wind power[J]. Applied Energy, 137: 638-648.

HUANG H, ZHOU M, ZHANG L, et al., 2019. Joint generation and reserve scheduling of wind-solar-pumped storage power systems under multiple uncertainties[J]. International Transactions on Electrical Energy Systems. 29(7): e12003.

JURASZ J, DABEK P B, KAZIMIERCZAK B, et al., 2018. Large scale complementary solar and wind energy sources coupled with pumped-storage hydroelectricity for Lower Silesia (Poland)[J]. Energy, 161(15): 183-192.

KARHINEN S, HUUKI H, 2019. Private and social benefits of a pumped hydro energy storage with increasing amount of wind power[J]. Social Science Electronic Publishing, 81: 942-959.

PALI B S, VADHERA S, 2018. A novel pumped hydro-energy storage scheme with wind energy for power generation at constant voltage in rural areas[J]. Renewable Energy, 127: 802-810.

PÉREZ-DÍAZ J I, SARASÚA J I, WILHELMI J R, et al., 2014. Contribution of a hydraulic short-circuit pumped-storage power plant to the load-frequency regulation of an isolated power system[J]. International Journal of Electrical Power & Energy Systems, 62: 199-211.

PIRC, 2014. Hybrid Photovoltaic and Wind Power System[EB/OL]. MATLAB Central File Exchange. https://www.mathworks.com/matlabcentral/fileexchange/46410-hybrid-photovoltaic-and-wind-power-system.

SALIMI A A, KARIMI A, NOORIZADEH Y, 2019. Simultaneous operation of wind and pumped storage hydropower plants in a linearized security-constrained unit commitment model for high wind energy penetration[J]. Journal of Energy Storage, 22: 318-330.

SCHIEL C, LIND P G, MAASS P, 2017. Resilience of electricity grids against transmission line overloads under wind power injection at different nodes[J]. Scientific Reports, 7: 11562.

XU B, CHEN D, TOLO S, et al., 2018. Model validation and stochastic stability of a hydro-turbine governing system under hydraulic excitations[J]. International Journal of Electrical Power & Energy Systems, 95: 156-165.

第 7 章　水力发电系统的综合调节优势

区域水风光系统的开发和规划需要考虑资源储量、波动性、互补性和稳定性等多种分布特征。风电资源储量评估通常以年期望有效利用事件和预期收益等作为指标。波动性分析一般考虑变异系数、标准差、爬坡率和波动成本等（Yang et al.，2018；Zhang et al.，2017；Bhandari et al.，2014），互补性由相似系数、平滑系数和其他波动性指标进行衡量。目前，风光资源评估可以通过现场实测数据获得，虽然具有较高的准确性，但在测量成本上花销较大，难以应用于大时间尺度和大区域范围。此外，用于风电资源评估的模型时间尺度最小为日尺度，很难估计不同风光资源下水风光互补系统秒级尺度的动力学特性。2018 年，王飞等（2018）提出一种基于连续小波变换的多尺度评估方法，并在小时尺度上对时间序列进行分解，发现风光波动受时间尺度影响重大。现有文献并没有给出最佳时间尺度的研究方案。本章围绕区域水风系统资源评估问题，利用秒级尺度水风多能互补系统模型对区域水风光发电系统的资源利用度、平抑性等级、波动性、互补性和稳定性进行评估，给出不同耦合模式下水力发电系统调节风能波动的综合效益方案。

7.1　基于时空尺度水风互补发电资源利用度与平抑性等级评估

水风互补发电系统动态运行过程受到气候、地形等众多因素影响，运行结果具有非线性和时变性特征，因此建立一个精确的秒级尺度系统模型尤为关键。本节利用 Simulink 仿真平台搭建水风互补发电系统模型。系统包括水力发电系统、风力发电系统、电力运输负载、线路和变压器等。两个发电系统分别连接变压装置升压至 25kV 并接入线路实现联合运行，再根据需要提供给各用户。

7.1.1　基于连续小波变换的时间序列多尺度分解

风力能源和水力能源受到季节气候及地形等多种因素影响，大都属于非平稳序列且存在多时间尺度结构。对于这种非平稳时间序列，通常需要某一时间对应的频域信息，或者某一时段对应的频域信息。小波分析具有时频局部化的功能，融合多时间尺度的理念，能清晰地揭示隐藏在时间序列中的多种变化周期，充分反映系统在不同时间尺度下的变化趋势。连续小波变换分析基本原理如下（张宇辉等，2004）。

小波分析基本思想是用一簇小波函数系列逼近某一信号或者函数。选取一个小波基函数，满足：

$$\int_{-\infty}^{+\infty} \Psi(t)\mathrm{d}t = 0 \tag{7-1}$$

将小波基函数进行时间尺度的伸缩与平移可得到一簇小波函数系，即

$$\Psi_{a,b}(t) = \frac{1}{\sqrt{a}}\Psi\left(\frac{t-b}{a}\right) \tag{7-2}$$

式中，a 为时间尺度参数，表示时间的伸缩尺度；b 为平移参数。对于一个给定的能量信号 $f(t)\in L^2(R)$，其连续小波变换为

$$W(a,b) = \int_R f(t)\bar{\Psi}_{a,b}(t)\mathrm{d}t \tag{7-3}$$

式中，$\bar{\Psi}_{a,b}(t)$ 为 $\Psi_{a,b}(t)$ 的复共轭函数。利用连续小波变换，选取不同时间尺度参数 a 对互补系统资源进行分析，可得到不同尺度下的子时间序列，进而有利于评估与比较资源分布的时间特性。

发电容量系数用以表述互补系统中风电、水电资源储备量值，定义为发电系统输出功率与额定功率的比值（王飞等，2018）：

$$\begin{cases} F_{\mathrm{f}} = \dfrac{P_{\mathrm{f}}}{P_{\mathrm{fr}}} \\ F_{\mathrm{s}} = \dfrac{P_{\mathrm{s}}}{P_{\mathrm{sr}}} \end{cases} \tag{7-4}$$

式中，F_{f} 和 F_{s} 分别为风电容量系数和水电容量系数；P_{f} 和 P_{s} 分别为风电输出功率和水电输出功率；P_{fr} 和 P_{sr} 分别为风电额定功率和水电额定功率。对水风互补发电系统总资源储量特征进行描述，还需要考虑发电容量均值，定义为

$$\begin{cases} u_{\mathrm{f}} = \dfrac{1}{N}\sum\limits_{i=1}^{N} F_{\mathrm{f},i} \\ u_{\mathrm{s}} = \dfrac{1}{N}\sum\limits_{i=1}^{N} F_{\mathrm{s},i} \end{cases} \tag{7-5}$$

式中，u_{f} 和 u_{s} 分别为风电容量系数均值和水电容量系数均值，值越大，表示资源储量越丰富；N 为资源容量序列长度；i 为资源容量序列。

互补系统中风能与水能资源波动性可以用差异系数量化，定义为

$$\begin{cases} V_{\mathrm{f}} = \dfrac{1}{u_{\mathrm{f}}}\sqrt{\dfrac{1}{N}\sum_{i=1}^{N}(F_{\mathrm{f},i} - u_{\mathrm{f}})^2} \\ V_{\mathrm{s}} = \dfrac{1}{u_{\mathrm{s}}}\sqrt{\dfrac{1}{N}\sum_{i=1}^{N}(F_{\mathrm{s},i} - u_{\mathrm{s}})^2} \end{cases} \tag{7-6}$$

式中，V_{f}和 V_{s} 分别为风能资源和水能资源差异系数，值越大，表明资源整体波动性越大。以不同时间尺度衡量资源波动性得到的结果并不相同。利用连续小波变换方法将风电资源容量序列在频域上进行分解，可得到不同频率的小波系数子序列。对子序列功率密度进行分析，可得到资源在不同时间尺度波动程度评估标准，定义为

$$\begin{cases} G_{\mathrm{f},a} = \dfrac{1}{N}\sum_{i=1}^{N}\dfrac{W_{\mathrm{f}}^2(a,b)}{\Delta f} \\ G_{\mathrm{s},a} = \dfrac{1}{N}\sum_{i=1}^{N}\dfrac{W_{\mathrm{s}}^2(a,b)}{\Delta f} \end{cases} \tag{7-7}$$

式中，$G_{\mathrm{f},a}$ 和 $G_{\mathrm{s},a}$ 分别为风电和水电在时间尺度 a 下的波动系数，值越大，表明资源在时间尺度 a 下的波动性越强；Δf 为尺度参数 a 下的带宽；W_{f} 和 W_{s} 分别为风能资源和水能资源的功率密度函数。

定义水风互补发电系统综合资源容量系数 F_{c} 为

$$F_{\mathrm{c}} = C_{\mathrm{m}}F_{\mathrm{f}} + (1 - C_{\mathrm{m}})F_{\mathrm{s}} \tag{7-8}$$

式中，C_{m} 为风电在互补系统中所占比例。基于式（7-8），系统容量系数均值 u_{c}、系统变异系数 V_{c} 和系统波动系数 G_{c} 可分别表示为

$$u_{\mathrm{c}} = \frac{1}{N}\sum_{i=1}^{N}F_{\mathrm{c},i} \tag{7-9}$$

$$V_{\mathrm{c}} = \frac{1}{u_{\mathrm{c}}}\sqrt{\frac{1}{N}\sum_{i=1}^{N}(F_{\mathrm{c},i} - u_{\mathrm{c}})^2} \tag{7-10}$$

$$G_{\mathrm{c}} = \frac{1}{N}\sum_{i=1}^{N}\frac{W_{\mathrm{c}}^2(a,b)}{\Delta f} \tag{7-11}$$

系统资源互补性可由变异平抑系数 C_{v} 与波动平抑系数 $C_{\mathrm{g},a}$ 进行评估，表达式为

$$\begin{cases} C_{\mathrm{v}} = \dfrac{\max(V_{\mathrm{f}}, V_{\mathrm{s}}) - V_{\mathrm{c}}}{\max(V_{\mathrm{f}}, V_{\mathrm{s}})} \\ C_{\mathrm{g},a} = \dfrac{\max(G_{\mathrm{f}}, G_{\mathrm{s}}) - G_{\mathrm{c},a}}{\max(G_{\mathrm{f}}, G_{\mathrm{s}})} \end{cases} \tag{7-12}$$

式中，$C_{g,a}$为尺度参数 a 条件下的波动平抑系数。C_v和 $C_{g,a}$越大，表明系统对资源波动性的平抑程度越高，系统互补能力越强。

7.1.2　基于最小二乘支持向量机的等级评估

系统资源利用度与平抑性综合评价体系包含资源容量系数均值和波动平抑系数两个评价指标。当两者分别处于不同等级时，对于系统综合评价往往难以判定，建立最小二乘支持向量机系统资源利用度与平抑性综合评价模型，可以很好地解决系统综合等级评估问题。支持向量机是建立在统计学习理论、VC（Vapnik-Chervonenkis）维理论和结构风险最小化原理基础上的机器学习算法，在解决小样本、非线性及高维模式识别等问题中具有显著优势。由于系统资源利用度与平抑性具有两个评价指标，且采集数据少、样本容量有限，因此支持向量机在系统资源评估中具有重要意义。

最小二乘支持向量机相较支持向量机而言，在目标函数中添加误差平方和项，采用最小二乘线性系统作为损失系数，把支持向量机的不等式约束改为等式约束，将优化问题转为求解线性方程。对于支持向量机，优化问题为

$$\min \quad J(\omega,\xi)=\frac{1}{2}\omega\cdot\omega+c\sum_{i=1}^{t}\xi_i \tag{7-13}$$

$$\text{s.t} \quad y_i[(\Psi(x_i)\cdot\omega+b)]=1-\xi_i \tag{7-14}$$

$$\xi_i\geqslant 0,\ \ i=1,2,\cdots,l \tag{7-15}$$

式中，J为优化目标；ω 和 b 为待求的回归参数；c 为预先设定的惩罚系数；ξ_i为误差；y_i为第 i 个输出数据；$\Psi(x_i)$为特征映射；l为样本个数。

对于最小二乘支持向量机，优化问题为

$$\min \quad J(\omega,\xi)=\frac{1}{2}\omega\cdot\omega+c\sum_{i=1}^{t}\xi_i^2 \tag{7-16}$$

$$\text{s.t.} \quad y_i[(\Psi(x_i)\cdot\omega+b)]=1-\xi_i \tag{7-17}$$

$$i=1,2,\cdots,l \tag{7-18}$$

用拉格朗日法求解上述优化问题时，支持向量机将其转化为二次规划问题：

$$\max \quad W(a)=-\frac{1}{2}\sum_{i,j=1}^{l}a_iy_iy_jK(x_i,x_j)+\sum_{i=1}^{l}a_i \tag{7-19}$$

$$\text{s.t} \quad \sum_{i=1}^{l}a_iy_i=0 \tag{7-20}$$

$$0\leqslant a_i\leqslant c;\ \ i=1,2,\cdots,l \tag{7-21}$$

式中，a_i为拉格朗日乘子；x_i和x_j分别为第i个和第j个输入数据；y_i和y_j分别为第i个和第j个输出数据；$K(x_i, y_i)$为核函数。

最小二乘支持向量机将优化问题转化为求解线性方程：

$$\begin{bmatrix} 0 & y_1 & \cdots & y_l \\ y_1 & y_1 y_l K(x_1, x_1) + 1/c & \cdots & y_1 y_l K(x_1, x_1) \\ \vdots & \vdots & \ddots & \vdots \\ y_l & y_1 y_l K(x_1, x_1) & \cdots & y_1 y_l K(x_1, x_1) + 1/c \end{bmatrix} \times \begin{bmatrix} b \\ a_1 \\ \vdots \\ a_1 \end{bmatrix} = \begin{bmatrix} 0 \\ 1 \\ \vdots \\ 1 \end{bmatrix} \tag{7-22}$$

最小二乘支持向量机在分类中主要研究的是二分类问题，基本原理是：将最优超平面作为分类面，将两类样本分开，并使分类面以最优超平面的法方向正向移动或反向移动，直至接触到分类样本，样本间隔为最大时，即达到最优分类效果。当进行三类及以上分类时，需要对算法进行改进，常用的改进算法有四种，分别为一对多算法、一对一算法、纠错编码算法及最小输出编码算法。通过分析与比较，一对一算法在运算时间与精度方面是综合最优的，其主要原理如下。

设定一个样本集，$\{(x_1, y_1), (x_2, y_2), \cdots, (x_n, y_n)\}^{\mathrm{T}}, y_n \in \{1, 2, 3, \cdots, l\}$，构建 1 个两类分类器，求解分类器的二次优化问题如式（7-23）：

$$\begin{cases} \min_{w^{j,k}, b^{j,k}, \xi^{j,k}} \dfrac{1}{2}\left(w^{j,k}\right)^{\mathrm{T}} w^{j,k} + \gamma \sum_{i=1}^{n} \xi_l^{j,k} \\ \left(w^{j,k}\right)^{\mathrm{T}} \Psi(x_i) + b^{j,k} \geqslant 1 - \xi_l^{j,k}, \quad y_l \neq j \\ \left(w^{j,k}\right)^{\mathrm{T}} \Psi(x_i) + b^{j,k} \geqslant -1 + \xi_l^{j,k}, \quad y_l \neq k \\ \xi_l^{j,k} \geqslant 0 \end{cases} \tag{7-23}$$

式中，$w^{j,k}$、$b^{j,k}$、$\xi^{j,k}$为样本集因子；Ψ为优化函数。

解式（7-23），可构造决策函数，如式（7-24）所示：

$$\left(w^{1,1}\right)^{\mathrm{T}} \Psi(x) + b^{1,1}, \cdots, \left(w^{j,k}\right)^{\mathrm{T}} \Psi(x) + b^{j,k} \tag{7-24}$$

最终可得出归类决策函数：

$$f(x) = \operatorname{sgn}\left[\left(w^{j,k}\right)^{\mathrm{T}} \Psi(x) + b^{j,k}\right] \tag{7-25}$$

一对一算法的基本原理是：将决策计数器初始化为 0，之后每次代入归类决策函数对比测试样本，若经计算后分类器属于该类别，则对于l类计数器的增值加 1。结束全部分类判别时，增值最大的计数器为此测试样本的分类结果。

7.1.3　系统资源利用度与平抑性等级评估模型

水风互补发电系统的资源利用度与平抑性等级可通过风电容量系数均值u_{f}和

系统波动平抑系数均值 C_g 两个指标进行评估。模型理论输入为某一风速模型的这两个指标值，理论输出为系统资源利用度与平抑性等级评价结果。考虑实际风速整体情况，建立资源利用度与平抑性等级划分标准，如表 7-1 所示。

表 7-1　资源利用度和平抑性分类标准

综合等级	u_f	C_g
优等（Ⅶ）	(0,0.20]	(0,0.20]
较优（Ⅵ）	(0.20,0.35]	(0.20,0.35]
良好（Ⅴ）	(0.35,0.45]	(0.35,0.50]
偏良（Ⅳ）	(0.45,0.60]	(0.50,0.65]
中等（Ⅲ）	(0.60,0.75]	(0.65,0.75]
合格（Ⅱ）	(0.75,0.85]	(0.75,0.85]
不合格（Ⅰ）	(0.85,1]	(0.85,1]

为避免人为因素影响，根据随机分布原理在每个等级范围内生成一系列训练样本及检测样本，训练样本与检测样本比例为 10∶1，利用十折交叉验证法获取最优参数组合。通过训练样本学习，构建资源利用度和平抑性综合等级评估模型。检测样本的评估显示等级评估模型正确率较高，证明所建模型适用于本书的资源利用度和平抑性综合等级评价。

7.2　水力发电系统在调节风力波动方面的经济性评估

7.2.1　综合评价方法

水风互补发电系统在改善能源结构、提高系统发电可靠性等方面具有极大优势，但目前衡量系统综合经济效益的方法尚未成熟。本小节基于现有联合发电系统的评价方法，以年为基本单位，同时考虑导叶疲劳损伤造成的经济损失影响，提出一种水风互补发电系统综合经济效益评价方法，以期为电站运营提供详尽参考。

为全方位衡量电站运行带来的经济收益，本小节提出的综合评价方法考虑了运行年限内三种效益，包括售电效益、调峰效益、节能效益，以及三种成本，包括启停成本、导叶疲劳损伤成本、维护成本（不包含导叶疲劳损伤）。

为保证互补发电系统生态环境效益，在满足火电最小出力要求的前提下，将电网中火电承担负荷比例以 1%为间隔，由 84%逐渐减小至 75%。此时，风电与水电发电功率占比提高，风电功率波动加剧，水电平抑功率波动随之加剧，进而导致水轮机导叶动作频繁，加快叶片磨损，形成疲劳损伤，增加水电厂维修费用，从而造成一定的经济损失（肖白等，2014）。

1）目标函数

用于评价水风火互补联合发电系统运行年限内综合效益的目标函数为

$$F_{\max} = F_{\mathrm{d}} + F_{\mathrm{t}} + F_{\mathrm{j}} - F_{\mathrm{q}} - F_{\mathrm{s}} - F_{\mathrm{w}} \tag{7-26}$$

式中，$F_{\max}$为综合收益；F_{d}为售电效益；F_{t}为调峰效益；F_{j}为节能效益；F_{s}为导叶疲劳损伤成本；F_{w}为维护成本；F_{q}为启停成本。

2）效益分析

售电效益F_{d}是指系统发电上网带来的经济效益，表达式为

$$\begin{cases} F_{\mathrm{f}} = P_{\mathrm{f}} t_{\mathrm{f}} S_{\mathrm{f}} \\ F_{\mathrm{h}} = P_{\mathrm{h}} t_{\mathrm{h}} S_{\mathrm{h}} \\ F_{\mathrm{s}} = P_{\mathrm{s}} t_{\mathrm{s}} S_{\mathrm{s}} \\ F_{\mathrm{d}} = F_{\mathrm{f}} + F_{\mathrm{h}} + F_{\mathrm{s}} \end{cases} \tag{7-27}$$

式中，F_{f}、F_{h}和F_{s}分别为风电、火电和水电的售电效益；P_{f}、P_{h}和P_{s}分别为风力、火力和水力的发电功率；S_{f}、S_{h}和S_{s}分别为风电、火电和水电的上网电价；t_{f}、t_{h}和t_{s}分别为风力、火力和水力的发电总时间。

调峰效益是指通过利用水电调峰功能提高电网生产运行的经济性、安全性和可靠性而产生的经济效益，表达式为

$$F_{\mathrm{t}} = P_{\mathrm{s}}\left(t_2 - t_1\right) S_{\mathrm{t}} \tag{7-28}$$

式中，P_{s}为水电输出功率；t_1和t_2分别为负荷低谷的起始时间和停止时间；S_{t}为调峰补偿。

节能效益是指接入风电与水电之后，节省的火电所消耗碳的总量折算成的经济效益，表达式为

$$F_{\mathrm{j}} = \frac{P_{\mathrm{f}} t_{\mathrm{f}} (1-a) S_{\mathrm{m}}}{Q} \tag{7-29}$$

式中，P_{f}为风力发电功率；t_{f}为风力发电总时间；Q为煤炭燃烧热；a为煤炭燃烧损失系数；S_{m}为单位质量煤炭价格。

3）成本分析

启停成本F_{q}为水电站机组启动和停止花费的成本。启停次数约束为

$$\begin{cases} F_{\mathrm{q}} = \sum\limits_{k=1}^{288} \left(S_{\mathrm{pq}} n_{\mathrm{q}k} + S_{\mathrm{pt}} n_{\mathrm{t}k}\right) \\ \sum\limits_{k=1}^{288} \left(n_{\mathrm{q}k} + n_{\mathrm{t}k}\right) \leqslant 2N \end{cases} \tag{7-30}$$

式中，S_{pq}和S_{pt}分别为一台水力发电机组启动和停机需要耗费的成本；$n_{\mathrm{q}k}$与$n_{\mathrm{t}k}$

分别为启停的机组数量，k 为时间序列，每小时为一个时段，k=1,2,3,…,24；N 为最大允许调节次数。

导叶疲劳损伤成本 F_s 表示水电系统在调节火电和风电功率占比变化导致的电网侧功率波动过程中，机组导叶频繁动作造成磨损加剧而带来的经济损失。为准确计算导叶磨损情况及折算成经济损失，根据系统运行过程中导叶动作次数及幅度对其疲劳损伤进行量化。

维护成本（无导叶疲劳损伤）F_W 表示抽水蓄能电站维护所花费的成本，风电厂、火电厂、水电厂的年运行维护成本均约占总投资的 2%，可表示为

$$\begin{cases} F_{fw} = 0.02F_{fj}n \\ F_{sw} = 0.02F_{sj}n \\ F_{hw} = 0.02F_{hj}n \\ F_w = F_{fw} + F_{sw} + F_{hw} \end{cases} \tag{7-31}$$

式中，F_{fw}、F_{sw}、F_{hw} 分别为风电、水电、火电的维护成本；F_{sj}、F_{hj}、F_{fj} 分别为风电、水电、火电的建厂成本；n 为抽水蓄能电站运行年限。

7.2.2　水风互补特性分析

本小节选取两个时间尺度研究不同风速对风电功率波动、水电平抑功率波动及系统导叶开度变化和对系统频率波动的影响。通过改变风速获得导叶开度偏差、水轮机功率、因风速变化导致的频率偏差的仿真结果如图 7-1 所示。

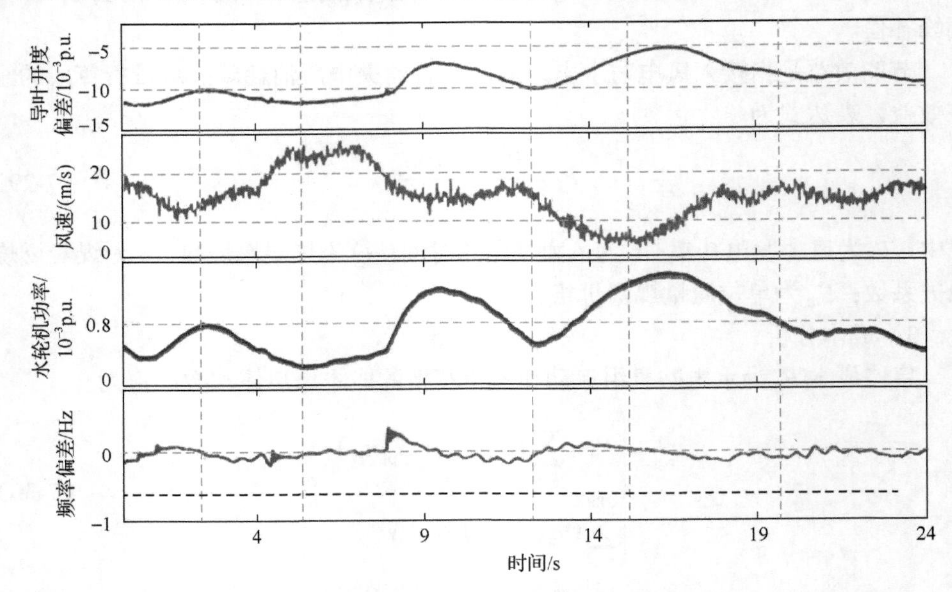

图 7-1　风速变化对互补系统指标的影响

由图 7-1 可知，导叶开度偏差与功率响应变化趋势一致，证明了互补模型的可靠性及精确性。3～5s 风速骤增，此时导叶开度偏差及水轮机功率同时有不同程度的降低。这是由于风速增大时风力输出功率增大，水电需求量减少，水轮机导叶开度随之减小。同时，系统频率将会出现低于标准值的情况且伴随着连续的小波动，而后又随导叶开度偏差的减小逐渐趋近于标准值。对比 15～19s 风速骤增的情况，可以得出风速突变的幅度越大、时间越长，对水轮机功率及导叶开度偏差的影响程度越大。12～15s 风速骤减，与风速骤增情况相反，此时导叶开度偏差及水轮机功率同时呈现不同程度的增加趋势，系统频率偏差小幅度上升后同样随导叶开度偏差变化逐渐趋于标准值。20～23s 模拟的是风速接近平稳但带有小幅度波动的情况，导叶开度偏差与水轮机功率均较为平稳，系统频率偏差在标准值附近小范围波动，系统为稳态运行状态。

综合以上分析可以发现，该模型中风电和水电共同承担负荷需求，风速变化与水轮机功率变化的趋势基本互补。在整个风速波动过程中，系统频率偏差也能够保持在上网标准的限度内，因此该模型动态响应符合实际生产运行规律，具有一定的可靠性与精确性。

7.2.3　十四节点网络水风火互补发电系统综合优势分析

本小节建立一个十四节点水风火电互补系统模型，包括十二台火电机组、一个风力发电系统及一个水轮机发电系统。其中，风电系统装机容量为 9MW，水力发电系统选择额定功率为 30MW 水力机组。提取某地日负荷变化数据，在满足火电机组不停机且运行在最大和最小出力范围内，日负荷的 85%由火电承担，剩余负荷由风电与水电共同承担，且在风电功率足够的时候水轮机停止供电。根据日负荷与火电、风电功率曲线（图 7-2），可得到水电的平抑功率曲线。十二台火电机组的工作方式如表 7-2 所示。

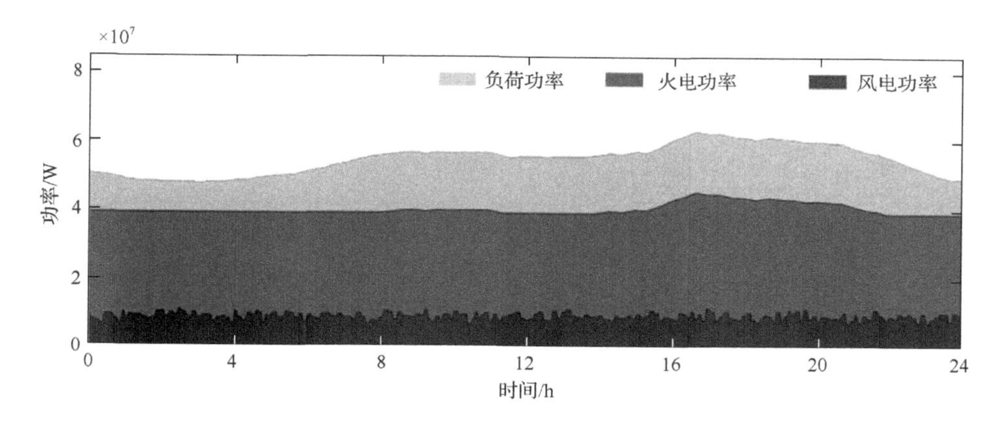

图 7-2　负荷与火电、风电功率曲线

表 7-2　十二台火电机组的工作方式

机组类型	机组数	额定输出/MW	最小输出/MW
18MW	1	18	6
	1		8
12MW	1	12	4
	1		5
10MW	1	10	3
	1		4
8MW	1	8	2
	1		3
5MW	2	5	1
	2		1
总和	12	53	37

根据图 7-2 中风电功率、计划安排的火电机组发电功率及用户负荷功率的匹配关系，可得到水力发电机发电功率（图 7-3）。对比图 7-2 中各功率的波动和图 7-3 中水力发电机发电功率的波动，可以看到为了平抑风电功率波动、负荷功率波动及火电功率波动，水力发电机组必须频繁改变输出功率，其峰值与谷值之差高达 4000kW，在约 0.2h 之内波动最大可达 2000kW。这意味着水轮机导叶频繁变换，在变换的过程中磨损加剧，导致导叶疲劳损伤，给电站运营带来经济损失。

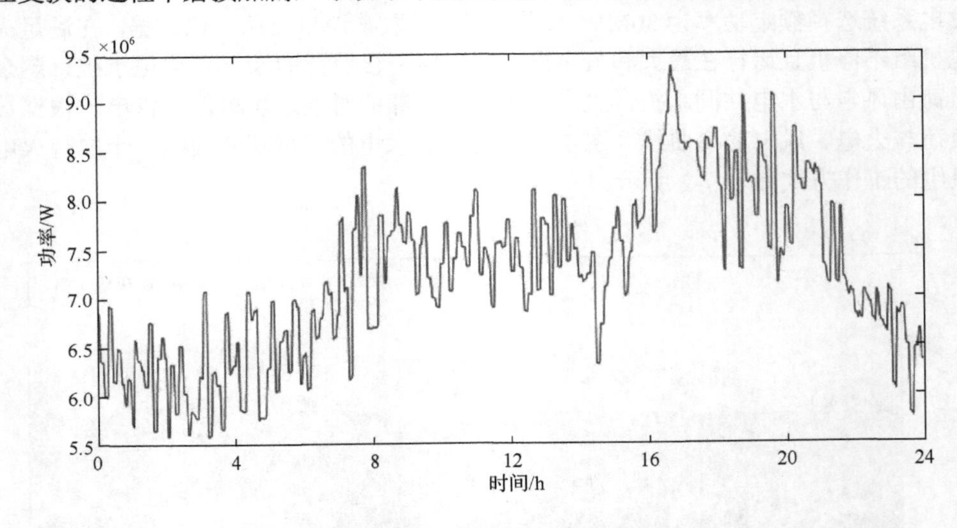

图 7-3　水力发电机发电功率

图 7-4 为不同配比下风电功率的变化情况。在配比为 16%时，风电功率较小，较为集中，波动较小；配比由 16%逐渐向 25%变化的过程中，风电功率中值、上

四分位数、下四分位数大致呈现增长趋势。通过箱体宽度逐渐变宽及端线的长度可以看出，随着配比增大，风电功率的波动性近似呈现上升趋势。根据图 7-5 水电功率变化情况并结合图 7-2 负荷功率波动、火电功率波动可知，风电功率增长幅度大于火电功率下降幅度，水电功率反而有一定幅度的下降，由于风电功率波动增大，水电平抑风电波动的幅度也随之增大。从图 7-5 可以看到，随着配比的增大，水电功率箱线图箱体变宽，端线也随之增长。这意味着水电频率波动幅度较大，导叶开度变换频繁，导叶磨损加剧，给电厂的运营带来损失。

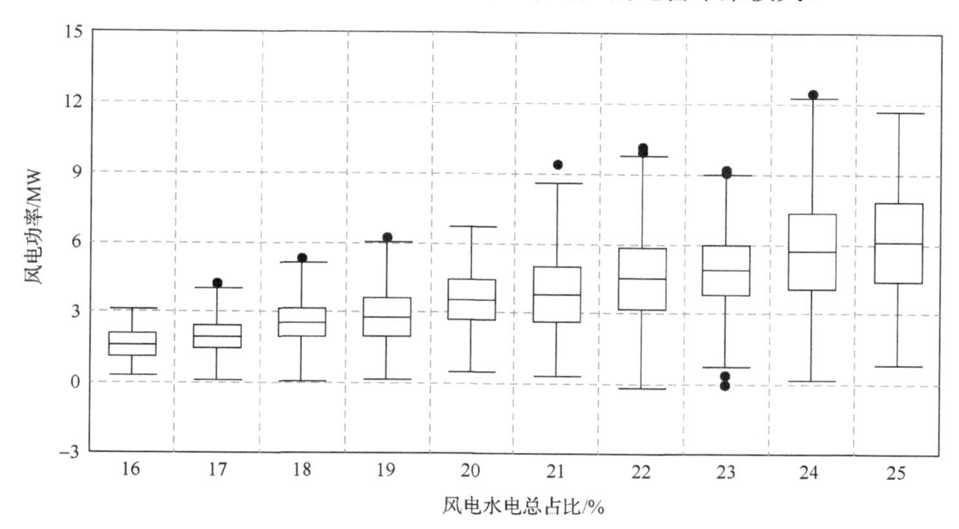

图 7-4　不同风电水电总占比下的风电功率变化

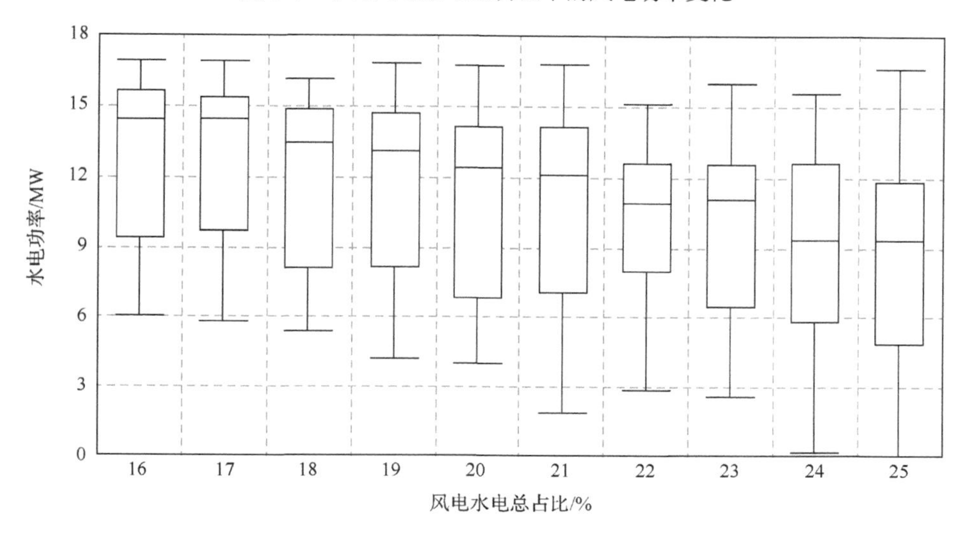

图 7-5　不同风电水电总占比下的水电功率变化

7.2.4 水风互补发电系统综合调节效益分析

计算条件如下：

（1）已知风电上网电价 S_f 为 0.6 元/（kW·h），水电上网电价 S_s 为 0.35 元/（kW·h），火电上网电价 S_h 为 0.25 元/（kW·h）；

（2）煤炭燃烧热 Q 为碳的标准燃烧热，−393.5kJ/mol；煤炭燃烧损失系数 a 不超过 4%，此处取 3%；单位质量煤炭价格 S_m 以国际碳排放权交易市场的核征减排量的碳排放价格 107.5 元/t 计算；

（3）调峰补偿 S_t 按某区域并网发电厂辅助服务管理实施细则为 500 元/（MW·h）；

（4）水力机组日运行通过启停机弥补水电发电不足并平抑风电功率波动，不同国家和地区启停单价选取不同，本小节每日启停费用按 20 元/MW 计算；

（5）水电厂建厂成本 3700 元/kW，风电厂建厂成本 3000 万元，火电厂建厂成本 10000 万元；

（6）年维护成本约占建厂总投资的 2%。

图 7-6 和表 7-3 分别为水风互补发电系统效益分析和经济性评估。要得到经济效益，可将功率波动曲线导入 Simulink，对时间求积分后再分别乘以电价。从表 7-3 可知，在绝大部分情况下，随着风电水电占比增加，由于其上网电价高于火电上网电价，同等发电总量条件下可以获得更多的售电经济效益。存在部分特殊情况，在风电水电总占比为 18%时，由于风电功率与水电功率内部配比以及价格不同，18%的配比售电经济效益略高于 19%的配比售电效益。从总体趋势上来说，风电与水电占比越高，售电效益越高。

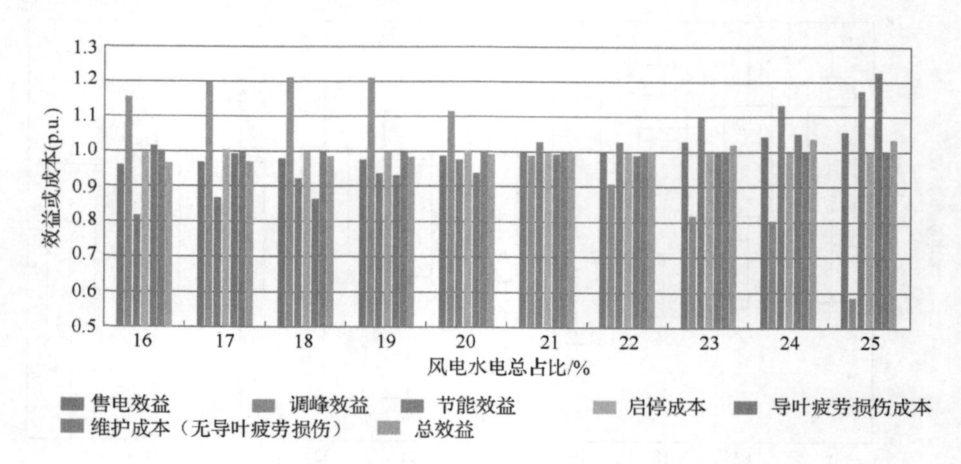

图 7-6　水风互补发电系统效益分析（见彩图）

纵坐标使用标幺值表示波动系数，标幺值=实际值/基准值，将每个比值的平均值作为参考值

表 7-3　水风互补发电系统经济性评估

风电水电总占比/%	售电效益/万元	调峰效益/万元	节能效益/万元	启停成本/万元	导叶疲劳损伤成本/万元	维护成本（无导叶疲劳损伤）/万元	总效益/万元
16.00	13227.16	675.43	1.23	21.90	1.82	482.00	13398.11
17.00	13259.65	695.33	1.31	21.90	1.77	482.00	13450.61
18.00	13460.62	702.63	1.39	21.90	1.53	482.00	13659.20
19.00	13433.83	701.53	1.41	21.90	1.66	482.00	13631.21
20.00	13574.50	646.60	1.47	21.90	1.67	482.00	13716.99
21.00	13777.14	575.42	1.55	21.90	1.77	482.00	13848.44
22.00	13784.41	526.33	1.55	21.90	1.76	482.00	13806.62
23.00	14152.15	474.87	1.66	21.90	1.78	482.00	14122.99
24.00	14321.87	469.57	1.70	21.90	1.87	482.00	14287.38
25.00	14489.59	341.46	1.77	21.90	2.19	482.00	14326.73

由于售电效益远高于启停成本、导叶疲劳损伤成本等，因此对图 7-6 进行纵向比较，为了观察不同配比下各种效益、成本的变化趋势，采用标幺值对系统进行评估。可以清楚地看到不同配比下各种效益、成本及总收益，结合表 7-3 分析可得不同配比下综合经济效益评价。

对调峰效益来说，随着风电水电总占比的提高，火电占比减少，火电机组深度调峰或启停调峰，从而补偿获得的收益减少。特殊的是，风电-水电功率配比为 16%～18%时，调峰效益升高是因为风电占比相对较小，高占比的水电起到了较好的弥补作用，火电机组深度调峰或启停调峰时间较长，获得的调峰效益相对升高；在配比为 18%～25%时，风电水电总占比相对较高，火电占比相对较小，火电机组深度调峰或启停调峰时间较短，因此获得的调峰效益相对减小。

随着风电水电总占比的增大，风电功率波动更大，水电平抑风电功率波动的幅度随之增大，导叶疲劳损伤也随之增大。在风电水电总占比为 16%～18%时，风电提供功率相对较小，水电需要承担更多的负载功率，导叶动作次数较多，因此导叶疲劳损伤成本较高。在风电水电总占比为 18%～19%时，随着风电功率不断提高，功率波动更加剧烈，水电平抑风电功率波动的幅度随之增大，导叶变化更加剧烈，致使导叶磨损更加严重，导叶疲劳损伤成本随之升高。

7.3　本 章 小 结

本章基于水风互补发电系统模型，分析了风电资源的时空多尺度效应，给出了基于秒级尺度的水风互补发电系统模型，以及风速变异系数、波动系数和平抑系数的计算方法，通过研究发现：

（1）时间尺度参数选值越大，系统波动系数越小，并且尺度参数的选取对于资源的波动性系数有着显著的影响；

（2）建立最小二乘支持向量机的系统资源利用度及平抑性综合评估模型，解决了系统评价指标数量多、评价过程复杂的难题。

进一步通过设计不同可再生能源占比，获取水风互补发电系统的动态响应，并计算年运行内系统售电效益、调峰效益、节能效益、启停成本、导叶疲劳损失成本、维护成本（无导叶疲劳损伤）等，全方位衡量水电站调节风电功率变化带来的经济收益情况。结果表明，随着风电水电占比提高，火电占比减少，火电机组所得调峰效益减少；由于风电水电上网电价高于火电上网电价，随着风电水电占比增加，同等发电总量条件下可以获得更高的售电效益。

参 考 文 献

王飞, 宋士瞻, 曹永吉, 等, 2018. 基于连续小波变换的风光发电资源多尺度评估[J]. 山东大学学报(工学版), 48(5): 124-130.

肖白, 丛晶, 高晓峰, 等, 2014. 风电-抽水蓄能联合系统综合效益评价方法[J]. 电网技术, 38(2): 400-404.

张宇辉, 陈晓东, 王鸿懿. 2004. 基于连续小波变换的电能质量测量与分类[J]. 电力自动化设备, (3): 17-21.

BHANDARI B, POUDEL S R, LEE K T, et al., 2014. Mathematical modeling of hybrid renewable energy system: A review on small hydro-solar-wind power generation[J]. International Journal of Precision Engineering and Manufacturing: Green Technology, 1(2): 157-173.

YANG W J, NORRLUND P, SAARINEN L, et al., 2018. Burden on hydropower units for short-term balancing of renewable power systems[J]. Nature Communications, 9: 2633.

ZHANG L, XIN H, WU J, et al., 2017. A multiobjective robust scheduling optimization mode for multienergy hybrid system integrated by wind power, solar photovoltaic power, and pumped storage power[J]. Mathematical Problems in Engineering, (22): 1-15.

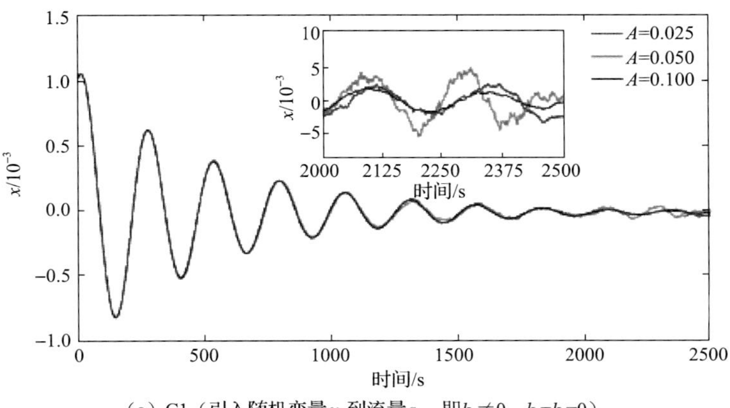

（a）C1（引入随机变量ω_1到流量q_1，即$k_1 \neq 0$，$k_2=k_3=0$）

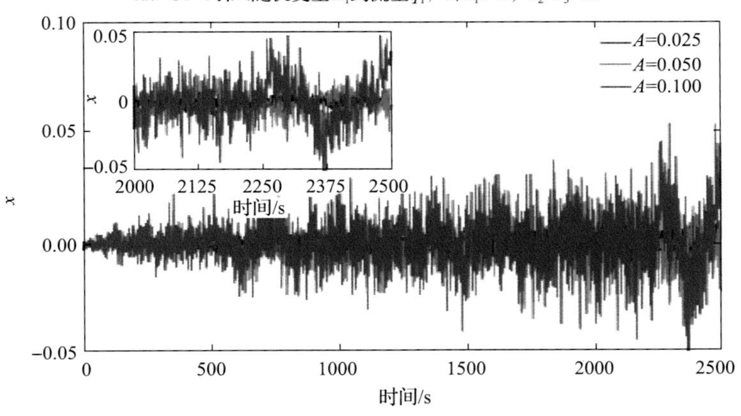

（b）C2（引入随机变量ω_2到调压室底部压力h_2，即$k_2 \neq 0$，$k_1=k_3=0$）

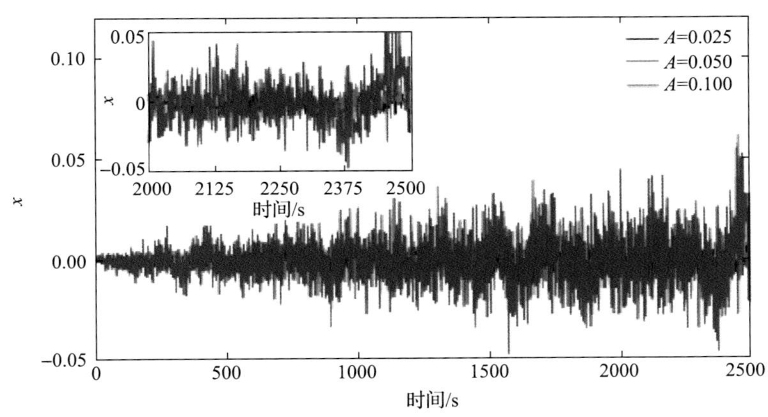

（c）C3（引入随机变量ω_3到水轮机进口压力h_3，即$k_3 \neq 0$，$k_1=k_2=0$）

图 2-18　不同单随机因素及随机强度下水轮机调节系统相对转速时间历程图

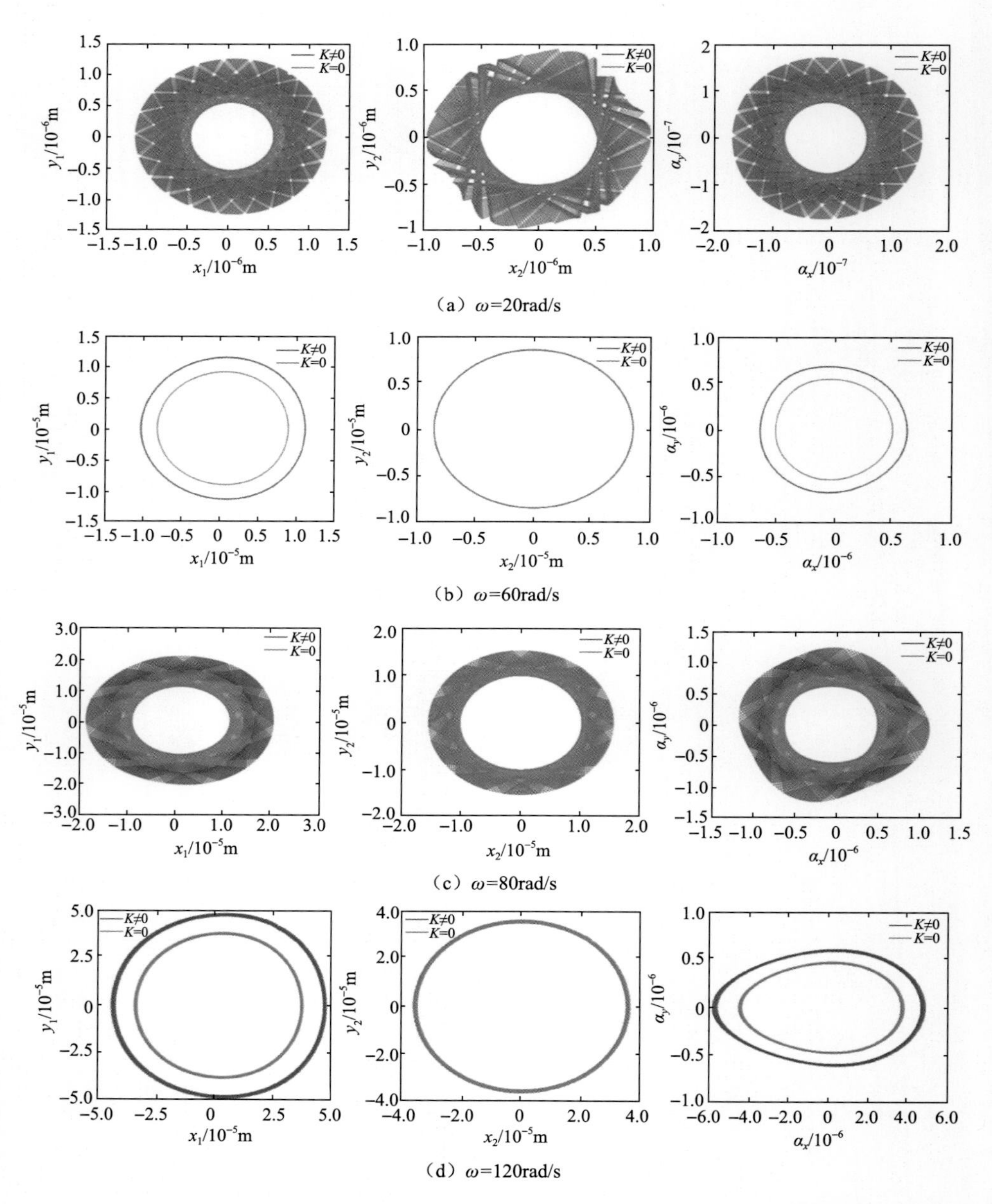

图 3-11　水力发电机组发电机转子、水轮机转轮和转子摆角的相轨迹图

K=0 时不考虑陀螺效应；$K\neq0$ 时考虑陀螺效应

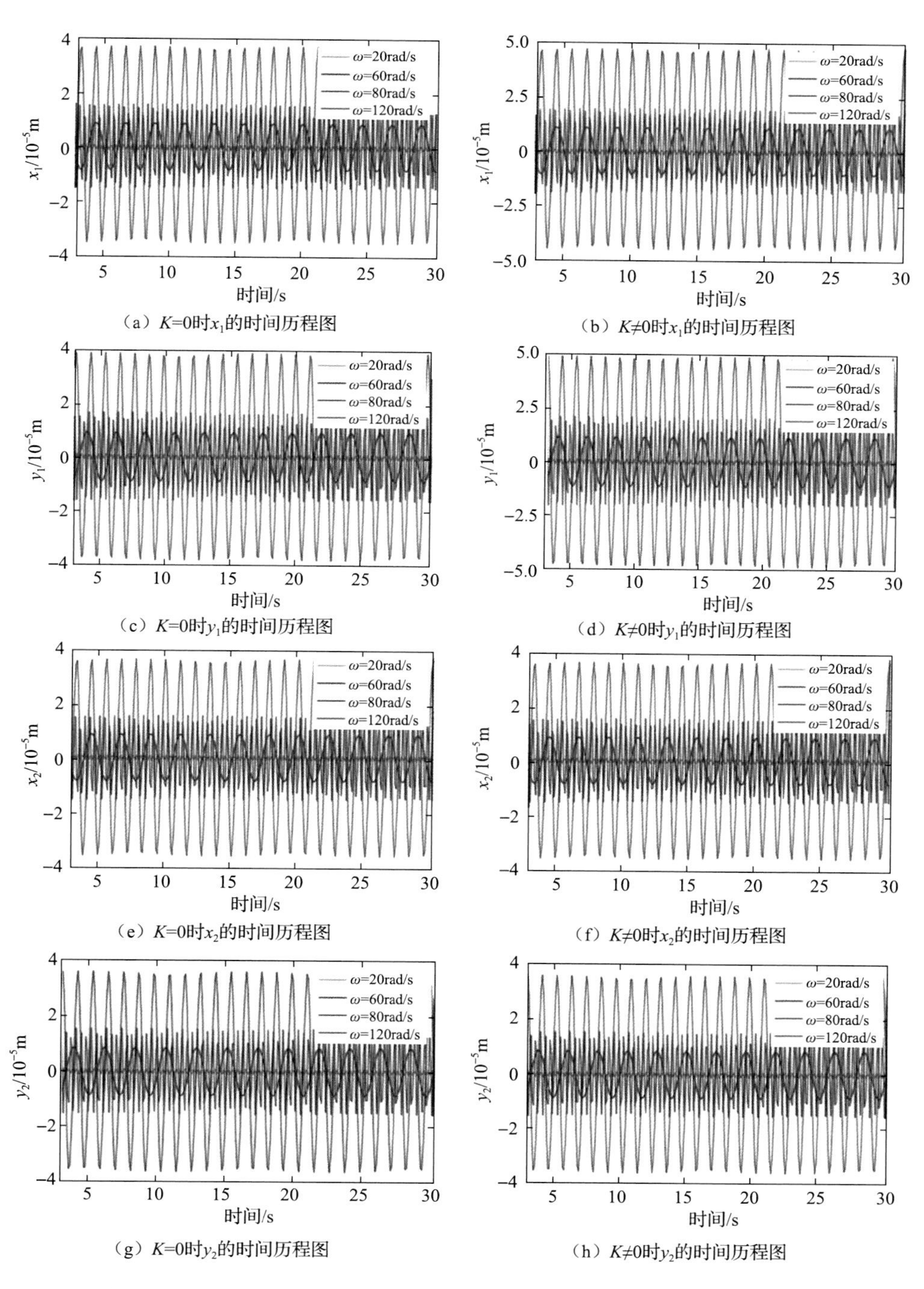

（a）K=0时x_1的时间历程图　（b）K≠0时x_1的时间历程图

（c）K=0时y_1的时间历程图　（d）K≠0时y_1的时间历程图

（e）K=0时x_2的时间历程图　（f）K≠0时x_2的时间历程图

（g）K=0时y_2的时间历程图　（h）K≠0时y_2的时间历程图

图 3-12　不同角速度ω下机组轴系发电机转子和水轮机转轮的时间历程图

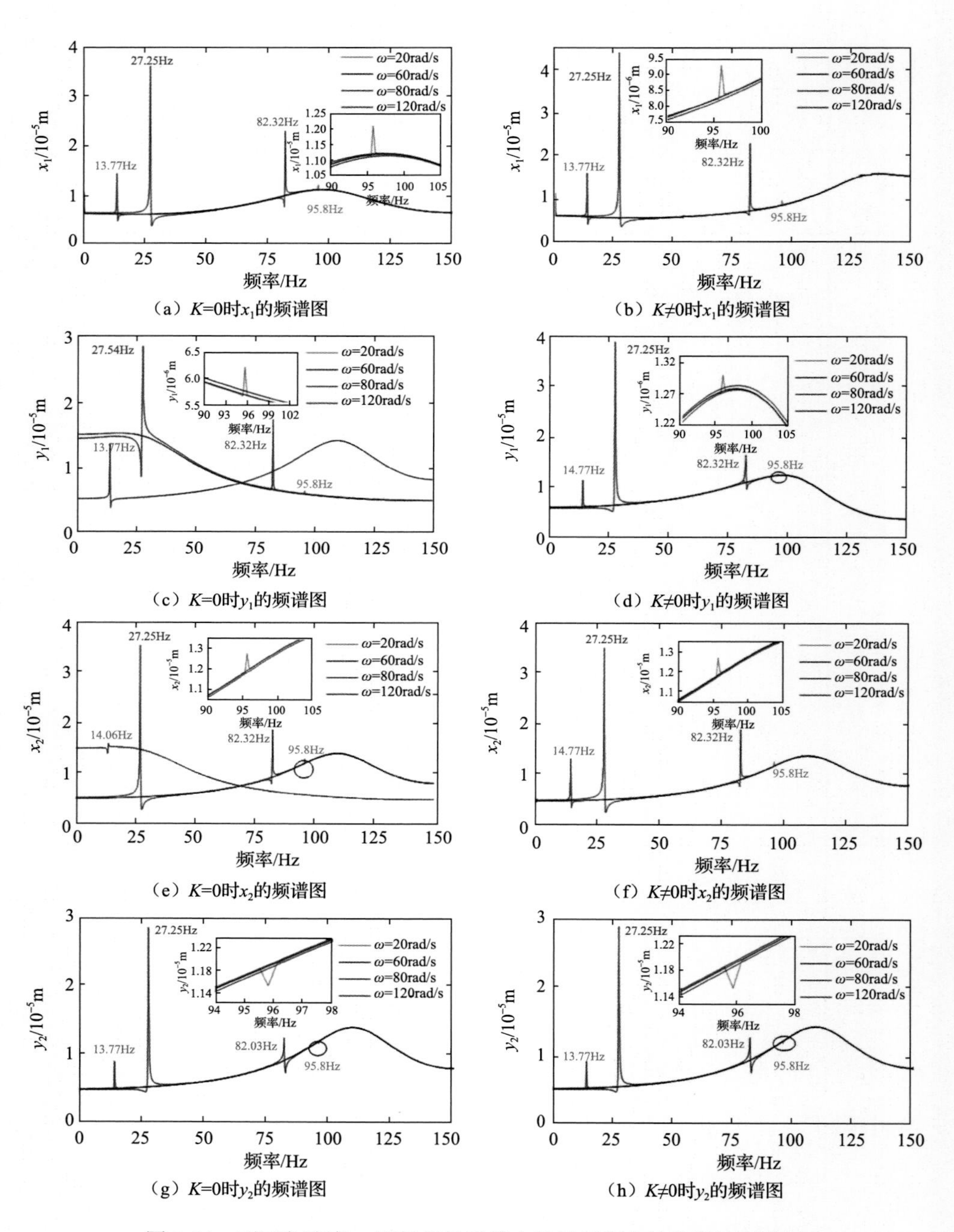

图 3-14　不同角速度 ω 下机组轴系发电机转子和水轮机转轮频谱图

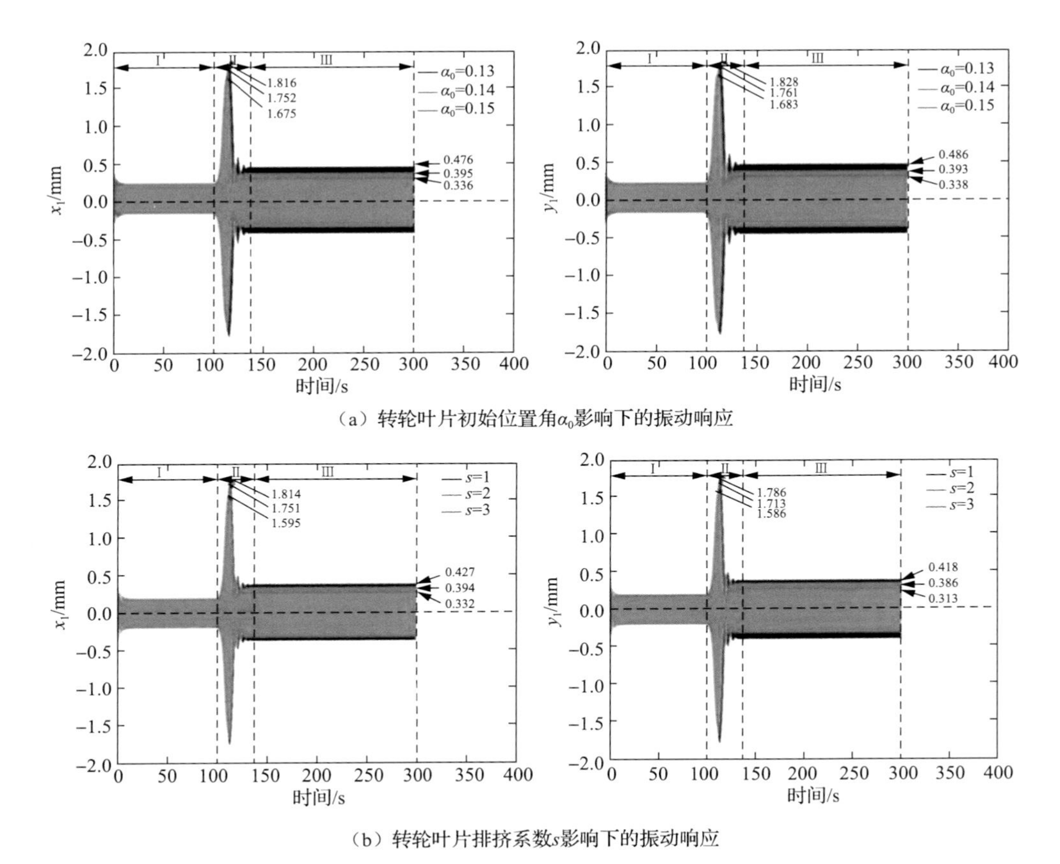

（a）转轮叶片初始位置角α_0影响下的振动响应

（b）转轮叶片排挤系数s影响下的振动响应

图 3-18　不同水力参数影响下机组在 x 方向和 y 方向上发电机组轴系振动响应

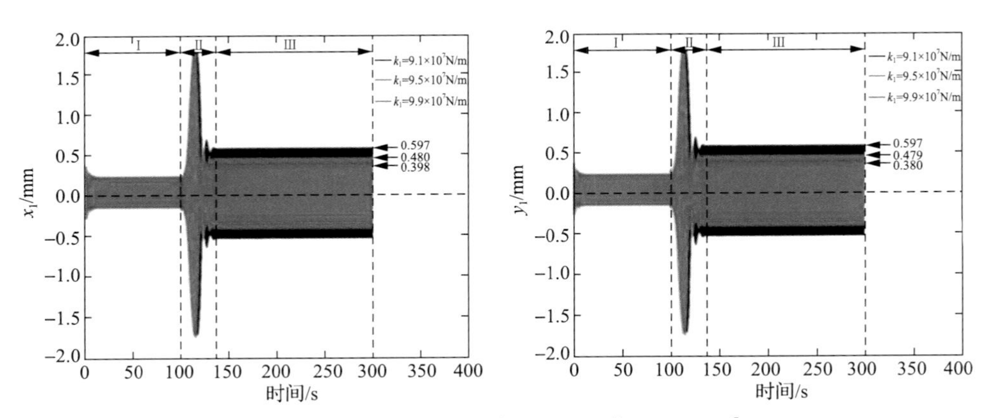

（a）发电机轴承刚度k_1为9.1×10^7N/m、9.5×10^7N/m、9.9×10^7N/m

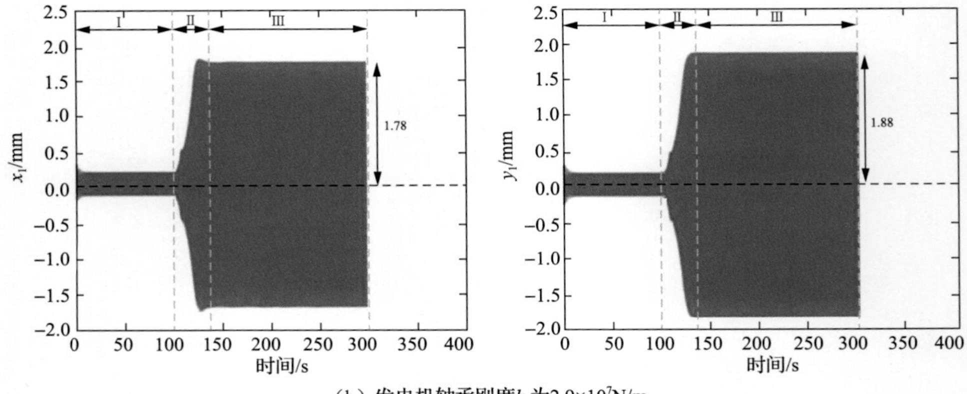

（b）发电机轴承刚度k_1为2.9×10^7N/m

图 3-19　不同轴承刚度 k_1 下在 x 方向和 y 方向机组轴系振动响应

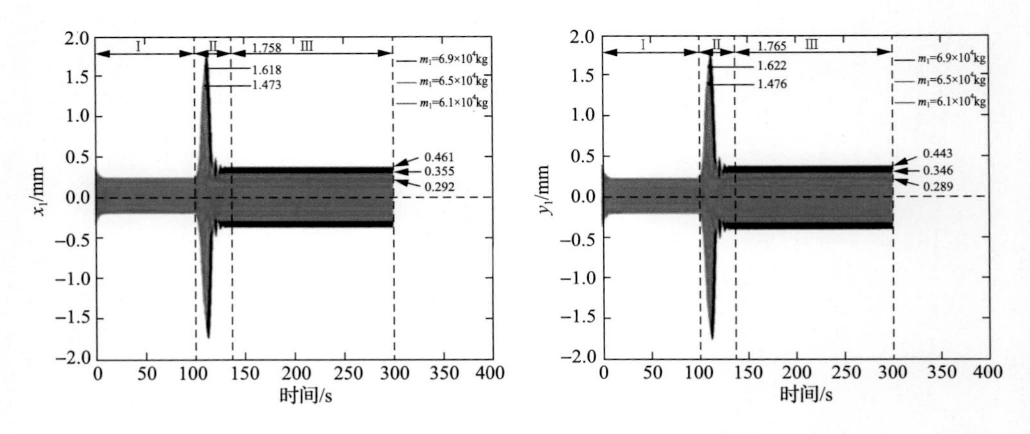

图 3-20　不同转子质量 m_1 下 x 方向和 y 方向机组轴系振动响应

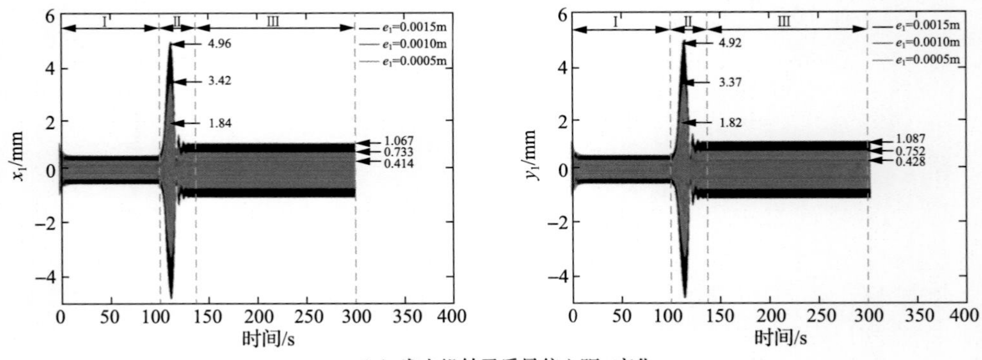

（a）发电机转子质量偏心距e_1变化

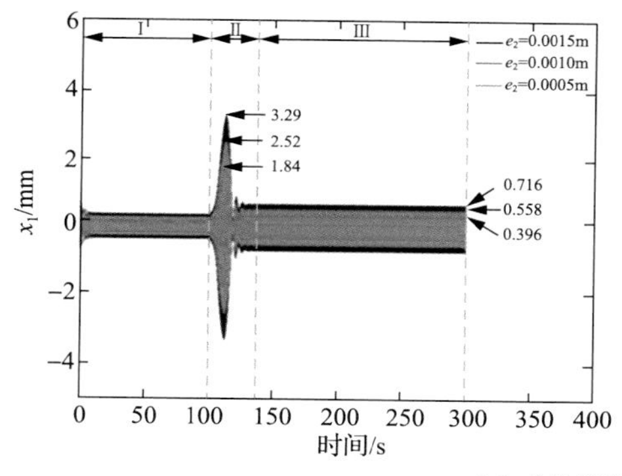

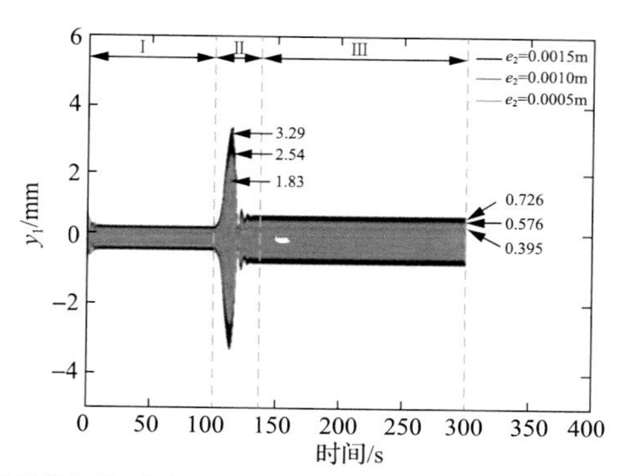

（b）水轮机转轮质量偏心距e_2变化

图 3-21　不同质量偏心距下 x 方向和 y 方向机组轴系振动响应

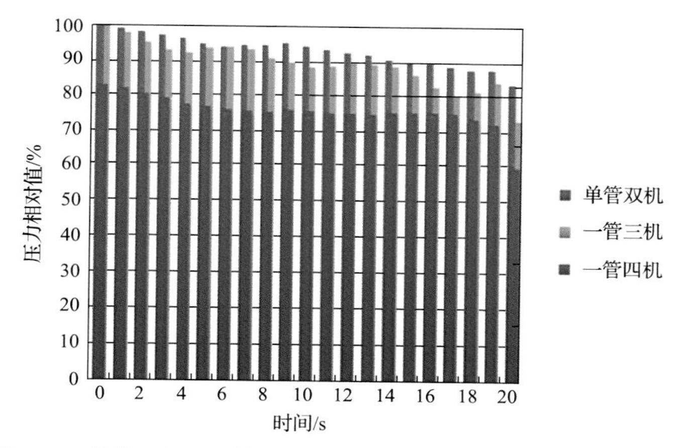

图 5-10　单管双机、一管三机和一管四机机组管道末端压力相对值

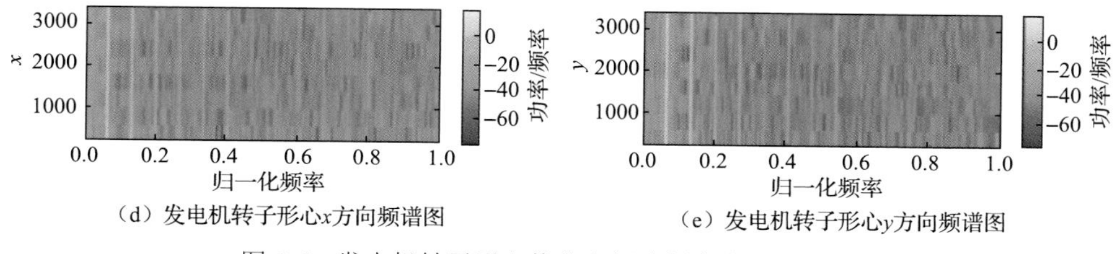

（d）发电机转子形心x方向频谱图

（e）发电机转子形心y方向频谱图

图 6-5　发电机转子形心偏移和振动频率物理试验结果

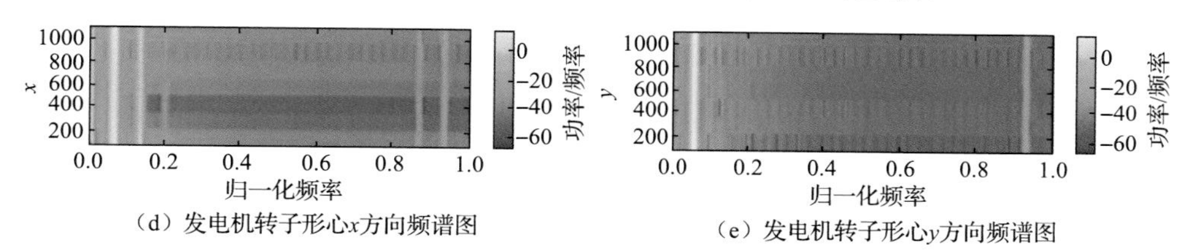

（d）发电机转子形心x方向频谱图

（e）发电机转子形心y方向频谱图

图 6-6　发电机转子形心偏移和振动频率数值仿真试验结果

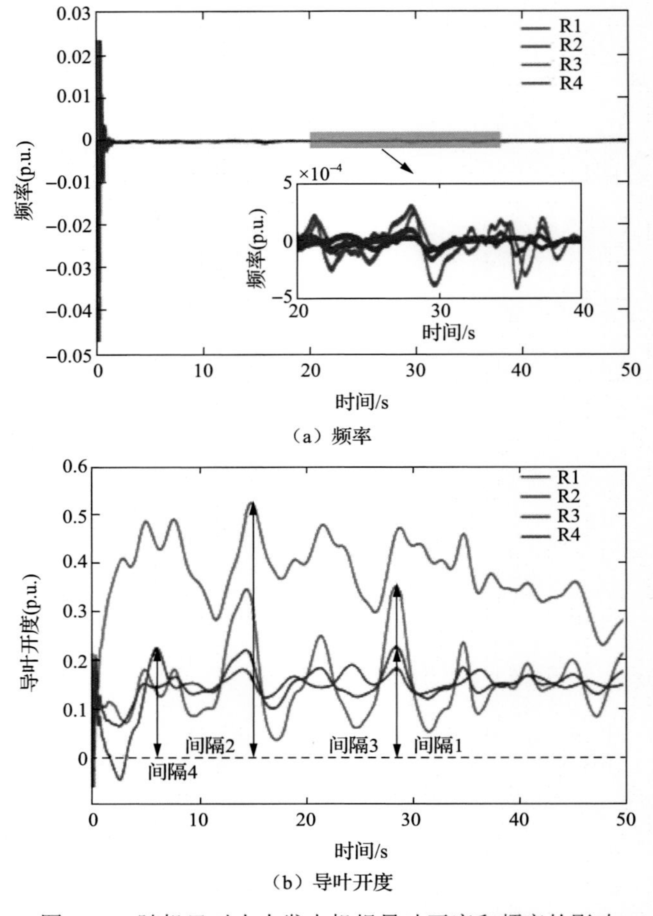

（a）频率

（b）导叶开度

图 6-10　随机风对水力发电机组导叶开度和频率的影响

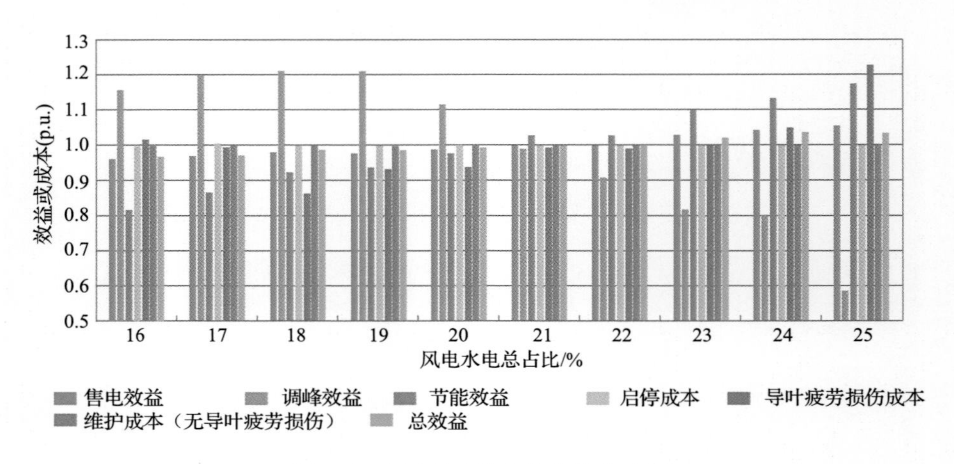

图 7-6　水风互补发电系统效益分析